逛杭州 赏近代建筑

王昕
刘灵芝
赖星妤

著

清華大學出版社
北 京

图书在版编目 (CIP) 数据
逛杭州　赏近代建筑 / 王昕, 刘灵芝, 赖星妤著. -- 北京 : 清华大学出版社, 2025. 6. -- ISBN 978-7-302-68951-5
Ⅰ. TU-092.5
中国国家版本馆CIP数据核字第2025719UU2号

责任编辑：刘一琳
封面设计：陈泽强
责任校对：王淑云
责任印制：杨　艳

出版发行：清华大学出版社
网　　址：https://www.tup.com.cn, https://www.wqxuetang.com
地　　址：北京清华大学学研大厦A座　　邮　　编：100084
社 总 机：010-83470000　　邮　　购：010-62786544
投稿与读者服务：010-62776969, c-service@tup.tsinghua.edu.cn
质量反馈：010-62772015, zhiliang@tup.tsinghua.edu.cn
印 装 者：小森印刷（北京）有限公司
经　　销：全国新华书店
开　　本：130mm × 185mm　　印　　张：10.25　　字　　数：449千字
版　　次：2025年7月第1版　　印　　次：2025年7月第1次印刷
定　　价：109.00元

产品编号：100578-01

前　言

杭州是浙江省的省会城市，也是国务院确定的全国重点风景旅游城市，是历史文化名城[①]。这种城市定位对于杭州而言，让它有了清晰的“自我认知”，即旅游建设是城市建设重心之一。而对旅游而言，文化是灵魂，“只有具有文化特点，才能吸引旅游者……没有文化就没有旅游业……”[②]因此，对杭州城市文化资源进行挖掘及细分，并以通俗易懂的方式向公众展示，是身处杭州不同专业圈的文化工作者的共同使命。

“两宋尤其是宋室南渡后，杭州出现了具有导游性质的早期旅游图籍，大致分两类，一类专门介绍景点，一类类似于导游图性质……明清以来，在总结前人游览经验和现实景点发展的基础上，开始推出多条游览线路，其中游览西湖是重点，而对于城内，几乎不太提及。”[③]时代变迁，游览杭州显然已经不仅仅是逛西湖了，可以说，一个城市的游览视角选择越丰富、越细致，细分游览群体越多样，这个城市的文明程度一般就越高。

在此背景下，作者希望通过这本小册子，从专业角度提供一个时空切片，带领游览者从建筑角度去赏鉴近代杭州城：**首先**，通过分区域的方式体会城市在时间变化中形成的不同“样貌”；**其次**，通过路线设定方式，让人们体会不同建筑之间的相互关联；**最后**，通过现场照片＋在实地测绘基础上的手绘示意图（如总平面图、平面图等）＋文字介绍的方式，让人们理解建筑并不仅仅是一个物质实体，更是一个文化存在，承载着人们真实具体的生活，让人们从多个角度去感受建筑，感受城市在时间中的变迁，感受文化给人们带来的滋养。

杭州城发展历史绵长，本书涉及的时间段，大致是民国前后至新中国成立。清顺治二年（1645），清军攻占杭城后，地方行政制度承袭明代，民间顺口溜“北关（即武林门）坝子（即艮山门）正阳门（即凤山门），螺蛳（即清泰门）沿过草桥门（即望江门），候潮闻得清波响，涌金钱唐共太平（即庆春门）”反映出杭州是有城墙围绕的。而此时，“最大的变化是顺治五年（1648）（有说是1650）在杭州西北隅西湖边圈地，正式建旗营，集中驻军，俗称‘满城’。‘满城’建有城墙，高1.9丈，周围10里，辟有城门六座，占地总面积约十里（1430多亩），形成杭州的‘城中

---

① 骆寄平:《杭州历史沿革概况・杭州地方志资料第三辑》杭州：杭州市地方志编纂办公室编印：1987：12：1.

② 冷晓:《杭州城市发展研究》. 北京：当代世界出版社：2000：30.

③ 项文惠，王伟著.《民国杭州旅游》. 杭州：杭州出版社：2011.8：30.

城’”。[①]1840 年鸦片战争之后，清咸丰十年（1860）和十一年（1861），太平天国曾两次攻克杭州，旗兵被击溃而逃散。后辛亥革命攻打杭州旗营，旗营被攻破。民国元年（1912）二月，废杭州府，合并钱塘、仁和两县为杭县，仍为省会所在地。同年七月，开始拆除钱塘门至涌金门的城墙，1913 年再拆除旗营的围墙，同时决定将旗营土地按等级拍卖，开辟为“新市场”，重点发展工商业，清旗营彻底消失，西湖不再是城墙外的一个风景区，开始纳入城市日常空间之中。杭州传统的闹市区从城南吴山一带，逐渐向西湖空间靠拢。1937 年 12 月，日本侵略军侵占杭州。1949 年新中国成立后，杭州市为省辖市、省人民政府驻地。

在这一时期，除前述的拆除清旗营、西湖入城之外，杭州城中还有另外几处空间在历史事件的影响下发生变化，分别是：城东铁路交通发展以及火车站建设；城北运河沿线民族工业发展；城南以及城中一些新型的居住和商业建筑类型产生……这也构成了本书写作的内在逻辑——根据近代杭州不同区域的突出特征，形成主题明确的分区域参观线路和建筑节点（说明：本书涉及的范围是以传统杭州城墙围绕的城区为主，城北出武林门沿运河适当延伸），分述如下：

城北运河线以运河为骨干，路线包括拱宸桥区域、小河直街历史文化街区、大兜路历史文化街区和武林区域，线路设置由北向南，以城市漫步的方式，感知运河畔城市的空间与文化，其中小部分线路通过运河水上巴士，实现大兜路历史文化街区至武林区域的转换，体验运河段独有的公共交通方式。

城东城墙线泛指由艮山门、庆春门、清泰门、望江门串联起来的南北向狭长地带，对于城东片区而言，发展的转折点在于其作为城市边界在近代被打开的过程：从原来静态的封闭的城墙到动态的开放的铁路交通，因此这一区域的游览主题是铁路和与城墙相关的空间及展陈设施。

城南线涉及中山中路、清河坊历史街区、南宋皇城大遗址保护区等多个历史保护街区，还有海潮寺、建国南路建筑群等分散于各处的重要历史及保护建筑。因为区域范围广，划分出以商业类型为主、以居住类型为主和以文化类建筑为主的三条不同游览路线，领略钱镠时期“北城南宫”的城市空间中，南部区域在近代发生的华洋碰撞及改变。

西湖北山线涉及的主要是西湖与城市接壤的北山街一带。西湖作为杭州的瑰宝，总的来说，历代都较重视它的疏浚治理，但近代才显现出西湖最独特之处，即它兼具风景性和城市性——它与人们的日常世俗生活相连，提供了丰富的空间层次。西湖北山街一线自东向西，随着街道与西湖、孤山、杨公堤的方位和视线变化，形成特有的清雅之感，同时，沿山麓一线的地势起伏也使得北山街的空间体验丰富，近代还曾在此举办西湖博览会……这是体验西湖城市性绝佳的线路。

消失的清旗营地处湖滨，在原清旗营土地被拍卖、围墙被去除之后，成为新的城市商业中心。这个区域的游览线路设置让人真切体会到杭州近代新的商业中心形成以及与老的土地利用模式并存的交织感和复杂性，

① 骆寄平:《杭州历史沿革概况 · 杭州地方志资料第三辑》. 杭州：杭州市地方志编纂办公室编印：1987.12：13.

是真实的杭州市井生活。

城中线北至庆春路，南至河坊街，西至中山中路，东临东河，紧邻城东、城南、原清旗营区域，既有传统建筑类型，也有以华洋杂处方式建造的新型建筑，如石库门、银行等，体现了杭州丰富的城市空间状态。

总的来说，本书依据近代杭州城市发展的特征事件，分为城北运河线、城东城墙线、城南线、西湖北山线、消失的清旗营以及城中线共六个区域十一条游览线路。每个区域内设置的游览线路，串起了不同等级的文物保护单位，就好像提供了一双“城市之眼”，带领人们去“看”这个城市，去感受杭州近代的发展痕迹。无论是杭州本地居民，还是国内外游客，通过线路引导，在城市空间中游逛，在被文化滋养的同时，也建立了自身与城市的关系，这也就是市井漫步（citywalk）的乐趣吧。

目　录

城北运河线

由武林路北出武林门，沿运河向北延伸

蔡星移　汪之璇　项心怡　王纯

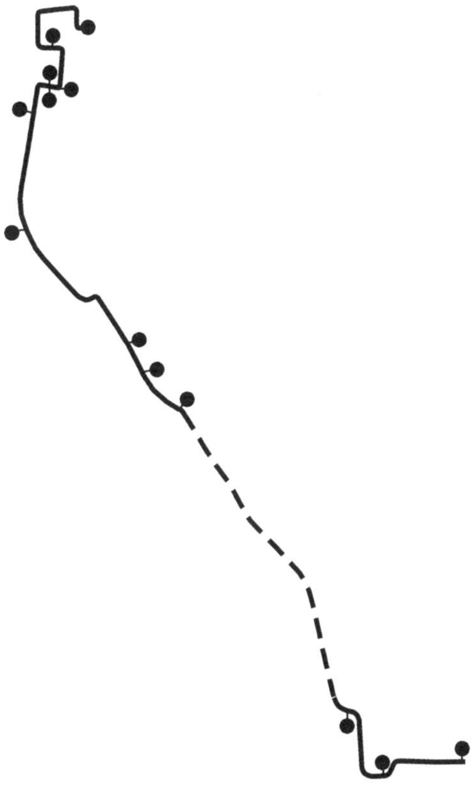

作为世界上最长的运河，京杭大运河是中国古代一项伟大的水利工程，全长 1794 千米，已有 2400 余年的历史①。它贯穿全城，参与并见证了杭州近代工业发展进程，对杭州的兴盛与繁荣发挥了极大作用。

京杭大运河的城北段属于拱墅区，与西湖景区、西溪湿地关系密切。城北运河线由武林路北出武林门，向北延伸至轻纺桥，整条参观路线的设置尽量保证沿运河行走，舒适宜人。

这条路线涉及拱宸桥区域、小河直街历史文化街区、大兜路历史文化街区和武林区域四大区域，分区设点并进行线路串联。其中拱宸桥区域设点较为密集且类型多样，包括杭州洋关 / 关税务司署旧址、高家花园、通益公纱厂旧址、拱宸桥、中心集施茶材会公所旧址及桑庐，其他区域设点则相对分散，基本上每个区域 2~3 个。

线路设置以城市漫步为主，目标在于感知运河畔城市的空间与文化，其中小部分通过运河水上巴士实现大兜路历史文化街区至武林区域的轮转，可以体验运河段独有的公共交通方式。整条线路从浙江省杭州关税务司署旧址开始，沿运河一路往南，至武林区域的浙江省人民体育馆旧址结束，展示出了运河沿线风格多样的建筑风貌。

线路上具体参观节点建筑的设置依托于全国重点文物保护单位、省级文物保护单位，市县级文物保护单位，共 12 处文保建筑（包括 4 个国家级文保单位、4 个省级文保单位、4 个市级文保单位），建筑节点的设置充分考虑到市井漫步的趣味性，展示了不同建筑类型和不同风格样式。以拱宸桥区域为例，杭州关税务司署旧址采用歇山顶和西式券廊设计；高家花园则是中国私家园林的缩影，意趣横生；中心集施茶材会公所旧址，则是典型的江南民居……

参观指南

沿着京杭大运河沿线，基本为开放状态。整条路线以步行为主，中间可乘坐运河水上巴士。

---

① 中国京杭大运河博物馆，运河遗存 .https://www.canal-museum.cn/culture/millennium_canal.

全国重点文物保护单位 National key protection units

市县级文物保护单位 Municipal key protection units

省级文物保护单位 Provincial key protection units

建筑考察路线 Building Inspection Route

本条路线的出发点为杭州关税务司署旧址，一路沿着京杭大运河向南，参观建筑涉及拱宸桥区域、武林区域等。路线总长 6.7 千米，预计步行时间 131 分钟，建议通过水上巴士实现轮转。沿线的建筑有：

01 浙江省杭州关税务司署旧址
Customs Service Historical Site
杭州市拱墅区温州路 126 号

02 浙江省高家花园 Gaojia Garden
杭州市拱墅区风景街 8 号

03 浙江省通益公纱厂
Historic Tongyi Textile Mill Location
杭州市拱墅区桥弄街 36 号

04 浙江省拱宸桥 Gongchen Bridge
杭州市拱墅区桥弄街 1 号

城北参观路线示意图

- **05** 浙江省中心集施茶材会公所
  Central Tea Trade Association Building Site
  杭州市拱墅区吉祥寺弄 1 号
- **06** 浙江省桑庐 *Sanglu*
  杭州市拱墅区杭印街 96 号（未开放）
- **07** 浙江省小河直街历史文化街区
  Xiaohe Zhijie Historic Cultural District
  杭州市拱墅区小河直街
- **08** 浙江省国家厂丝储备杭州仓库建筑
  Hangzhou National Silk Reserve Warehouse Architecture
  杭州市拱墅区大兜路 170 号
- **09** 浙江省香积寺塔 *Xiangji Temple Pagoda*
  杭州市拱墅区香积寺巷 1 号香积寺内
- **10** 浙江省富义仓 *Fuyi Warehouse*
  杭州市拱墅区霞湾巷 8 号
- **11** 浙江展览馆
  Zhejiang Exhibition Center
  杭州市拱墅区环城北路 197 号
- **12** 浙江省司徒雷登故居 *Stuart Leiden's House*
  杭州市拱墅区耶稣堂弄 3 号
- **13** 浙江省人民体育馆旧址
  Zhejiang Provincial People's Gymnasium
  杭州市拱墅区体育场路 210 号
- **W** 水上巴士 1 号线码头 *Water Bus Line 1 Pier*

01 杭州关税务司署旧址

建筑名称：杭州关税务司署旧址
建筑地点：浙江省杭州市拱墅区温州路 126 号
建成年代：始建于清末民初
保护等级：全国第七批（2013）文物保护单位
建筑规模：2436 平方米

项心怡 摄

建筑名称：杭州关税务司署旧址（本书编号：01）
建筑地点：浙江省杭州市拱墅区温州路 126 号
建成年代：始建于清末民初
保护等级：全国第七批（2013）文物保护单位
建筑规模：2436 平方米

杭州关税务司署旧址（又称杭州洋关），位于京杭大运河拱宸桥街道温州路 126 号，被列为全国第七批（2013）文物保护单位，也是红色爱国主义教育基地。它于 1897 年 8 月建成，建筑规模 2436 平方米，用地范围北至湖州街，东至金华路，南至温州路，西（隔丽水路）临运河。当时的地址为大马路 51 号。杭州关税务司署旧址运行了五十年，历经清朝、民国两个历史时期，是我国现存建成年代较早的海关设施之一，也是近代中国遭受帝国主义侵略的重要见证。

杭州关税务司署旧址建筑属于中西合璧近代式样，建筑主体由红色清水砖砌筑，有仿英“券廊式”风格，屋顶采用了中国传统建筑的重檐歇山式。现仅存 3 幢砖木结构楼房，分别为原税务司楼、原杭州海关办事处、原帮办人员住宅，其貌基本如初。[①] 这三座建筑整体风格和谐统一，又各具特色。三者都有外廊，采用浓郁西式风格的廊柱形式。建筑师巧妙地运用红色清水砖作为主要建筑材料来模拟拱券和支撑柱，通过柱头尺寸调整和柱面装饰设计，由柱头支撑形成的连续廊券开阔舒展，极大地丰富了建筑的立面效果。

原税务司楼（现 9 号楼），建筑平面呈矩形，一层为病案库、中药库、总务科，二层为医疗质量管理中心、病例质控中心、统计室、图书馆等。立面三层均有三面围廊，底下两层呈西式风格，第三层为中式，风格对比鲜明。[②] 特别之处在于这幢建筑的建筑师做了两层屋顶，来解决体量庞大导致传统屋顶无法覆盖的难题，最上面一层屋顶向内缩进数米，形成重檐歇山的形制[③]，在保证美观的基础上巧妙利用了原来被浪费的屋顶空间。

原海关办事处（现 10 号楼），建筑平面呈矩形，立面分为两层，亦为三面围廊，每层都有壁柱与水平线脚，红砖拱券、窗框与灰色清水砖铺砌的墙体形成强烈对比。[④]

现存三幢建筑都使用了连续券作为立面构图主要元素，形成券廊为主的空间形态，墙面设简单线脚，整体简洁明快，平面尺寸均有严格的几何关系和比例。[⑤] 虽为中西合璧近代式样，但却不显突兀，中式建筑魅力和西式建筑特色彼此融合，相得益彰。

参观指南

部分区域开放。
地铁 5 号线至 [拱宸桥东] 站或公交 70/183 路至 [拱宸桥] 站。

---

① 范侃侃：《原杭州关税务司署建筑考证》，《城市建设理论研究（电子版）》2012 年第 19 期 .
② 同①.
③ 同①.
④ 同①.
⑤ 同①.

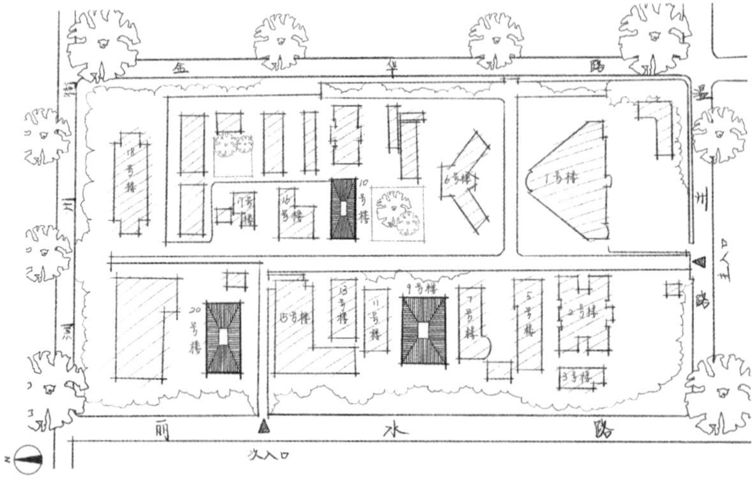

杭州关税务司署旧址总平面示意图

项心怡　绘

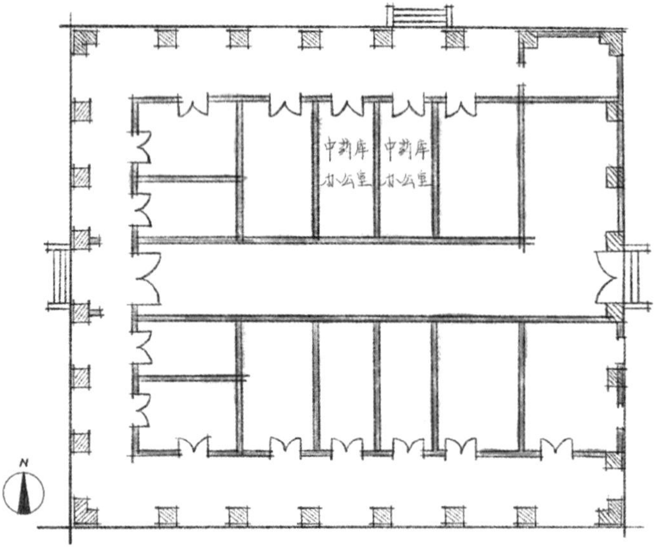

杭州关税务司署旧址 9 号楼一层平面示意图

项心怡　绘

02 高家花园

建筑名称：高家花园
建筑地点：浙江省杭州市拱墅区风景街 8 号
建成年代：始建于清末
保护等级：全国第七批（2013）文物保护单位
建筑规模：521 平方米

项心怡 摄

建筑名称: 高家花园（本书编号: 02）
建筑地点: 浙江省杭州市拱墅区风景街 8 号
建成年代: 始建于清末
保护等级: 全国第七批（2013）文物保护单位
建筑规模: 521 平方米

高家花园为民族工业家高懿承（李鸿章亲戚）的私人花园，位于拱宸桥西，东临京杭大运河，南与原杭州第一棉纺厂相对，西南及北部为原长征化工厂厂区，属于杭州城桥西历史街区，是杭州市现存唯一保存完整的清代建筑和私家花园。

这座私人花园建于清末民初，自南向北分别为景观水池、七曲桥、假山、南华楼和爱日楼，总占地面积 1200 平方米。整个园林的造景艺术仿苏州园林，精巧细致[①]，其外围并非由砖石构建的坚固围墙，而是各式树木与花草——它们交织生长，形成了一道自然的绿色屏障，宛如天然的守护者，将高家花园环抱其中。

走近这座私家花园，首先映入眼帘的是路边的照壁，上面醒目地刻着一个硕大的“高”字。照壁的背面，是精致的镂空雕刻。进大门后可以看到一个条案和拱门，紧接着由一条 L 形风雨廊引入花园，沿着连廊蜿蜒前行，可以看到进门时面对的山坡和园林景观，通过石阶走下小山坡，可以看到一座七曲桥连通主楼南华楼，桥南侧、东侧是水池，穿过南华楼，可看到后方的爱日楼。

高家花园中最出名的是南华楼。作为主体建筑，南华楼设计独特，坐北朝南，融合了中西建筑风格，目前为一座高端中式茶楼。该建筑采用清水砖作法，竖向分成三份：台基、屋身、屋盖。建筑共两层，面阔五间，全长达 17 米，进深 5 米，采用歇山式屋顶。建筑的底层四周留有回廊，将中国园林中“轩”的形式引入回廊顶部设计，使得整个建筑不仅外观典雅，内部空间也显得宽敞而富有层次。回廊四周雕饰细腻，花纹独特，彩绘色彩鲜艳。廊柱上有木刻雕饰。斗拱及牛腿做了彩绘。

南华楼的正前方建有一个亲水平台，平台边缘有一圈假山石，假山石后面是水池，上面架着一座七曲桥，连通平台和花园。桥上设有一张石桌和四张石凳，石桌呈圆形，为整块花岗岩刻成，石桌边沿有成槽，成槽内刻有花纹，古朴沧桑；石凳为鼓形，可供人休息。[②]

爱日楼位于南华楼的背后，其设计独特之处在于融合了四坡顶式屋面结构与西洋英式围廊结构，现已对外开放。

参观指南

南华楼一、二层、爱日楼可参观。
地铁 5 号线至 [大运河路] 站或公交 98/1 路至 [高家花园] 站。

---

① 疏浅:《偶得幽闲境　遂忘尘俗心——杭州高家花园》,《浙江林业》2017 年第 2 期 .
② 同 ①.

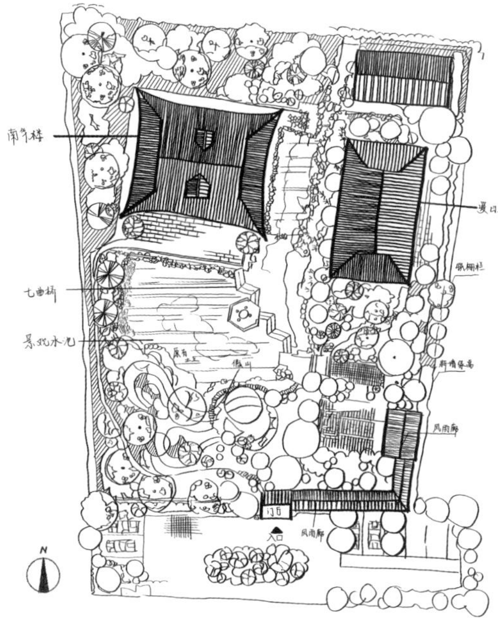

高家花园总平面示意图

项心怡　绘

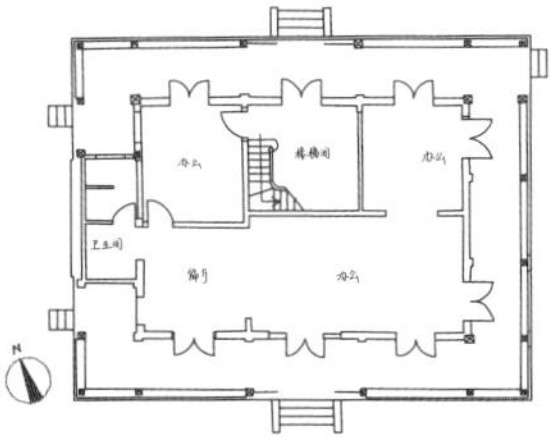

南华楼一层平面示意图

项心怡　绘

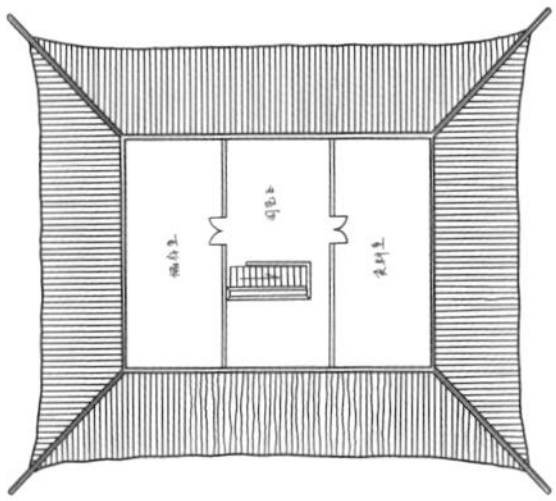

南华楼二层平面示意图

项心怡　绘

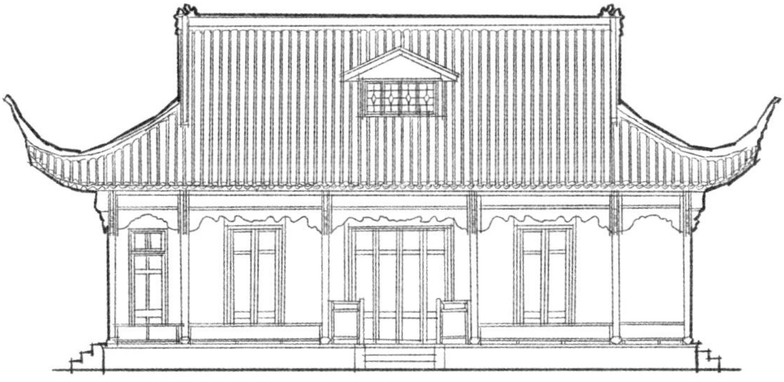

南华楼立面示意图

项心怡　绘

03

通益公纱厂

建筑名称：通益公纱厂

建筑地点：浙江省杭州市拱墅区桥弄街 36 号

建成年代：1896 年

保护等级：全国第七批（2013）文物保护单位

建筑规模：1.03 万平方米

汪之璇 摄

建筑名称：通益公纱厂（本书编号：03）
建筑地点：浙江省杭州市拱墅区桥弄街36号
建成年代：1896年
保护等级：全国第七批（2013）文物保护单位
建筑规模：1.03万平方米

清代拱宸桥一带已经十分繁华，是杭州唯一的通商海关。1895年，中日甲午战争后，清政府被迫签署《马关条约》，杭州被开辟为通商口岸，拱宸桥一带沦为日本租界，本地的乡绅、商人开始竞相在这里购地设厂。1896年，南浔巨富庞元济和杭州殷富丁丙、王震元等集资并筹募股本，桥西通益公纱厂应运而生，这也标志着杭州近代工业的开端。[①]

1955年10月，杭州第一纱厂、杭江纱厂、长安纱厂等合并，通益公纱厂被取缔，更名为地方国营杭州第一棉纺织厂，简称杭一棉。合并后的工厂共有细纱机81台、布机432台，职工两千多人，是当时杭州唯一的一家国营企业。[②]

杭一棉曾延续百年，在我国棉纺织工业史和棉纺新技术、新模式推广上拥有重要地位。杭一棉沿用了通益公纱厂老厂房，但随着社会发展变化，因产业调整，杭一棉在近代停产搬迁，厂房空置，成为运河周边脏乱差环境的一部分。

直到1992年，世界遗产委员会第16次会议通过了《分类遗产列入“世界遗产名录”的指南》，传统运河作为一种单独类型的世界遗产被重新认识，通益公纱厂旧址才作为杭州沿运河产业类建筑进行遗产改造，成为扇博物馆所在地。[③]

通益公纱厂车间现保留有厂房四间，改作扇博物馆。原东侧厂房毗邻运河，仅有二三十米距离。建筑师在保留建筑西侧设计了一栋“L”形楼，屋顶采用聚落式高窗坡顶，与保留厂房在屋面形式上取得统一。东侧沿运河设置了一条南北通廊，在通廊东侧加建了与原建筑进深一致、面宽不一、局部凸向运河的一组矩形建筑。其部分空间作为室外茶室和酒吧使用。改造后的扇博物馆，整体呈现出北、西、南边界平整，东边界凹凸有序，新旧建筑物既分离又完整统一的形态布局。[④]

参观指南

开放时间：全年周二至周日09:00–16:00。
地铁5号线至[大运河]站或公交70/61/63路至[登云路小河路口]站。

---

① 洪艳：《大运河杭州主城区段历史街区现代适应性评价体系研究》，博士学位论文，浙江大学，2016，第55页．

② 展赛：《杭一棉——“一河串百艺”之非遗解读》浙江省创意设计协会，No.16，https://www.163.com/dy/article/I81E5OMK0541BT1I.html，访问日期：2023年6月24日．

③ 同②．

④ 徐赞：《杭州市沿运河产业类建筑遗产保护与再生研究》，博士学位论文，浙江大学，2013，第120页．

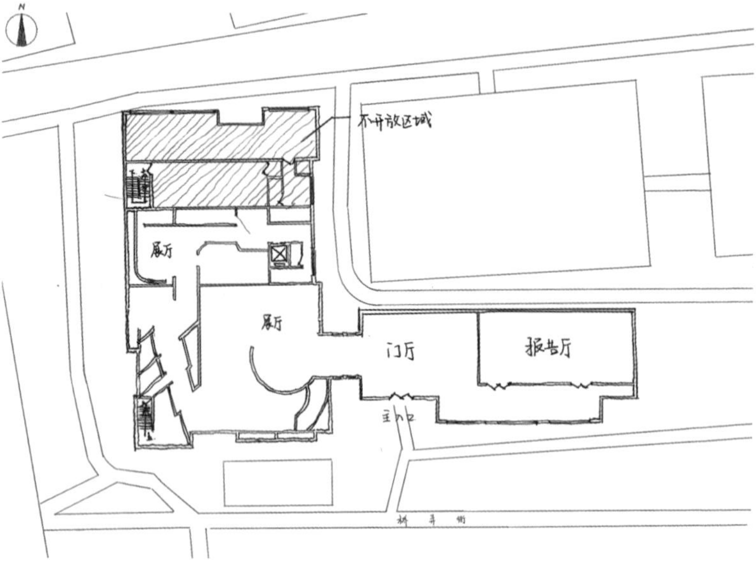

扇博物馆一层平面示意图

汪之璇　绘

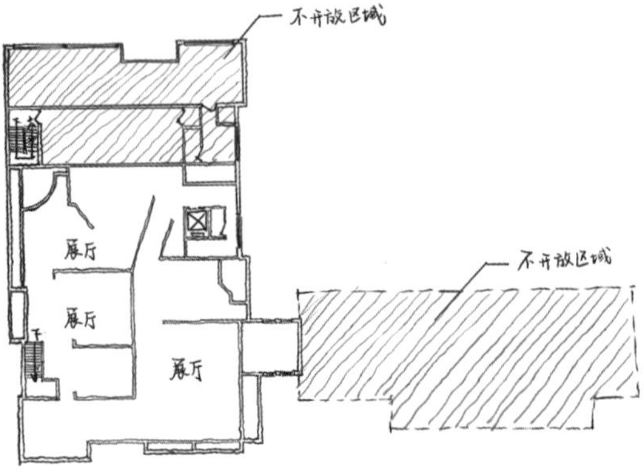

扇博物馆二层平面示意图

汪之璇　绘

04 拱宸桥

建筑名称：拱宸桥
建筑地点：浙江省杭州市拱墅区桥弄街 1 号
建成年代：明崇祯四年
保护等级：全国第七批（2013）文物保护单位
建筑规模：无

汪之璇 摄

建筑名称：拱宸桥（本书编号：04）
建筑地点：浙江省杭州市拱墅区桥弄街 1 号
建成年代：明崇祯四年
保护等级：全国第七批（2013）文物保护单位
建筑规模：无

拱宸桥位于拱墅区桥弄街，东西向横跨大运河上，是一座明清石拱桥。据清雍正年间李卫所作《重建拱宸桥碑记》记载，桥名始见于明崇祯四年。“拱”取拱手相迎之意，“宸”本来指北极星所居，借指帝王之所居。明代商人夏木江最先倡议修桥，于明崇祯四年建成，此后屡次修葺重建。目前所见拱宸桥为光绪十一年（1885）杭人丁丙主持重修。①

拱宸桥是一座江浙地区长江和钱塘江三角洲冲积地带典型的三孔薄墩联拱驼峰桥，桥拱顶高耸以利通航，桥面以坡道上下。石拱桥要求节约用料，减轻重量，同时又能适应一定限度的不均匀沉陷，所以南方石拱桥都夯打大量小木桩以加固土壤，采用薄墩薄拱以减轻重量。②③

据拱宸桥重建碑文中记述，桥为三孔石拱桥，中孔为帆船通航孔道，净跨 16.5 米，孔高 6.08 米，边孔净跨为 11.9 米。据现代技术测量，桥长 92.1 米，高 16 米。拱宸桥用条石错缝砌筑而成，上贯穿长锁石。桥面呈柔和弧形，中段略窄，有 5.9 米宽，两端桥墩处有 12.2 米宽；桥两侧以素面石栏围护，石护栏长约 3 米，宽 0.5 米，正中桥栏板上刻有“拱宸桥”三字，栏板间有 48 根望柱，柱头多为仰莲雕饰，桥墩自下而上逐层收分，拱券用条石纵联并列，分节砌作，拱券石厚 0.3 米，眉石厚 0.2 米。④

拱璧顶部有浮雕“双龙戏珠”，有题记，但模糊难辨，中间的拱券内还有浮雕荷花。光绪二十三年（1897），日军在桥面中间铺筑了 2.5 米宽的混凝土斜面，以供汽车和人力车通行。

2005 年，杭州市政设施监管中心设置四个防撞墩以护桥。杭州市运河集团组织修缮桥梁，拆除后期敷设桥面的各类管线，修复栏板间仰莲望柱 48 根，修整桥面台阶石板，以恢复历史旧貌，2006 年建碑亭。2013 年，拱宸桥被列为第七批全国重点文物保护单位。

如今，古桥在几经修整后依然行人来来往往。它伫立在千年运河之上，向每一位游人拱手致意，表达着对四海宾朋的诚挚欢迎，已然成为杭州的旅游地标之一。

参观指南

地铁 5 号线至［大运河］站或公交 70/61/63 路至［登云路小河路口］站。

---

① 李卫、嵇曾筠：［雍正］《敕修浙江通志》，刻本，清嘉庆十七年（1812 年）（影印本）：卷三十三，关梁一，十九（影印本）.

② 唐爱军：《长虹压水暗通潮——杭州拱宸桥设计艺术思想研究》，博士学位论文，杭州师范大学，2015，第 15 页 .

③《大运河世界文化遗产点——拱宸桥》，拱墅区大运河文化研究院：https://www.gongshu.gov.cn/art/2024/4/30/art_1229789753_59080389.html，访问日期：2024 年 4 月 30 日 .

④ 同②.

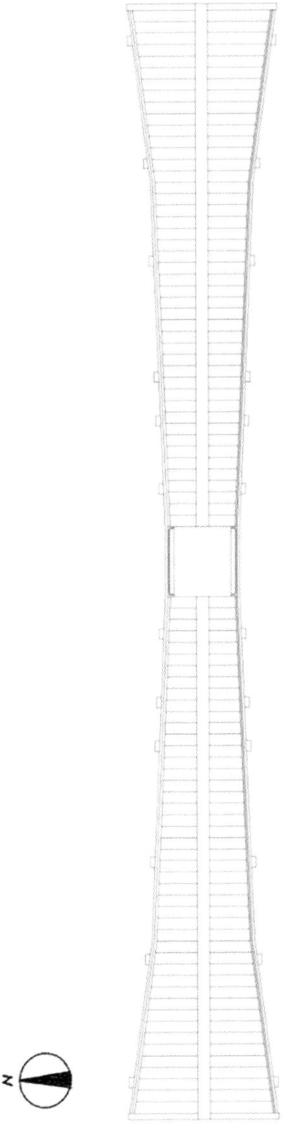

拱宸桥平面示意图
唐爱军 绘

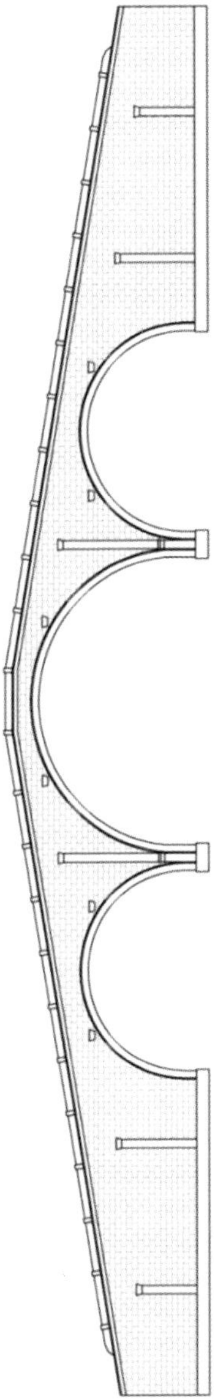

拱宸桥立面示意图
唐爱军 绘

05

中心集施茶材会公所

建筑名称：中心集施茶材会公所
建筑地点：浙江省杭州市拱墅区吉祥寺弄 1 号
建成年代：1924 年
保护等级：杭州市第七批（2022）文物保护单位
建筑规模：占地面积 571 平方米，总建筑面积约 300 平方米

汪之璇 摄

建筑名称：中心集施茶材会公所（本书编号：05）
建筑地点：浙江省杭州市拱墅区吉祥寺弄 1 号
建成年代：1924 年
保护等级：杭州市第七批（2022）文物保护单位
建筑规模：占地面积 571 平方米，总建筑面积约 300 平方米

中心集施茶材会公所位于桥西吉祥寺弄 1 号，是一座石库门高墙深院的墙门房子。现存公所遗址为砖木结构的三进院子，面阔 6 米，进深 35 米，占地 571 平米，建筑面积约 300 平方米，有厅、厢房多间。建筑曾进行过不同程度的改建。会所老墙的石库门上刻有“中心集施茶材会公所”9 个字，落款时间为“民国甲子仲春”（1924 年 3 月）。①

杭州的同业行会唐宋已有，至元明清发展更甚。杭州历来是著名的茶叶产地，而拱宸桥在中日甲午战争之后就辟为商埠口岸，茶叶贸易十分繁荣，成为商品集散中心，故称“中心集”。中心集施茶材会公所就是拱埠（拱墅地区的旧称）② 管理茶材商业的民间行会组织。

同时，此地又是民间的慈善组织场所。桥西拱宸桥一带过去是郊区，穷人很多，所以需要民间组织，即“公所”来施舍茶材。所谓“施茶材”就是施舍茶水和棺材。因为过去人行道中，口渴想喝水，难寻地方，所以庙里供应茶水，而庙里的西面厢房通常堆满了薄皮棺材，有路死街头或者家里无钱安葬的，公所就向他们施舍棺木，让穷人可以入土为安。

据说在 1920 年，拱宸桥一带以搬运货物为生的挑脚工王嘉耀积累了些钱财，经常在自家路边为路人免费提供茶水，还赈济灾民，后在王嘉耀的倡议下，一些身家殷实的富户共同募资创办了中心集施茶材会公所，留给后人使用。

历史变迁中，中心集施茶材会公所逐渐沉寂，直到近年才被重新发现和整修，并于 2022 年被列入“杭州市第七批市级文物保护单位”名单。2011 年，拱墅区引入首批国家非物质文化遗产杭州小热昏（一种广泛流行于江浙沪一带的说唱结合的谐谑曲艺形式）代表性传承人周志华先生。他使用中心集施茶材会公所的场地，将其改建为文化娱乐场所，在此创办了“老开心茶馆”，致力于宣扬杭州茶文化、传统曲艺文化及杭州风俗民情。

这一改造不仅符合中心集施茶材会公所作为近代工业发展过程中慈善机构的特点，也进一步与现代社区服务和公众服务的要求结合，使其成为一处具有文化内涵和历史传承的服务设施。

参观指南

营业时间：每日 9：00—17：00。
地铁 5 号线至 [大运河] 站或公交 70/61/63 路至 [登云路小河路口] 站。

① 周阳：《杭州市拱宸桥桥西历史街区更新改造研究》，博士学位论文，浙江大学，2015，第 22 页 .
②《拱墅新增这 2 家市级文物保护单位！你去过吗》，搜狐网：https://roll.sohu.com/a/591553533_121123866，访问日期：2022 年 10 月 10 日 .

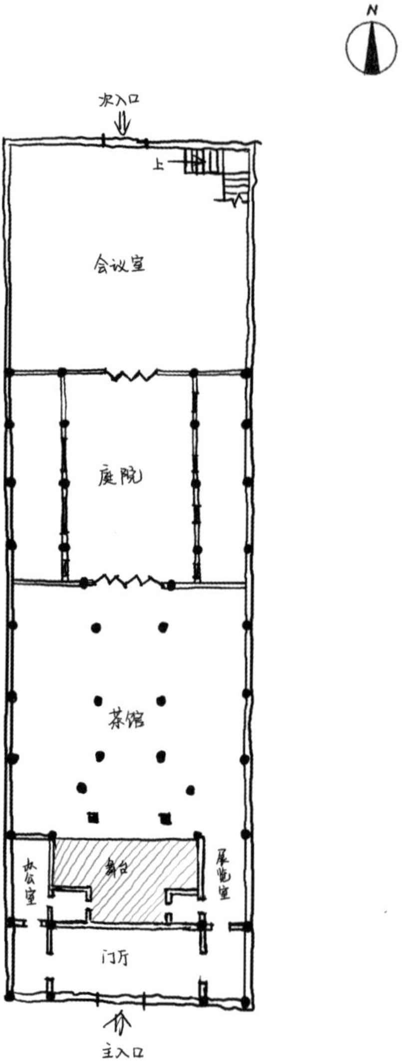

中心集施茶材会公所平面示意图

汪之璇　绘

06 桑庐

建筑名称：桑庐
建筑地点：浙江省杭州市拱墅区拱宸桥街道杭印街96号
建成年代：始建于1935年
保护等级：杭州市第四批（2009）文物保护单位
建筑规模：占地面积约1800平方米，建筑面积约2300平方米

汪之璇 摄

建筑名称：桑庐（本书编号：06）
建筑地点：浙江省杭州市拱墅区拱宸桥街道杭印街 96 号
建成年代：始建于 1935 年
保护等级：杭州市第四批（2009）文物保护单位
建筑规模：占地面积约 1800 平方米，建筑面积约 2300 平方米

桑庐坐落在拱宸桥西，原杭一棉花厂东南角、小河直街西侧，是杭州保存至今为数不多的近代工商业建筑之一。

桑庐又名新光蚕种场，始建于 1935 年，由安徽省绩溪县汪协如女士创办，以实现其“实业救国”的抱负理想。①

“桑庐”遗址场地接近正方形，场地内建筑群包括 6 栋建筑，分为 1 栋主楼、3 栋平房和两间厢房，围合成“L”形小院落；场地四周筑有围墙，大门朝东开设，正对场地内的小花园。建筑群体规划没有遵循严格的轴线和几何对位关系，整体布局形态较自由。②

据实测，场地建筑群占地面积 1800 多平方米，建筑面积 2300 多平方米，其中，最有特色的当数主楼，即后来的桑庐。桑庐坐北朝南，高两层，每层各 8 间房，二层走廊由 11 根红色柱子支撑，东西两侧各有楼梯方便上下。房内白色墙壁，红色木地板，前后均有玻璃窗，通畅明亮。主楼南侧建有花园，青砖小道连通院中各房舍。1936 年春，新光社迁入，却由于日寇的全面入侵，只得弃屋避难内地。

日军霸占桑庐后，桑庐成了日军奴役中国人的地狱。1945 年 8 月抗战胜利后，汪协如为筹集资金，将蚕种场主楼及部分厢房租给杭州第一纱厂（杭州第一棉纺织厂前身），作为该厂的职工宿舍。③

1946 年汪协如继续开办新光蚕种场，而当时租住在此的纱厂职员为投递不至于与蚕种场混淆，就给租用的那部分建筑取了个好听的名字——“桑庐”。

汪协如离杭后，桑庐继续租给杭州第一棉纺织厂作为职工家属宿舍。2007 年，为保护历史建筑，拱墅区对桑庐进行了全面整修，搬空住户，修缮整理，并恢复其原貌。2009 年，桑庐被杭州市人民政府公布为第四批市级文物保护单位。经后期改建，留存主体建筑一幢及附属建筑数座，现改造为桑庐私立幼儿园，局部作办公用途。

参观指南

桑庐所改建的桑庐私立幼儿园不对外开放，现无法参观。

---

①《轴轳千里畔，运河话党史（六）》，杭州京杭大运河博物馆：http://www.canal-museum.cn/legacies/1121，访问日期：2021 年 5 月 12 日 .

② 刘抚英，于方舒，文旭涛：《杭州“桑庐”遗址及其近代历史建筑群调查研考》，《建筑与文化》，2023 年第 9 期：197-199，DOI:10.19875/j.cnki.jzywh.2023.09.062.

③《红色故事：桑庐里的红色记忆》，《杭州党史方志》，2024 年 2 月 8 日第 1 版 .

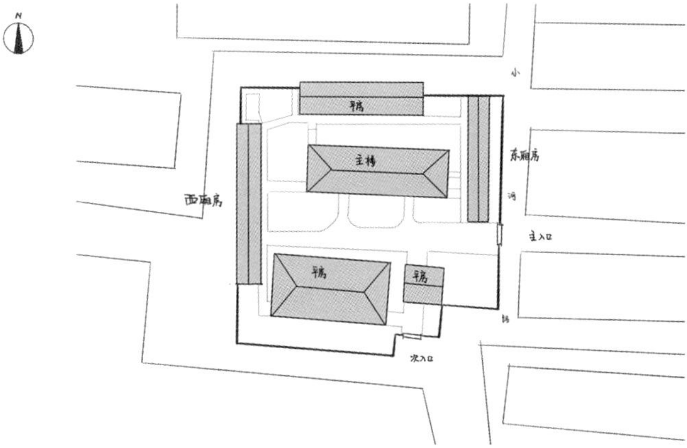

桑庐总平面示意图

汪之璇 绘

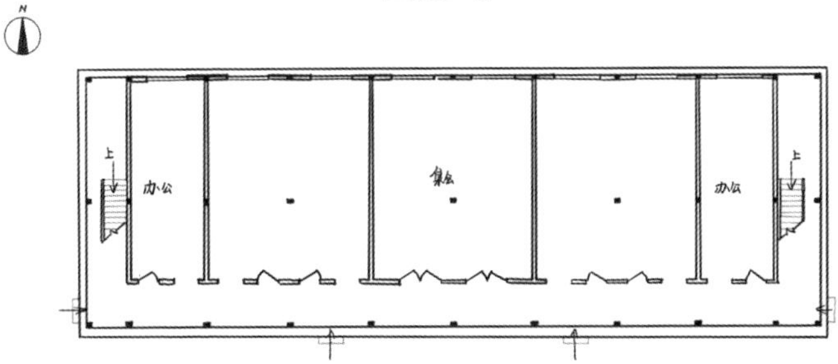

桑庐 1 号楼一层平面示意图

汪之璇 绘

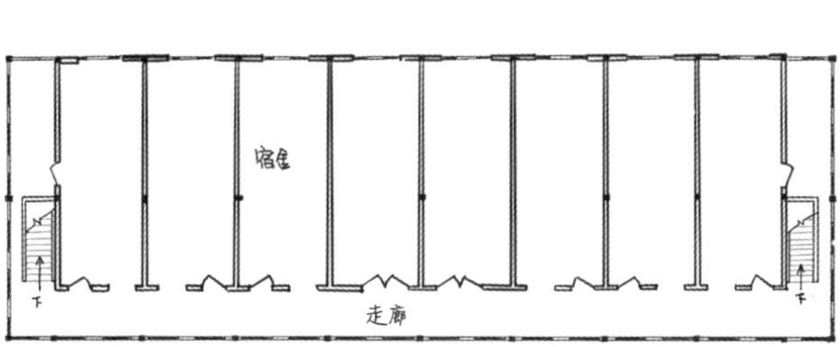

桑庐 1 号楼二层平面示意图

汪之璇 绘

07 小河直街历史文化街区

建筑名称：小河直街历史文化街区
建筑地点：浙江省杭州市拱墅区小河直街
建成年代：南宋时期
保护等级：/
建筑规模：4.15 万平方米

蔡星移 摄

建筑名称：小河直街历史文化街区（本书编号：07）
建筑地点：浙江省杭州市拱墅区小河直街
建成年代：南宋时期
保护等级：/
建筑规模：4.15 万平方米

小河直街历史文化街区位于京杭大运河、小河、余杭塘河交汇处，占据十分重要的地理位置。它北临长征桥路，西临和睦路，南临小河路，东北侧为小河公园，周边公共交通便利。在南宋时，它即为重要的水陆交通运转地，在民国时期更是依托运河水运，形成了繁华的景象。抗战期间，这里曾因杭州沦陷而逐渐衰败。[①] 目前，经过杭州市的改造，该区域最大限度地保留了原有的白墙黑瓦的水乡特色，成为运河沿岸重要的旅游节点之一，呈现出文化气息浓厚的业态分布。街区范围内小河贯穿其中，白墙黑瓦的水乡建筑顺应河流形态线性排布于两侧，形成自然有机的鱼骨状城市肌理。漫步其中，可以感受到独特的人居文化。[②]

小河直街历史文化街区整改后的风貌呈现上下错落的双坡屋顶，建筑大部分为二层，一层多为白色混凝土砌筑，二层则多采用木梁上铺设木板的梁板结构。屋顶以蝴蝶瓦铺设屋面，普通小青瓦屋脊，屋檐处设横向钢管排水。屋顶形式多样，如悬山、硬山等，突出的山墙作为防火隔断。街区内传统建筑风貌保存较为完好，以方增昌酱园、姚宅茶馆作为历史文化街区参观的主要节点。

方增昌酱园延续了周边肌理，临街立面中轴对称，入口居中而置，两侧高起的山墙顺应屋顶起伏变化，白墙上一个大大的“酱”字，形成了特殊的视觉符号。[③] 建筑平面三开间，在店前设置了面积尺度偏小的围合院落。目前，方增昌酱园还在运营，现代设备均以悬吊的方式存在，不破坏原有的木构架。

小河直街姚宅为民国建筑，是杭州市第三批（2007）历史建筑，保护范围约 240 平方米。目前，姚宅建筑主体作为商业建筑使用，难以窥见内部结构，建筑主体前沿小河开设茶馆。姚宅外立面与小河直街大部分建筑有所区别，采用青砖砌筑，窗的相关结构（过梁等）清晰地暴露在立面上，屋檐略有挑出[④]。

参观指南

开放。

地铁 10 号线至 [北大桥] 站或公交 76/132/333 路至 [长征桥]。

---

① 汤问：《基于“江南市井”用户体验的小河直街文化旅游设计研究》，博士学位论文，中国美术学院，2021，第 30 页 .

② 吴屹豪：《基于形态学和类型学的城市历史街区研究策略与启示——以杭州市小河直街历史街区为例》，《城市营造》2017 年第 161 期：221-224.

③《正月里，来小河直街捕捉“运”味吧》，“杭州 · 拱墅”门户网站：https://www.gongshu.gov.cn/art/2021/2/22/art_1228921_59009607.html.

④ 杭州市文物遗产与历史建筑保护中心云端档案：http://www.singdo.org/libao/luelan_disp.php?luelan_id=216.

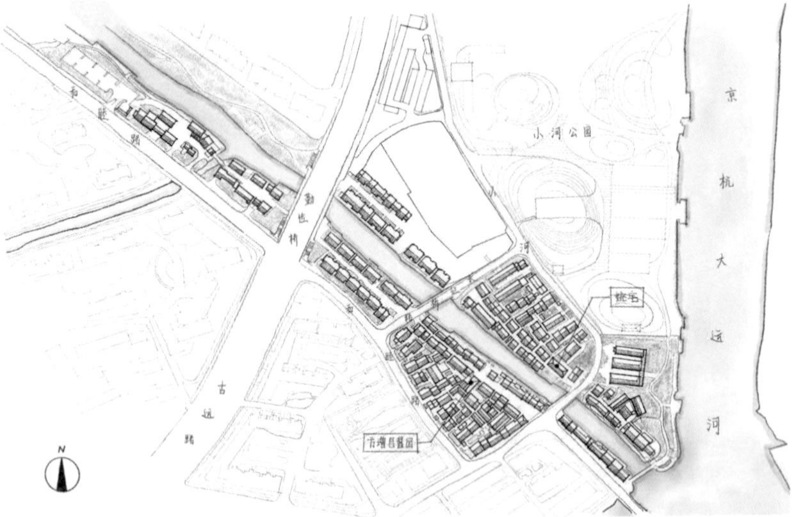

小河直街历史文化街区平面示意图

蔡星移 绘

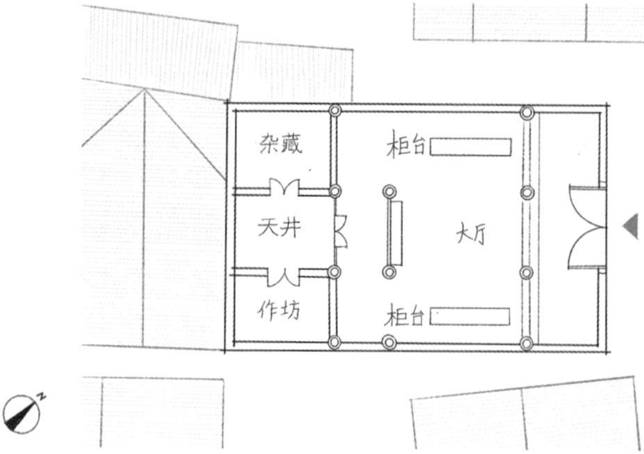

方增昌酱园平面示意图

蔡星移 绘

08

国家厂丝储备杭州仓库建筑

建筑名称：国家厂丝储备杭州仓库建筑

建筑地点：浙江省杭州市拱墅区大兜路 170 号

建成年代：始建于 1951 年

保护等级：杭州市第五批（2013）文物保护单位

建筑规模：占地面积 8154 平方米，总建筑面积 12272 平方米

王纯 摄

建筑名称：国家厂丝储备杭州仓库建筑（本书编号：08）
建筑地点：浙江省杭州市拱墅区大兜路 170 号
建成年代：始建于 1951 年
保护等级：杭州市第五批（2013）文物保护单位
建筑规模：占地面积 8154 平方米，总建筑面积 12272 平方米

国家厂丝储备杭州仓库建筑邻近京杭大运河东侧，是曾被称为天下第一仓的清代“仁和仓”旧址。民国时期，这里曾是存储物资的“国立浙江地方第二堆场”。抗日战争时，仁和仓付之一炬。新中国成立后，人民政府于 1951 年筹建浙江省丝绸公司，并在此建造了国家厂丝储备仓库，其后 50 余年间，它一直作为浙江省重要的丝茧仓储基地运营。因其整体历史要素信息的完整性、原真性以及较突出的建筑类型学意义，2004 年这里被杭州市人民政府公布为第一批历史建筑；2008 年，丝绸公司搬离，仓库闲置；2012 年，仓库建筑修缮整治与功能再生工程开始实施；2013 年，该建筑被列为杭州市市级文物保护单位。2015 年年底，由仓库改造成的精品酒店开始试营业。①

国家厂丝储备杭州仓库建筑具有 20 世纪 50 年代工业建筑的简约主义风格，是典型的仓储类工业遗址建筑，在空间布局形态上高效、理性。4 座形态相同的丝茧仓库，均为 3 层砖木歇山结构，呈田字形布局，青砖外墙和屋顶都保留完好。单幢建筑内部由 16 根钢筋混凝土柱子分为 2 排支撑，其门窗做法独特，架空层和 1 层均设透气孔，1 层及以上楼层设外包铁皮的大门和高窗。大门均为木门外包铁皮，刷银灰色漆。窗户共有三层，可从内部开合：最外一层，包有铁皮，以防日晒雨淋；第二层，为钢筋围护，非常坚硬粗壮，可防止盗窃；最里层，是木框玻璃窗。此设计既隐秘保险，又可以保持室内温度恒定，库存货物不易变质。地面每层均为木楼板构造，大门之间设货道，货道上再加厚一层木地板。1 层的货道上外包铁皮，2、3 层的货道无铁皮。外墙为清水砖墙，内墙面为白色粉刷，粉刷层内为灰土罩面。外墙设有扶壁柱，墙体厚度从上至下逐渐减小，砖块错缝平砌墙，部分青砖上有“作合”“民心”“天”“天汾”“洪 85”“8 ☆ 5”字样，是当年制砖厂刻下的痕迹。②③

丝水悠悠，化为人文，经过周期性演变后，国家厂丝储备杭州仓库建筑迸发出新的活力，成为运河文化与丝绸文化融合的具象展示。

参观指南

现为杭州运河祈利酒店，建筑室外和室内公共区域可供参观。

地铁 3 号线至 [香积寺] 站或公交 65 路至 [香积寺] 站。

---

① 刘抚英等：《杭州国家厂丝储备仓库建筑保护与再生解码》，《建筑与文化》2023 年第 1 期 .
② 同①.
③ 李雪波：《历史建筑再利用的消防特点及防火对策——以国家厂丝仓库项目为例》，《浙江建筑》2016 年第 33 期 .

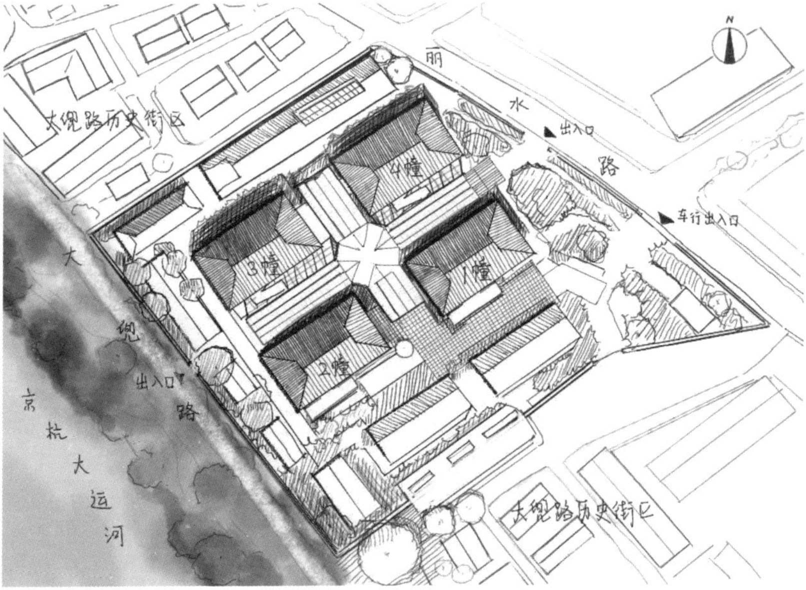

国家厂丝储备杭州仓库建筑平面示意图

王纯　绘

刻字青砖墙实景照片

王纯　摄

三层窗户（外层包铁皮，中层钢筋围护，里层木框玻璃窗）实景照片

王纯　摄

09 香积寺塔

建筑名称：香积寺塔

建筑地点：浙江省杭州市拱墅区香积寺巷1号

建成年代：始建于康熙五十二年（1713）

保护等级：浙江省第三批（1989）文物保护单位

建筑规模：塔身九层，高约12米

王纯 摄

建筑名称：香积寺塔（本书编号：09）
建筑地点：浙江省杭州市拱墅区香积寺巷 1 号
建成年代：始建于康熙五十二年（1713）
保护等级：浙江省第三批（1989）文物保护单位
建筑规模：塔身九层，高约 12 米

香积寺始建于北宋太平兴国三年（978），旧名“兴福寺”，大中祥符年间（1008–1016）宋真宗赐名“香积”，沿用至今①。江浙地区水路发达，香客会坐船到此上香。每年春秋两季，从杭州、嘉兴和湖州等地前来的善男信女，乘船循运河西行，过了拱宸桥即弃船登岸，虔诚匍匐于巍峨庄严的香积寺下，上罢头香，品尝斋饭，留宿一夜，再至灵隐寺、净慈寺和昭庆寺等处进香祈福。每日运河上千余船只往来，运输繁忙，夜间灯火通明，寺内热闹非凡，因而香积寺曾是京杭大运河上香火最鼎盛的寺庙之一，有着“运河第一香”的美名。②

香积寺石塔位于寺门前，有东西两座，1968 年 10 月，东塔被毁，仅存西塔。香积寺塔是杭州地区唯一留存的清初佛塔，具有极高的史料和艺术价值。1991 年测绘石塔时，发现该塔的第二层东面腰檐下题有“慈云”二字，其上款为“大清康熙癸巳季春吉旦，弘法沙门实证鼎建”，证实石塔建于康熙五十二年。1986 年，香积寺塔被杭州市人民政府公布为杭州市市级文物保护单位，1989 年被浙江省人民政府公布为浙江省省级文物保护单位。

石塔为石质仿木构楼阁式实心塔，继承了五代至宋时楼阁式塔的形式，八面九层，高约 12 米。除 2 层以上的栏杆是青石外，其余皆由湖石雕凿。石塔塔基为须弥座，基座较高，每层依次由平座、八角形塔身、斗拱、塔檐砌叠而成一整体，以葫芦形宝瓶塔刹收顶。平座外加护栏，塔身及 1 层栏板用石灰岩雕凿，2 层以上栏板用凝灰岩制成。八角形的塔身，转角处均雕出圆形倚柱；每面中间为火焰形壶门，两侧为浮雕佛像或经文，线条流畅；大门上雕门钉、门钹。塔檐雕出飞椽、斗拱，檐面雕筒板瓦垄等。

石塔在结构和雕刻上独具特色。其雕刻艺术精良，形象生动逼真，反映了清初佛教雕刻艺术的高度水平。其模仿经幢的一些做法，形制颇为特别，在浙江省亦为少见。石塔雕刻题材多元化、世俗化，在杭州市现存古塔中并不多见，反映了多元文化的相互整合与渗透。③

2010 年，新香积寺复建工程复建了东塔，还对原有的西塔进行了整修加固。如今香积双塔一景重现，“运河第一香”的故事也在继续。

参观指南

全天开放。

地铁 3 号线至［香积寺］站或公交 65 路至［香积寺］站。

---

① 段虹：《杭州市香积寺塔加固保护案例分析》，《浙江建筑》2019 年第 36 期 .

②《佛教——香积寺》杭州市民族宗教事务局：http://mzj.hangzhou.gov.cn/art/2020/7/1/art_1632088_58915160.html，访问日期：2020 年 7 月 1 日 .

③ 同①.

香积寺石塔南立面示意图
王纯　绘

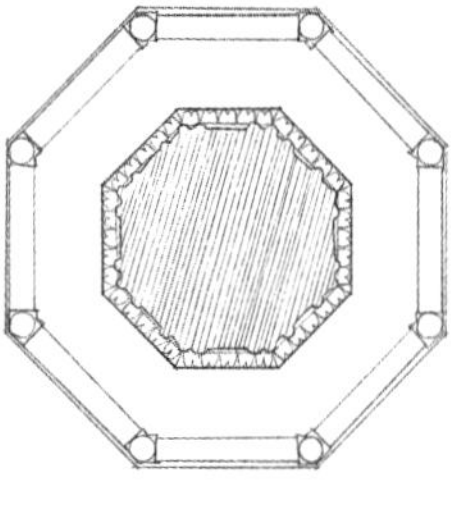

香积寺石塔底层平面示意图
王纯　绘

10 富义仓

建筑名称：富义仓

建筑地点：浙江省杭州市拱墅区霞湾巷 8 号

建成年代：始建于清光绪六年（1880）

保护等级：浙江省第五批（2005）文物保护单位

建筑规模：占地面积 8000 平方米，总建筑面积 3000 平方米

王纯 摄

建筑名称：富义仓（本书编号：10）
建筑地点：浙江省杭州市拱墅区霞湾巷 8 号
建成年代：始建于清光绪六年（1880）
保护等级：浙江省第五批（2005）文物保护单位
建筑规模：占地面积 8000 平方米，总建筑面积 3000 平方米

富义仓位于京杭大运河和其支流胜利河的交汇口，坐北朝南，占地面积 8000 平方米，总建筑面积 3000 平方米，与北京的南新仓并称为“天下粮仓”，是大运河沿岸保存较完整的古代城市公共仓储建筑群。

清光绪六年，浙江巡抚谭钟麟因当时杭州粮食告急，令杭城士绅购粮十万石分别储存于原有的两个粮仓。因原粮仓不敷有储，购地另建新仓。粮仓历时四年建成，共四排，可储存谷物四五万石。同年冬天，谭钟麟调任陕甘，临行前将仓库命名为富义仓，取“以仁致富，和则义达”之意[①]。

此后富义仓成为南粮北运的中转站、清代国家战备粮食储备仓库，民国以后，富义仓与永济仓、义仓作为省一级的官仓，分别改为浙江省会第一、二、三积谷仓。富义仓作为杭州现存唯一的粮仓而广为人知，实际上，永济仓的历史更为久远，规模更大，也更著名，遗憾的是没有留存，知晓的人不多[②]。历经时代的变化，经修复后，富义仓回到了市民眼前。

整座仓库布局规整，外观封闭，白墙黛瓦，石门木窗。现存 13 幢仓房及遗址一处（12 号仓房），1 号 –10 号仓房为文物本体建筑，11 号 –14 号仓房为文物保护范围内重要建筑。仓房大多为一层砖木结构硬山顶建筑，平面呈狭长的矩形，面阔大多八间，用抬梁穿斗混合式。室内地坪高出室外地坪半米多，前檐设廊，每间均有入户门和台阶。仓房之间的走道皆以青石板铺砌而成。[③] 平面布局保留中、东、西轴线。中轴线以埠头、凉亭、门厅为主入口，前后两组庭院。西区为历史环境区，配套区置小雕塑品，用倒扣的渔船和晾晒渔网等构成运河船家生活场景。[④]

古朴外观之下，富义仓是中国运河文化、漕运文化、仓储文化和商贸文化的历史沉淀和象征。

参观指南

周一至周日 8:00–16:30 开放，开放范围为富义仓展示馆（1、2、5、6 幢）。

地铁 3 号线至 [香积寺] 站或公交 65 路至 [富义仓] 站。

---

① 范乔莘:《“天下粮仓”的华丽变身——杭州富义仓保护》,《中华建设》2014 年第 12 期: 41.
② 杭州市住房保障和房产管理局:《90 年前的杭州——民国〈杭州市街及西湖附近图初读〉》, 浙江古籍出版社, 2020, 第 18-20 页 .
③ 钟峻, 翁燕, 罗曼慧:《以杭州富义仓为例谈文物建筑安全监测设计》,《山西建筑》2019 年第 45 期 .
④ 杨向荣:《历史建筑修缮过程中的“原真性”保护问题浅议——以杭州“富义仓”修缮为例》,《安徽农学通报》2007 年第 21 期 .

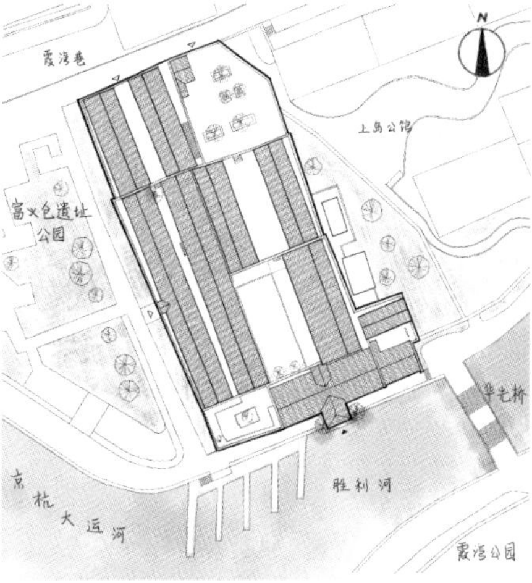

富义仓总平面示意图
王纯　绘

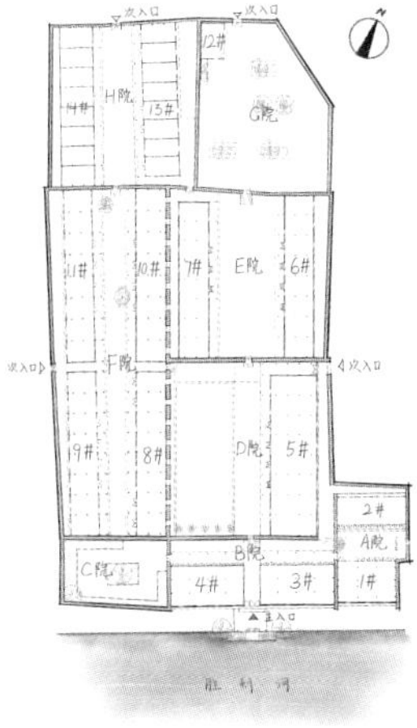

富义仓一层平面示意图
王纯　绘

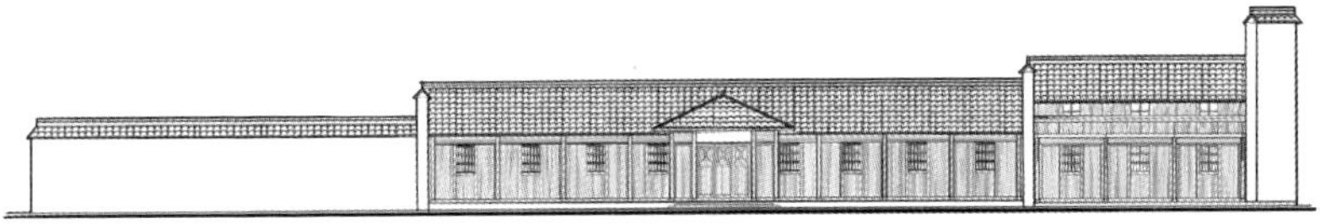

富义仓南立面示意图
王纯　绘

11 浙江展览馆

浙江展览馆
在推进共同富裕和中国式现代化建设中发挥示范引领作用

建筑名称：浙江展览馆
建筑地点：浙江省杭州市拱墅区环城北路 197 号
建成年代：始建于 20 世纪 70 年代
保护等级：浙江省第七批（2017）文物保护单位
建筑规模：22000 平方米

项心怡 摄

建筑名称：浙江展览馆（本书编号：11）
建筑地点：浙江省杭州市拱墅区环城北路 197 号
建成年代：始建于 20 世纪 70 年代
保护等级：浙江省第七批（2017）文物保护单位
建筑规模：22000 平方米

浙江展览馆（原毛泽东思想胜利万岁展览馆），始建于 20 世纪 70 年代，也被大家亲切地称为“红太阳展览馆”。这是浙江省内第一个会展场馆，也是办展最早、影响最大的标志性展览场馆之一，是杭州 20 世纪 50 年代后最宏伟的建筑物之一[①]，为浙江省省级第七批（2017）文物保护单位。

浙江展览馆位于杭州市中心武林商圈的核心区块——武林广场，拱墅区环城北路 197 号，南接延安路，北临古运河，西面为杭州大厦、杭州购物城等商业综合体，东面为展览东路，地理位置优越，周边配套设施齐全。2012–2016 年，浙江展览馆进行了为期 4 年的修缮改造，2017 年 1 月重新与广大市民见面。

浙江展览馆总占地面积 30000 平方米，总建筑面积 22000 平方米，南广场 8000 平方米。现开放展厅 15 个，展厅总面积 13000 余平方米。从总平面上来看，整个建筑呈现汉字“中”字形布局，建筑中轴对称，一正、二副、三厅堂结构，它的建筑外形借鉴了北京人民大会堂和当时的中国历史博物馆，体量宏大，庄严肃穆。[②] 建筑主体一幢共三层，一层、二层主要为各种陈列展厅，三层除展厅功能外还有中央大厅、葵颂厅等。

浙江展览馆整体造型偏横长发展，整座楼正面是浑然一体的高大玻璃立面，正厅前有台基，在立面设计上增加了竖向格栅以及八根大理石敷设的大型立柱等竖向建筑构件，增加了建筑的竖向构成感以及展览馆的庄严气势。

在建筑外观配色上，浙江展览馆使用传统的朱红色、橘色等，搭配米白色墙面，其外观既秉承了现代简约的设计理念，展现出一种前卫的视觉效果，又融合了传统建筑文化。其内部展厅的设计也多运用传统元素，例如木雕等，是浙江悠久历史和文化的生动体现。

如今这里轮番举办“现代文艺”“史学”“科技大讲堂”等活动，各行各业的顶尖人才在此将文化、科学的最新理念、最新技术介绍给大众。由“万岁馆”到浙江展览馆，它见证了时代的变迁，正积极发挥其在经济文化建设中的作用，努力成为浙江省文艺工作者的温馨和谐之家与现代城市市民的精神家园。[③]

参观指南

展厅区域均可参观。

地铁 3 号线至 [武林广场] 站或公交 156/24 路至 [中北桥南] 站。

---

① 杭州市发展会展业服务平台公众号——“经典建筑、经典记忆：浙江展览馆，浙江优秀现代建筑和标志性建筑的重要代表”，访问日期：2022 年 11 月 28 日 .

② 同①.

③ 同①.

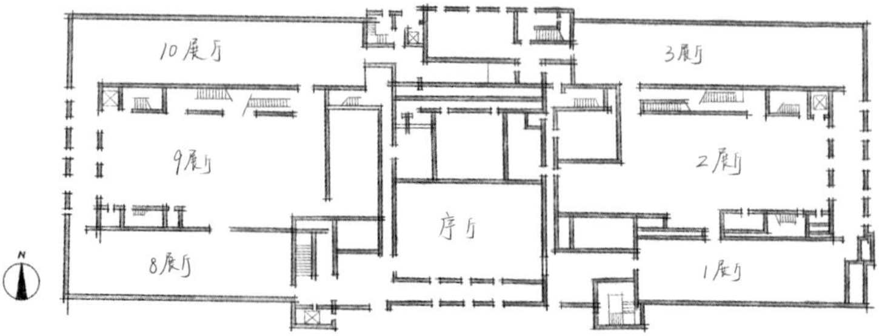

浙江展览馆一层平面示意图

项心怡　绘

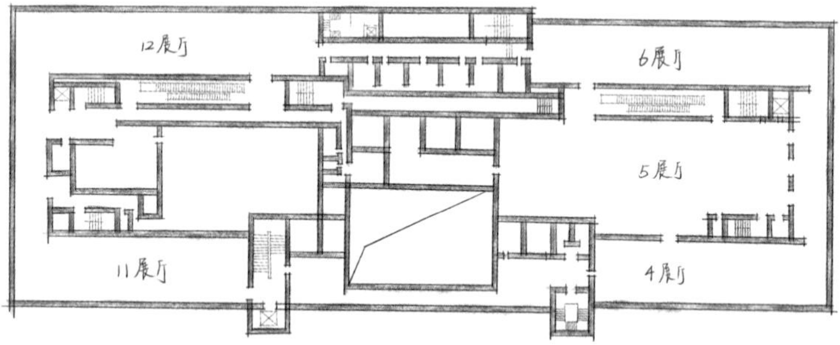

浙江展览馆二层平面示意图

项心怡　绘

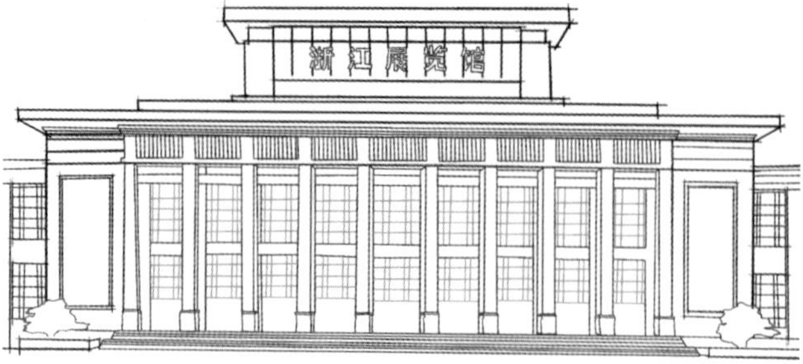

浙江展览馆南立面示意图

项心怡　绘

12 司徒雷登故居

建筑名称：司徒雷登故居
建筑地点：浙江省杭州市拱墅区耶稣堂弄 3 号
建成年代：始建于 1878 年
保护等级：浙江省第六批（2011）文物保护单位
建筑规模：239.4 平方米

项心怡 摄

建筑名称：司徒雷登故居（本书编号：12）
建筑地点：浙江省杭州市拱墅区耶稣堂弄3号
建成年代：始建于 1878 年
保护等级：浙江省第六批（2011）文物保护单位
建筑规模：239.4 平方米

司徒雷登故居位于浙江省杭州市拱墅区耶稣堂弄的一片居民区内。耶稣堂弄是一条东西方向的路，东起中山北路，西至延安路北段，宋名兴福寺巷，清改名为耶稣堂弄。

司徒雷登是一名美国传教士、外交官，1876 年出生于耶稣堂弄，童年就在这条小弄堂中度过。杭州给了童年的司徒雷登无忧无虑、无拘无束的快乐。[①] 现今弄堂里的一片小花园前伫立着司徒雷登的雕像。

司徒雷登故居建于清朝，系砖木结构建筑，同时具有中西建筑风格，共两层，建成时占地面积共 4138.5 平方米，周边竹园环绕，环境清幽，包括一座教堂、一所学校和三幢传教士住宅。[②] 然而，这座故居在 2000 年 3 月被产权单位基督教共自爱国会自行拆除，只留下断壁残垣。2003 年，杭州市文物部门购得了这处房屋的产权，并进行了精心的修复与重建，使这座故居焕然一新。修复时，还按照当时典型传教士家庭的布置仿制了每件家具。无论是餐厅里的桌椅，还是卧室中的床和柜，每个细节都务求尽善尽美。[③]2005 年 6 月起，司徒雷登故居正式对外开放参观。

修缮后的司徒雷登故居仍然保留了两层的设计，总面积达 239.4 平方米。建筑为五开间，歇山顶、拱形窗、粉饰墙面。故居上下两层共有八间用房，建筑修缮工作者将楼下四间分别设置为起居室、餐厅、办公室、卧室，楼上四间，两两分别划分为《司徒雷登的中国名流印象》《生于斯、葬于斯——司徒雷登的杭州情结》陈列馆。一层主入口前方设有风雨廊，二层也设有晒台供人晾晒衣物，外侧更有走廊供人欣赏周围的风景。

在整体建筑的室内装饰上，建筑师力图再现 19 世纪美国传教士的生活特点，同时，考虑到司徒雷登一家浓厚的中华情结，又放置了中国传统的器具作为细节点缀。这种主体西方、细节东方的陈列构思，与故居中西合璧、近代式样的外形和主人公的传教士身份相吻合。

参观指南

一、二层均可参观。
地铁 3 号线至［武林广场］站或公交 1004/38 路至［天水桥］站。

---

① 徐迅雷：《生于杭州归于杭州的司徒雷登》[J]，《民主与科学》2017(5)：66-69.
② 杭州名人纪念馆：《杭州司徒雷登故居概述》[J]，《杭州文博》2007-06-30：44.
③ 杭州名人纪念馆：《杭州司徒雷登故居概述》[J]，《杭州文博》2007-06-30：45.

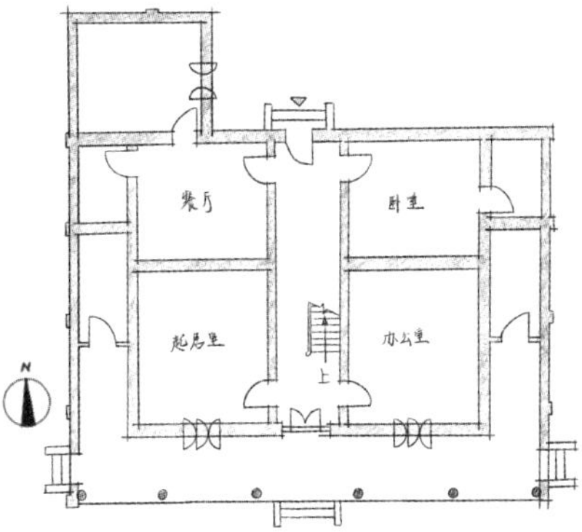

司徒雷登故居一层平面示意图

项心怡　绘

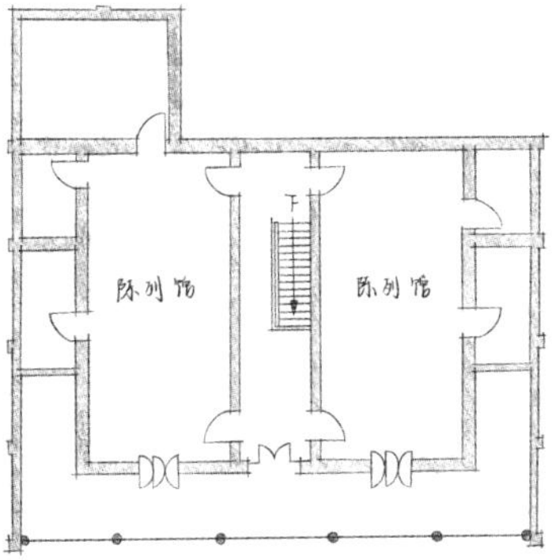

司徒雷登故居二层平面示意图

项心怡　绘

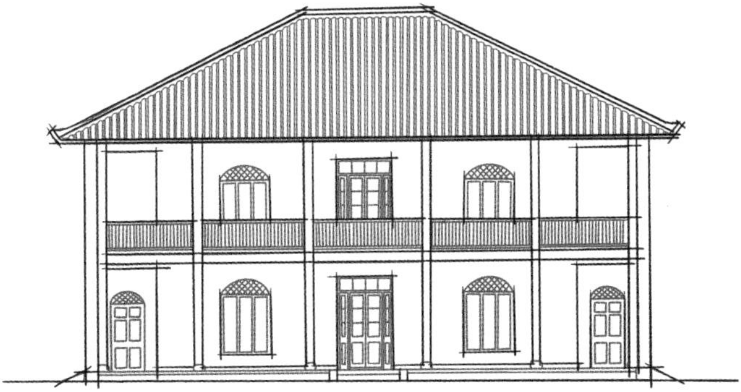

司徒雷登故居立面示意图

项心怡　绘

13 浙江省人民体育馆旧址

建筑名称：浙江省人民体育馆旧址
建筑地点：浙江省杭州市拱墅区体育场路 210 号
建成年代：始建于 1966 年
保护等级：杭州市第五批（2013）文物保护单位
建筑规模：4484.38 平方米

蔡星移 摄

建筑名称：浙江省人民体育馆旧址（本书编号：13）
建筑地点：浙江省杭州市拱墅区体育场路 210 号
建成年代：始建于 1966 年
保护等级：杭州市第五批（2013）文物保护单位
建筑规模：4484.38 平方米

浙江省人民体育馆旧址现为杭州体育馆，始建于 1966 年，位于杭州市体育场路 210 号，由杭州市第一位获评“国家级建筑大师”殊荣的唐葆亨先生主持设计，曾获“中国建筑学会优秀建筑创作奖”，是 20 世纪 60 年代杭州市标志性体育建筑设施，为杭州市第五批（2013）文物保护单位。该馆于 2001 年 1 月交由杭州市体育局管理并由市政府投资进行了改造。①

杭州体育馆地理位置十分优越，处于杭州市的核心地段，周边有武林广场等，商圈业态丰富，交通网络密集，地铁、公交等均可便捷到达。历经近半世纪的风雨沧桑，杭州体育馆以其独有的“船体”造型屹立于此，成为老杭州人心中时代的象征，承载着城市发展的历史记忆，具有极其重要的历史价值。实际上，杭州体育馆已超过一般建筑 50 年的使用年限，但作为历史保护建筑，其将继续使用。②

当我们靠近并观看这座体育馆时，最直观的感受就是其新颖的造型以及鲜明的时代特色：外表整体采用偏灰的色调，大面积水刷石以及玻璃的使用③，相互之间形成了良好的虚实关系，看起来古朴且纯粹。体育馆主馆为文保建筑，其顶面呈马鞍形；周边为相对独立的附属建筑物，呈现为长短不一的多层公共建筑。该建筑坐北朝南，内设武术房、举重房、运动场、网球场、篮球场等用房。

值得一提的是，杭州体育馆是目前世界上仅存的马鞍形悬索结构建筑，由 56 根承重索和 50 根稳定索组成，没有使用一根柱子，在结构设计上到达了登峰造极的地步。索网结构是张力结构的一种重要形式，其本身具有优越性，受力合理，造型富于变化，广泛应用于大跨空间结构。④

参观指南

部分区域开放，同时提供运动场馆。
地铁 2 号线至 [中河北路] 站或公交 8/11/28/126/535/8028 路至 [市体育馆] 站。

---

① 吴理人：《杭州体育馆——杭州人的神奇建筑》，《COLUMN 专栏》2023 年第 10 期：68-69.
② 杨学林，周平槐，李晓良：《杭州亚运会拳击场馆杭州体育馆屋盖单层索网结构提升改造分析与设计》，《建筑结构》2022 年第 52(15) 期：99.
③ 裘云丹，董箫欢，甘海波：《文保建筑在城市更新中的活化利用——以杭州体育馆为例》，《浙江建筑》2023 年第 40（4）期：47-50.
④ 杨学林，周平槐，李晓良：《杭州亚运会拳击场馆杭州体育馆屋盖单层索网结构提升改造分析与设计》，《建筑结构》2022 年第 52(15) 期：98-99.

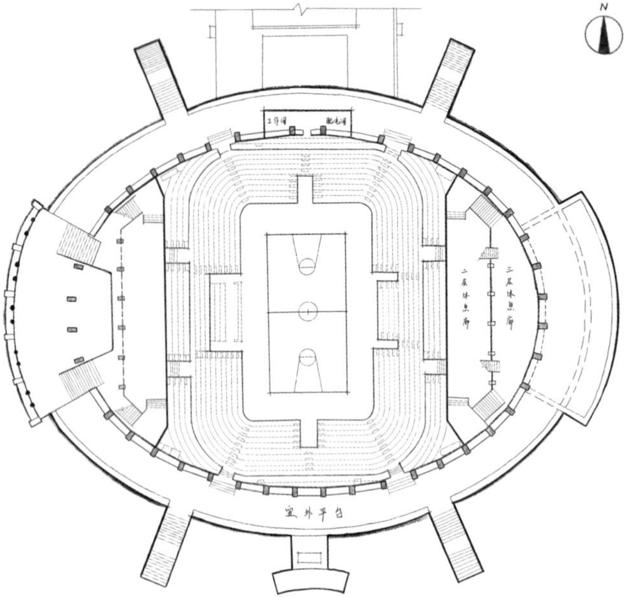

浙江省人民体育馆旧址主馆二层平面示意图
蔡星移　绘

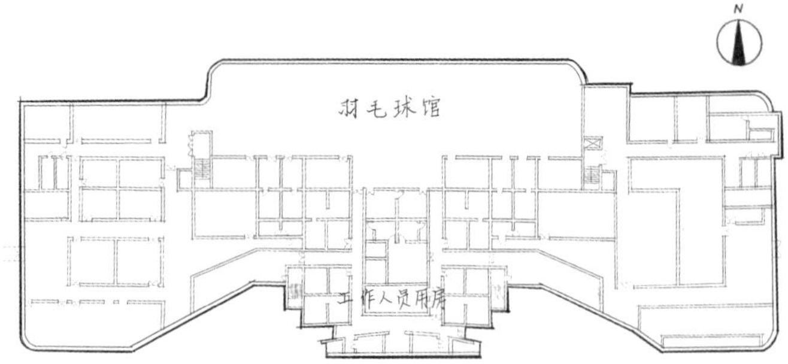

附属建筑平面示意图
蔡星移　绘

城东城墙线

北起艮山门，南至望江门，南北延伸

陈欣然　盛　敏

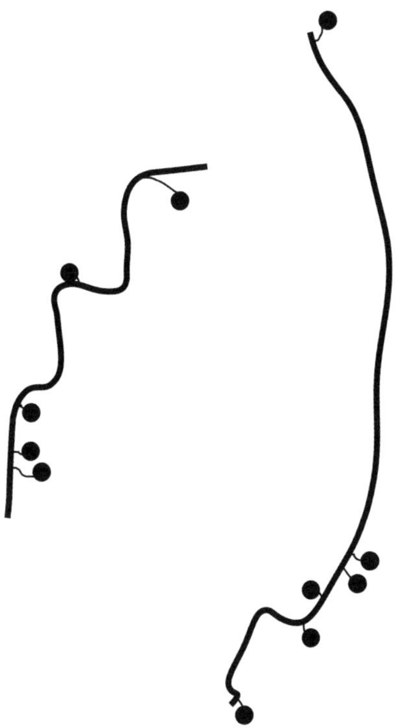

杭州老城区的城东区域泛指由艮山门、庆春门、清泰门、望江门串联起来的南北向狭长地带。

晚清开埠前，这一区域的主要功能是果蔬交易和丝织品生产，与城墙东边的农户有着紧密联系。城市形态受到贴沙河（即杭州护城河）和城墙的影响，向外扩张趋势受到阻碍。

开埠后，由于租界的设立（1896 年，杭州拱宸桥以北、京杭大运河东岸的 1809 亩土地被划定为外国人公共居留地，后在 1897 年更改为日本租界）和近现代工业的初步发展，原有城墙对杭州整体城市形态的限制作用逐步减弱。城东片区发展的转折点在于江墅铁路的建设。

1905 年，为抵制英美掠夺浙江路权，浙江绅商决定自造铁路，创设了“浙江全省铁路有限公司”（简称浙路公司），并举荐汤寿潜任总理 [汤寿潜（1856–1917），原名震，字蛰先（或叫蛰仙），浙江萧山人，清末民初实业家、政治家、活动家、晚清立宪派的领袖人物]。汤寿潜认为铁路与商务繁荣密切相关，故在江墅铁路绕城还是穿城的讨论中，坚持“破城而入”，城站因是之故，成为杭州最早的城内火车站。①

在交通因素的影响下，20 世纪初杭州城开始向南北两个方向发展：向南，城区沿着江墅铁路在钱塘江北和凤凰山麓的狭窄地带蔓延；向北，城区沿沪杭铁路和运河逐步拓展。早期铁路引导着城市城区的发展方向，但逐渐地铁路又成为阻隔城区、限制城市发展的障碍。

城站，作为杭州城内历史最悠久的火车站，历经了数次拆毁重建和火车技术更替，仍然立于城东地区核心位置，过去、现在乃至将来会一直是杭州的交通枢纽和城市象征之一。

城东地区包含了国家级文保单位 3 处、省级文保 1 处、市级文保 3 处。由于该区域在历史发展中形成了狭长的城市形态，故整体游览线路设置南北距离较长，同时加入了一些铁路 / 城墙相关的展陈设施，以带来完整的游览体验。

除此之外，城东片区还曾建有杭城第一家在商业运营上取得成功的发电厂——电灯公司（全称“浙省官商合股商办大有利电灯股份有限公司”，旧址位于下板儿巷以东、皇甫园巷以南）②。公司创办初期主要提供照明用电，后来随着业务拓展，发电规模不足，公司便在艮山门外白庙前一带增设了新发电厂。又由于产权变更，最终电灯公司被企信银团收购，并增设了闸口电厂扩大业务规模。抗战胜利新中国成立后，逐步改制为现如今的杭州市电力局。

城东还是杭城不可或缺的教育基地，这里曾设立过浙江农业大学（现为浙江大学华家池校区）、浙江大学、浙江省立第一中学校（现杭州高级中学的前身之一）等诸多名校，在浙江教育史上留下了浓墨重彩的一笔。

---

① 周东华，陈子涵：《因站而城兴：清末民初杭州的城站时代》，《社会科学研究》2022 年第 1 期：183-191.

② 杭州市住房保障和房产管理局：《90 年前的杭州——民国〈杭州市街及西湖附近图初读〉》，浙江古籍出版社，2020，第 53 页 .

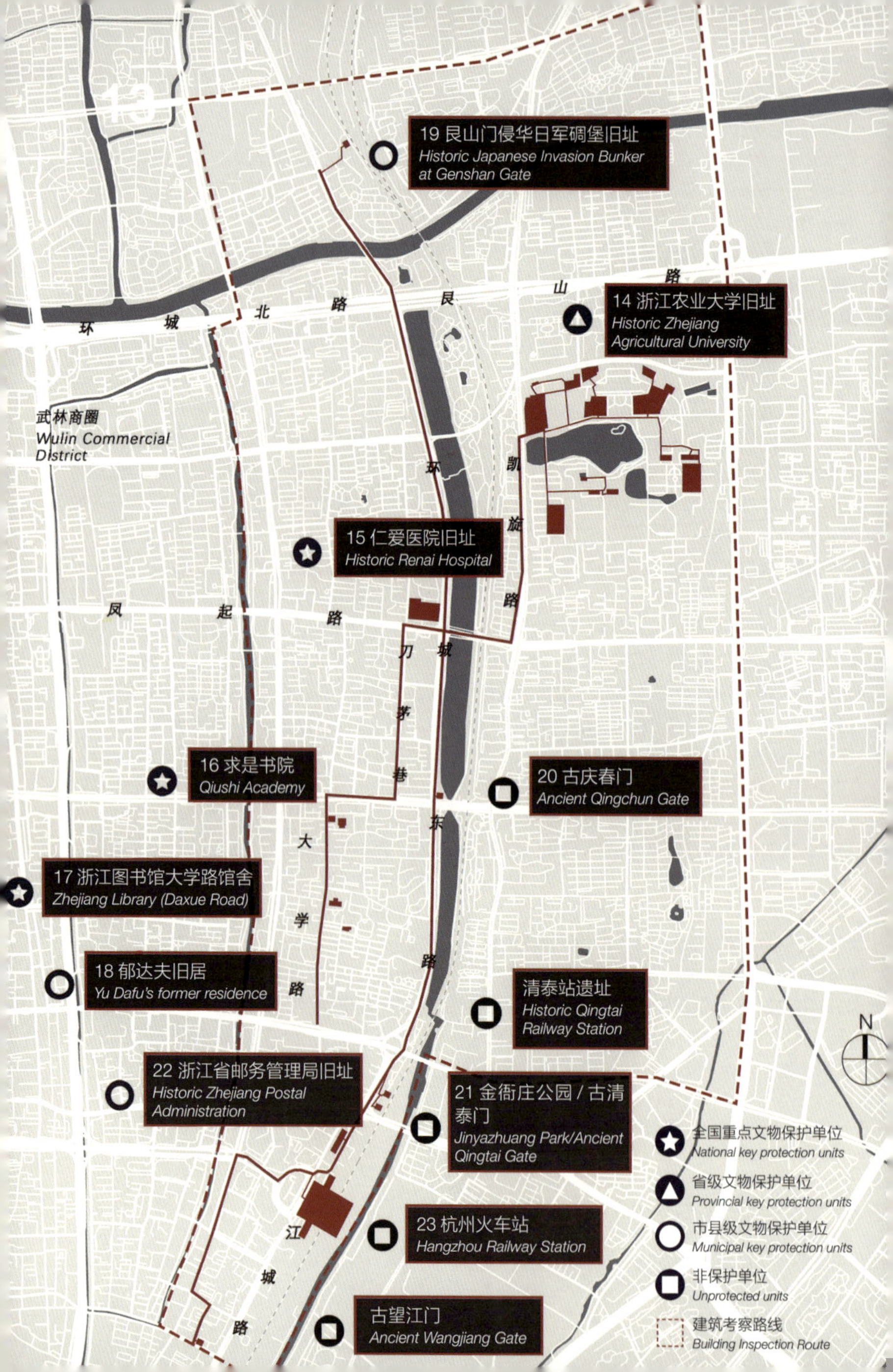

13
19 艮山门侵华日军碉堡旧址
Historic Japanese Invasion Bunker at Genshan Gate
14 浙江农业大学旧址
Historic Zhejiang Agricultural University
环城北路
艮山路
武林商圈
Wulin Commercial District
环城东路
凯旋路
15 仁爱医院旧址
Historic Renai Hospital
凤起路
刀茅巷路
16 求是书院
Qiushi Academy
20 古庆春门
Ancient Qingchun Gate
大学路
17 浙江图书馆大学路馆舍
Zhejiang Library (Daxue Road)
18 郁达夫旧居
Yu Dafu's former residence
清泰站遗址
Historic Qingtai Railway Station
22 浙江省邮务管理局旧址
Historic Zhejiang Postal Administration
21 金衙庄公园 / 古清泰门
Jinyazhuang Park/Ancient Qingtai Gate
23 杭州火车站
Hangzhou Railway Station
江城路
古望江门
Ancient Wangjiang Gate
N
全国重点文物保护单位
National key protection units
省级文物保护单位
Provincial key protection units
市县级文物保护单位
Municipal key protection units
非保护单位
Unprotected units
建筑考察路线
Building Inspection Route

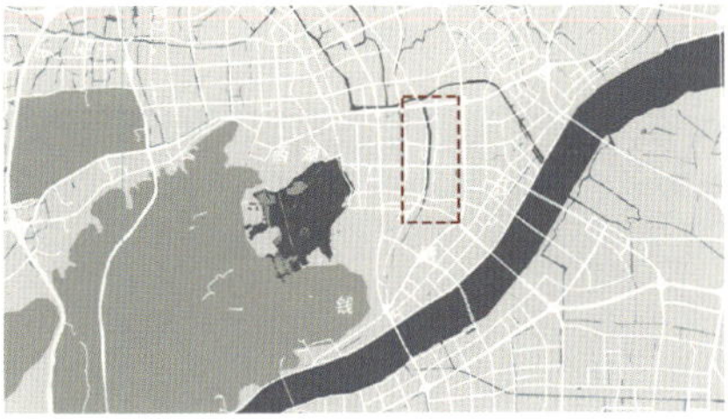

城东参观线路示意图

本区域分两条线路：线路一为文化历史线路，涵盖该片区主要的文物保护单位，主要为近现代教育医疗建筑；线路二为城墙—铁道线路，由艮山门起始，沿环城东路一路向南，至望江门结束，包含三处古城门遗址、三处铁路相关构筑物，一定程度上能够反映近现代城东作为杭州城市边界的变迁历史。

其中，线路一总长 2.7 千米，预计步行时长 39 分钟；线路二总长 5.34 千米，预计步行时长 73 分钟，骑行时长 33 分钟。沿线建筑有：

14 浙江农业大学旧址
Historic Zhejiang Agricultural University
杭州市上城区凯旋路 258 号

15 仁爱医院旧址
Historic Renai Hospital
杭州市拱墅区环城东路 208 号

16 求是书院
Qiushi Academy
杭州市上城区大学路 160 号

17 浙江图书馆大学路馆舍
Zhejiang Library（Daxue Road）
杭州市上城区大学路 102 号

18 郁达夫旧居
Yu Dafu's former residence
杭州市上城区场官弄 63 号

19 艮山门侵华日军碉堡旧址
Historic Japanese Invasion Bunker at Genshan Gate
杭州市拱墅区流水桥 1–3 号

20 古庆春门
Ancient Qingchun Gate
杭州市拱墅区环城东路 140 号

21 金衙庄公园 / 古清泰门
Jinyazhuang Park/Ancient Qingtai Gate
杭州市上城区解放路与环城东路交叉口东侧

清泰站遗址
Historic Qingtai Railway Station
杭州市上城区小营街道解放路金衙庄公园(西南角)

22 浙江省邮务管理局旧址
Historic Zhejiang Postal Administration
杭州市上城区环城东路 10–11 号

23 杭州火车站
Hangzhou Railway Station
杭州市上城区环城东路 1 号

古望江门
Ancient Wangjiang Gate
杭州市上城区江城路辅路与望江路辅路交叉口东 20 米

14 浙江农业大学旧址

建筑名称：浙江农业大学旧址

建筑地点：浙江省杭州市上城区凯旋路 258 号

建成年代：始建于 1934 年

保护等级：浙江省第七批（2017）文物保护单位

建筑规模：占地约 998 亩（1 亩 ≈ 666.67 m^2）

陈欣然 摄

建筑名称：浙江农业大学旧址（本书编号：14）
建筑地点：浙江省杭州市上城区凯旋路 258 号
建成年代：始建于 1934 年
保护等级：浙江省第七批（2017）文物保护单位
建筑规模：占地约 998 亩（1 亩 ≈ 666.67 m^2）

据《浙江农业大学校志》记载，浙江农业大学源于清宣统二年（1910）创建的官立浙江农业教员养成所，当时的校址在杭州马坡巷（马坡巷南起清泰街中段，北贯解放路，至土桥东河下。宋代初名马婆巷，至明代始正式命名为马坡巷。）一带。

后学制变更，民国十八年（1929）改为浙江大学农学院，民国二十三年（1934）学校迁至现址。抗日战争时期，因杭州沦陷，学校被迫西迁，胜利后学校在今址得以重建。

1960 年，农学院与天目林学院、舟山水产学院合并，成立浙江农业大学，而浙江农业科学研究所、林业研究所、水产研究所以及设在浙江的中国农业科学院茶叶研究所合并为浙江农业科学院，实行校、院统一领导。此后，天目林学院、舟山水产学院和茶叶研究所先后独立，现均并入浙江大学华家池校区。[①]

旧址内存建于 20 世纪 40 年代至 70 年代的建筑共 20 余幢，承担着教学、科研、居住等各种功能。建筑 1 至 7 层不等，平面及结构形式多样，有仿苏联、建国初期民族、现代等各种样式的宿舍、别墅、教学楼、科研所，采用砖木、砖混或钢混结构，坡顶或平顶相间。

学校建筑具体组成包括：神农馆，缧祖馆，西斋，农学院教学楼，东、西教学楼，和平馆，民主馆，团结馆，蚕桑馆，土壤馆，种子楼，中心教学大楼，干训楼，图书馆，农干校教学楼，小二楼别墅群，一号楼（老三楼），二号楼（新三楼），红五楼，红六楼，红七楼等。

除此之外，校内还建有植物园。植物园位于华家池校区西门，占地 0.93 公顷。园内设置假山，山上建有纪念钟观光（钟观光（1868–1940），植物学家。中国第一个用科学方法广泛研究植物分类学的学者，近代中国最早采集植物标本的学者，也是浙农大植物园的建立者。）的“观光亭”，入口处立明朝植物学兼药物学大家李时珍塑像。植物园正门与华家池小长廊对应，是华家池一景，也是浙江大学人文、环境历史的重要一环。[②]

而被历史建筑环绕的是被誉为“小西湖”的华家池，号称“北有未名湖，南有华家池”，现如今的浙江大学华家池校区也因此得名。华家池是浙农大几代师生心目中的故土和圣地。[③]

参观指南

开放，需提前一天预约并在规定时间内入校参观。浙江农业大学旧址的历史建筑较为分散，游览需要一定的时间。同时部分建筑和区域可能存在不能入内参观的情况，请按照校方实际安排行动。（预约流程请至浙江大学官网查询）。

公交 156/40/80 路至 [浙大华家池校区]。

---

① 《浙江农业大学旧址》文保单位云端档案：http://www.singdo.org/wenbao/luelan.php.
② 杭州浙江大学校友会微信公众号——“浙大华家池校区今昔 | 被战火摧毁前的它是什么模样？”.
③ 杭州上城档案微信公众号——“从笕桥到华家池——浙大农学院的历史沿革”.

历史建筑标志牌实景照片
陈欣然 摄

团结馆入口实景照片
陈欣然 摄

团结馆内的校史展厅实景照片
陈欣然 摄

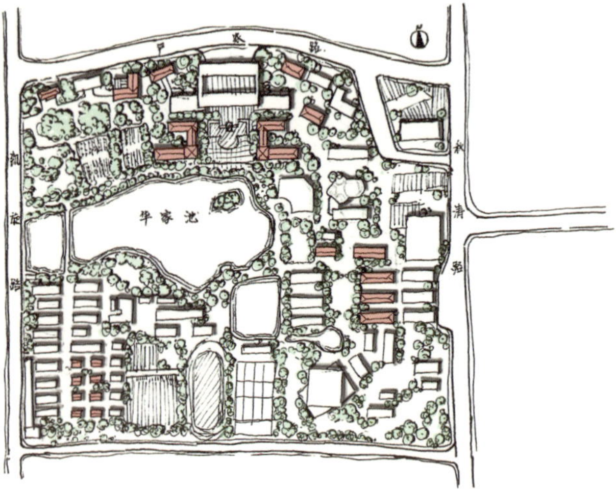

浙江农业大学旧址总平面示意图
陈欣然 绘

15 仁爱医院旧址

陈欣然 摄

建筑名称：仁爱医院旧址

建筑地点：浙江省杭州市拱墅区环城东路 208 号

建成年代：始建于 1922 年

保护等级：全国第八批（2019）文物保护单位

建筑规模：占地约 55 亩

建筑名称: 仁爱医院旧址（本书编号: 15）
建筑地点: 浙江省杭州市拱墅区环城东路 208 号
建成年代: 始建于 1922 年
保护等级: 全国第八批（2019）文物保护单位
建筑规模: 占地约 55 亩

旧时，庆春门至艮山门一带沿城墙之地多水荡，种植业发达，在丝织业兴盛后成为杭州桑树种植的基地。民国以后，传统的丝织品受到舶来品冲击，市场需求减小，这一带的蚕桑产业走向衰落，农户们纷纷寻求变卖土地获取资金，另寻出路。于是一些商人、办学者开始将目光转移到这片开阔的空地上。

1922 年，法国籍天主教仁爱会（仁爱会创立于 1633 年，是国际性的天主教修女会，总会设在巴黎。仁爱会办有医院、学校、育婴堂，由修女充当其中的管理者和工作人员。）修女郝格蕾（Sr.Hacard）捐出部分家产，在杭州城东创办仁爱医院（又名圣心医院），先后购入了 54.9845 亩地[①]，建立了当时杭州城最大的医院之一。自 1924 年起，医院陆续建设了修女楼屋住宅、男女病房楼屋各一幢及医师住宅一所，以及哥特式教堂、X 光室、施诊所、免费病室、海星小学校舍等。解放后，医院由人民政府接管。1955 年，仁爱医院更名为杭州红十字会医院（又名浙江省中西医结合医院）。

仁爱医院旧址现保留有五幢建筑，包括两幢红色清水砖砌筑的建筑: 南幢建筑平面呈不规则形状，为二层砖木结构四坡顶，墙面上辟平窗，外墙上每两层之间饰水平线脚；北幢建筑与南幢建筑以院路相隔，坐北朝南，平面呈“L”形，是一层砖木结构歇山顶建筑，其南立面主入口辟尖拱门，现为医院放射科。南幢建筑以西，另有一幢二层建筑，坐北朝南，红色清水砖外墙，砖木结构坡屋顶，现为红会医院结核病病房；该病房建筑以北，则是教堂建筑；教堂以西，是一幢二层红砖建筑，坐西朝东，其南部应是仁爱医院原主入口，现仍留存有塔斯干式（塔斯干柱式，罗马柱式中处理最简朴、比例最沉重的一种柱式。其特点为柱身浑圆无槽，柱高为底径的 7 倍，柱头和柱础高都等于柱半径，其柱头和檐部除线脚以外别无装饰。）圆柱。[②]

仁爱医院中的这座教堂是在杭州较为少见的哥特式建筑。它坐北朝南，平面略呈“十”字形，占地面积约 358 平方米，砖木结构，坡屋顶。主入口两侧各有一科林斯式柱头的圆柱。建筑外墙上开尖拱窗，施彩色玻璃。平面自南向北依次为主厅、圣坛和灵修室；主厅地面铺设花纹雅致的地砖，两侧墙面各施七组科林斯式圆壁柱，构成室内高敞的尖拱穹顶；主厅南端有一唱经台，设旋转式楼梯；圣坛与灵修室之间以砖墙相隔，灵修室平面呈“八”字形，两侧墙面各辟一尖拱门连通内外[③]。

仁爱医院如今更名为杭州红十字会医院，从事中西医结合治疗研究，这也是对仁爱医院历史文脉的传承。

参观指南

建筑室外和室内公共部分可供参观，无须预约。

地铁 2 号线 /5 号线至 [建国北路]。

---

① 杭州市住房保障和房产管理局:《90 年前的杭州——民国〈杭州市街及西湖附近图初读〉》，浙江古籍出版社，2020，第 10-11 页 .

② 方芝蓉:《哥特余韵——杭州仁爱医院旧址赏析》,《浙江档案》2005 年第 4 期 .

③ 方芝蓉:《杭州仁爱医院旧址识读》,《杭州文博》2006 年第 1 期 .

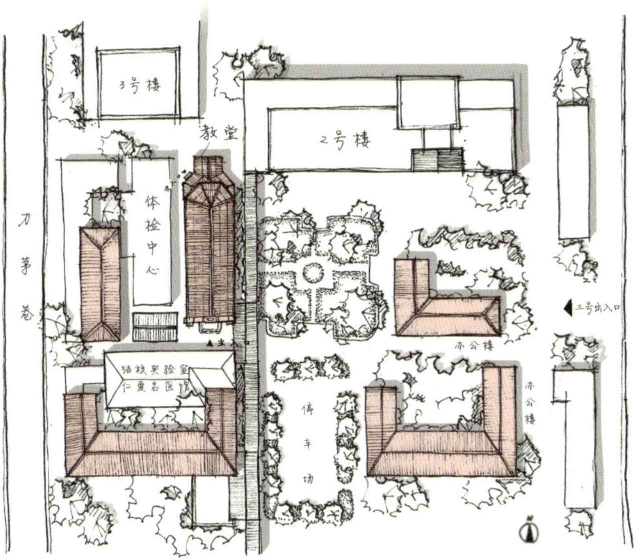

仁爱医院旧址总平面示意图

陈欣然　绘

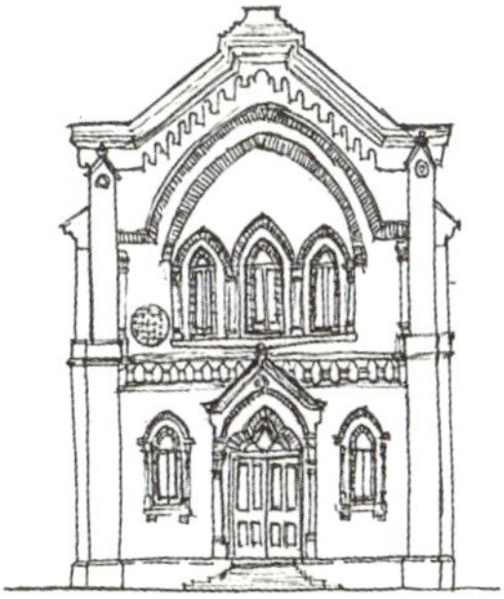

仁爱医院旧址教堂南立面示意图

陈欣然　绘

仁爱医院旧址教堂的彩窗玻璃实景照片

陈欣然　摄

仁爱医院旧址教堂西侧过道实景照片

陈欣然　摄

16

求是书院

建筑名称：求是书院
建筑地点：浙江省杭州市上城区大学路 160 号
建成年代：1897 年
保护等级：全国第八批（2019）文物保护单位
建筑规模：401.8 平方米

盛敏 摄

建筑名称：求是书院（本书编号：16）
建筑地点：浙江省杭州市上城区大学路 160 号
建成年代：1897 年
保护等级：全国第八批（2019）文物保护单位
建筑规模：401.8 平方米

求是书院位于浙江省杭州市上城区大学路 160 号，创办于 1897 年，是中国最早的新式高等学堂之一，也是浙江大学的前身。①

求是书院历史悠久，最早脱胎于南宋建设的普济寺，据清丁丙《武林坊巷志》载，"未及毕工，顿造奇祸，寺遂改为公廨。寺毁后六年，杭垣士大夫规普济寺之旧，改为求是书院"②。在普济寺寺废僧散的六年后，即清光绪二十三年（1897），正是满清王朝在甲午战争中遭受惨败、维新思潮风起云涌之时，杭州知府林启认为杭州已有的书院"只空谈义理，溺志词章"，不能适应革新与建设的需要，主张振兴实学，创办新学，培养人才。这样的想法与当时的浙江巡抚廖寿丰不谋而合，因而两人以普慈寺为院址，共同开办讲学，筹建新式学堂，定名为求是书院。③

求是书院旧址现存主殿与偏殿，均坐北朝南。主殿曾作为书院办公室，殿后有东西两斋，为学生教室和宿舍，现为杭州近代教育史陈列馆。主殿坐北朝南，面宽五间，为主体建筑附加抱厦形式，平面呈"凸"字形。正立面悬挂黑底金字匾，上为隶书"求是书院"。大殿为敞厅，明间设六扇格扇门与抱厦屋相连。通面阔 22.15 米，通进深 18.14 米。单檐歇山顶，七架抬梁式带前后三步廊。翼角起翘，有卷棚顶前檐廊，施石质方柱每开间内柱二攒斗拱、牛腿等。地面方砖漫铺。内部梁架节点处采用替木、垂花柱、雀替等装饰性木构件。外檐平身科明间四攒，次间三攒，梢间一攒。④大殿用材讲究、雕饰精美。偏殿平面呈矩形，五开间，屋顶为硬山顶。檐口部位饰牛腿等木雕构件。⑤

求是书院的创办孕育了"求是精神"。书院以"育才图治"为目的，以培养"新式人才"为希冀，创办之初，"勤""诚"之风渐然蔚成。从戊戌变法到辛亥革命，随着社会的变革，师生们的"勤""诚"之风逐渐发展并形成了"求是"学风。⑥该校成立后先后更名为浙江求是大学堂、浙江大学堂、浙江高等学堂，民国成立后，改"学堂"为"学校"。后几经变迁，浙江高等学校逐渐演变至今日的浙江大学，求是学风也进一步升华为"求是精神"，成为浙大一以贯之的精神血脉。

参观指南

求是书院目前正在改造提升，暂不开放。
地铁 5 号线至 [万安桥] 站。

---

① 杭州网，《上城区住建局上城新添 3 处全国重点文物保护单位》，编辑：吴阳杰，https://z.hangzhou.com.cn/2020/rwwhql/content/content_7730466.htm（杭州网）.
② 冯骏：《晚清 1897 求是书院》，《建筑与文化》2007 年第 5 期 .
③ 朱之平，张淑锵，金灿灿：《国难中诞生的求是书院——浙江大学溯源（1897–1927）》浙江档案：2011(1)：50-53. DOI:10.3969/j.issn. 1006-4176.2011.01.018.
④ 同①.
⑤ 胡佳：《浙江古书院》，浙江古籍出版社，2012，第 96 页 .
⑥ 搜狗百科，词条求是书院，词条创建者：精诚所，https://baike.sogou.com/v586587.htm.

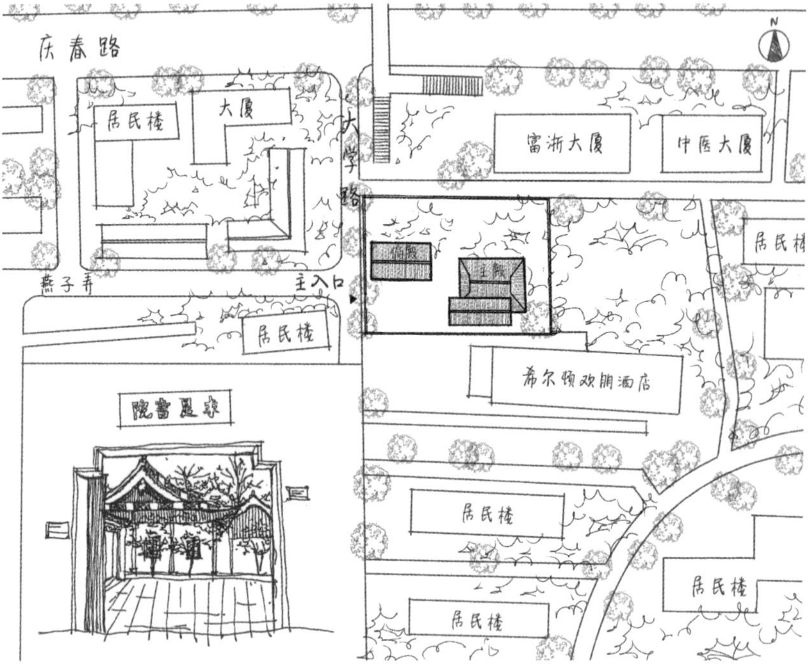

求是书院总平面示意图
盛敏 绘

求是书院偏殿南立面示意图
盛敏 绘

17 浙江图书馆大学路馆舍

建筑名称：浙江图书馆大学路馆舍
建筑地点：浙江省杭州市上城区大学路 102 号
建成年代：1932 年
保护等级：全国第八批（2019）文物保护单位
建筑规模：2683.96 平方米

盛敏 摄

建筑名称：浙江图书馆大学路馆舍（本书编号：17）
建筑地点：浙江省杭州市上城区大学路 102 号
建成年代：1932 年
保护等级：全国第八批（2019）文物保护单位
建筑规模：2683.96 平方米

浙江图书馆大学路馆舍位于杭州市上城区大学路 102 号老浙江大学内。该馆于 1928 年受浙江省军政府都督汤寿潜遗捐，择定前武备学堂操场为馆址，1929 年元旦由国民政府教育部长蒋梦麟主持奠基礼，1931 年 3 月竣工，1932 年作为浙江图书馆总馆正式开放。①

浙江图书馆大学路馆舍历史悠久，历经众多更替沿革，其前身浙江图书馆（1913）是近代中国建设的第一批图书馆，诞生于晚清中西文化交汇之际，它的建立“滥觞于百五十年前之文澜阁，创基于三十年前之藏书楼”②，文化历史意义深厚。之后藏书阁、文澜阁先后并入浙江图书馆，又历经浙江图书馆、浙江公立图书馆、浙江省立图书馆、浙江图书馆等多个阶段③，最终在 1912 年孤山路馆舍建成，1931 年大学路馆舍建成并于次年开放使用。

浙江图书馆大学路馆舍由刘既漂先生④设计，其平面呈“工”字形：分为前部主楼，中部交通区，后部书库三部分。管理办公室与主楼梯结合布置，主楼一层为公共阅览室。建筑采用钢筋混凝土结构，室内大厅为井字梁，楼梯边设有爱奥尼式柱子，室内跨度较大。大厅地面由马赛克铺砌，阅览室地板与内门为木作，整体装饰施工精良。

浙江图书馆大学路馆舍的立面采用了纵横三段式的处理手法：底层为宽阔高大的台基；中间层用 16 根巨型多立克柱控制整体立面构图，把立面分割为 15 间，以 5 间为一段，两边各 5 间沿中轴对称，形成“横三段”模式；柱子无柱础，其收分与略微的内倾在视觉上使得柱子形态稳重且有弹性。柱间墙贴米黄色面砖，正 3 间开红色铁门，花饰大方，色彩明快，其余各间下部为低矮的花岗岩石槛墙，上部为通顶的支摘式方格玻璃钢窗。额枋上有多条水平线角，最上层为檐部和女儿墙，檐壁的正中位置为蔡元培先生所题的“浙江图书馆”五字墨宝。⑤

浙江图书馆大学路馆舍在总体布局、建筑平面与立面造型上强调对称与中心，融合了中西建筑文化特点。同时作为图书馆建筑，它又延续承袭了文化教育事业的发展，作为杭州近代重要文化遗产，在城市建筑艺术发展与文化教育发展上都具有重要的纪念意义与史料价值。

参观指南

一层阅览室开放。
地铁 5 号线至 [万安桥] 站。

---

① 杭州市文化广电旅游局资讯网,《浙江图书馆大学路馆，与您冬日暖心重逢！》, https://wgly.hangzhou.gov.cn/art/2023/12/8/art_1229505585_58951414.html.
② 浙江省立图书馆编:《浙江省立图书馆概况》，杭州：浙江省立图书馆印行所，1936 年：1.
③ 高泽辉:《民国浙江省立图书馆大学路新馆建设考》,《浙江档案》2019 年第 3 期 .
④ 刘既漂，近代时期艺术家，推崇美术建筑，曾留学法国 .
⑤ 名城杭州公众号——“杭州教育遗存丨浙江图书馆大学路馆舍旧址”，杭州市文保中心微信平台编辑整理，https://mp.weixin.qq.com/s/3XhWPPSRkbGxOMh44TeJzw.

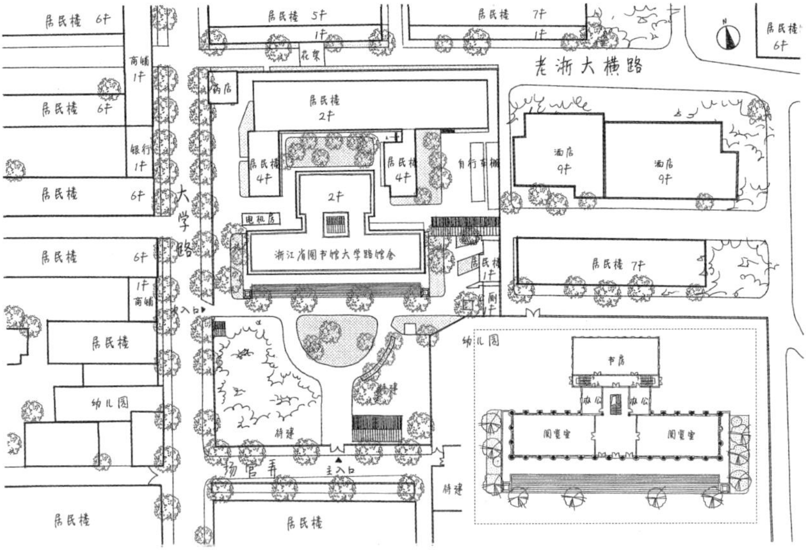

浙江图书馆大学路馆舍总平面示意图

盛敏 绘

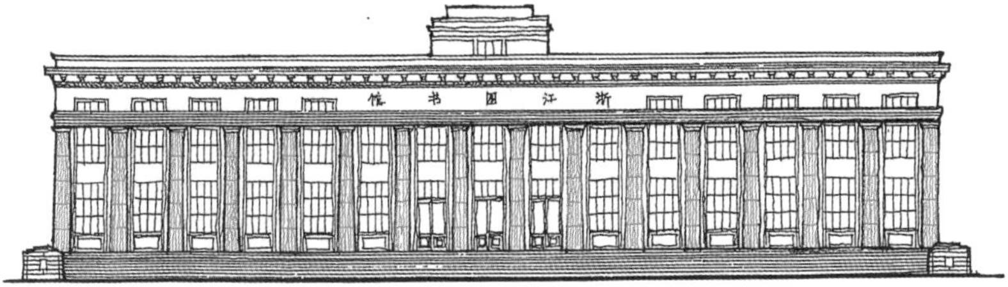

浙江图书馆大学路馆舍南立面示意图

盛敏 绘

18 郁达夫故居

建筑名称：郁达夫故居
建筑地点：浙江省杭州市上城区场官弄 63 号
建成年代：1936 年
保护等级：杭州市第一批（1986）文物保护单位
建筑规模：873 平方米

盛敏 摄

建筑名称：郁达夫故居（本书编号：18）
建筑地点：浙江省杭州市上城区场官弄 63 号
建成年代：1936 年
保护等级：杭州市第一批（1986）文物保护单位
建筑规模：873 平方米

郁达夫故居，又名“风雨茅庐”，位于杭州市场官弄 63 号，建筑面积约为 873 平方米。该居所是 1933 年 4 月郁达夫为暂避国民党的政治迫害，与夫人王映霞从上海举家移居杭州时亲自购置、设计与建造的寓所，于 1936 年建成，是一幢结合中西建筑风格、清丽典雅的砖木小楼。[①]

“风雨茅庐”一名源于郁达夫《冬余日记》内的自述：“场官弄，大约要变成我的永生之地了，因为一所避风雨的茅庐，刚在盖屋栋。”原来只打算“以茅草代瓦，以涂泥作壁”的茅庐，在郁达夫倾注了与爱妻在倾覆的政治风雨下共筑一方静谧家巢的希冀的营建后，变成了一座环境优雅的中式平房别墅。[②] 郁达夫在此居住期间藏下两万余册书籍，并创造了大量文学作品。1937 年，由于日军入侵，郁达夫一家被迫离开。

“风雨茅庐”分为正屋与后院两部分。主入口在院落的西北角，进入故居大门，中间是天井，南侧有五六间平房。过天井，可以看到三间正屋坐北朝南。

正屋一层为砖木结构，清水砖墙，面阔五间、进深三间，南、东、西三面设回廊，立方木柱。[③] 明间原作客厅使用，南、北立面均设大门供出入，明间左右为卧室。现正屋三间主要用作郁达夫生平事迹陈列展览室。正屋东北角有一排平房，用作厨房。后院与正屋以砖墙相隔，院墙东南角开月洞门互通。后院建有平房两间，作为书房和客房，现为郁达夫书稿作品陈列和建筑场景还原展示。院内有假山点缀，林木参差，环境幽雅。[④]

被郁达夫寄予希望的“风雨茅庐”并未成为他的永生之地，也没有使他躲避风雨，“风雨”二字反而成了他风雨飘摇后半生的谶言。[⑤]1936 年郁达夫离开杭州南下投身抗战洪流之后，郁、王二人的感情破裂，郁达夫也辗转四方，客死他乡，再未回过这个小小茅庐。庐内两万册藏书也在日本侵华战争杭州沦陷时尽毁。其后“风雨茅庐”产权几经易手，解放后由政府置换回收并 1997 年重修。“风雨茅庐”于 1986 年 4 月被列为杭州市文物保护单位，2015 年 8 月正式对外开放。

参观指南

目前在提升改造，暂不开放。
地铁 5 号线至 [万安桥] 站。

---

① 杭州市文化广电旅游局资讯网，《【近代】郁达夫故居》，https://wgly.hangzhou.gov.cn/art/2024/3/6/art_1229733880_58953471.html.
② 景迪云：《爱巢在风雨中飘摇》，《团结》2017 年第 3 期，DOI:10.3969/j.issn.1673-5900.2017. 03.026：1-2.
③ 杭州市文化广电旅游局资讯网，《【近代】郁达夫故居》，https://wgly.hangzhou.gov.cn/art/2024/3/6/art_1229733880_58953471.html.
④ 搜狐网，《找寻身边的红色记忆——郁达夫故居》，张洁，https://www.sohu.com/a/305215095_120056479.
⑤ 梁晓艳：《风雨茅庐——郁达夫故居》，《浙江档案》2001 年第 10 期，DOI:10.3969/j.issn.1006-4176.2001.10.028: 4.

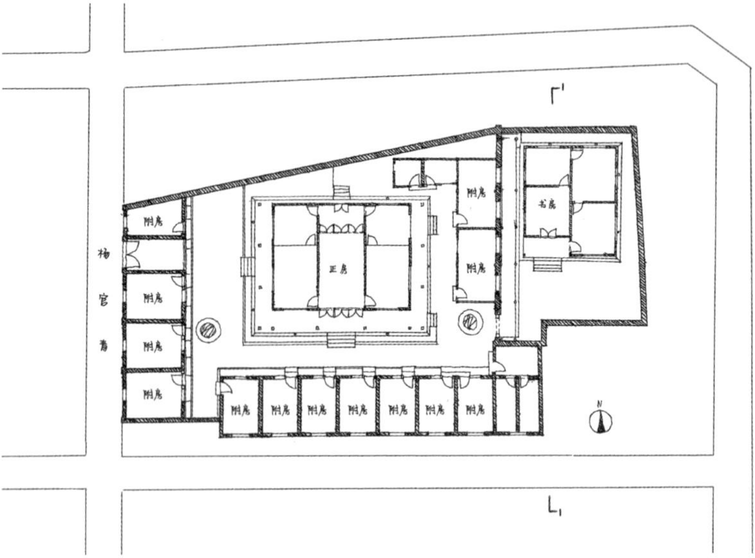

郁达夫故居一层平面示意图

盛敏 绘

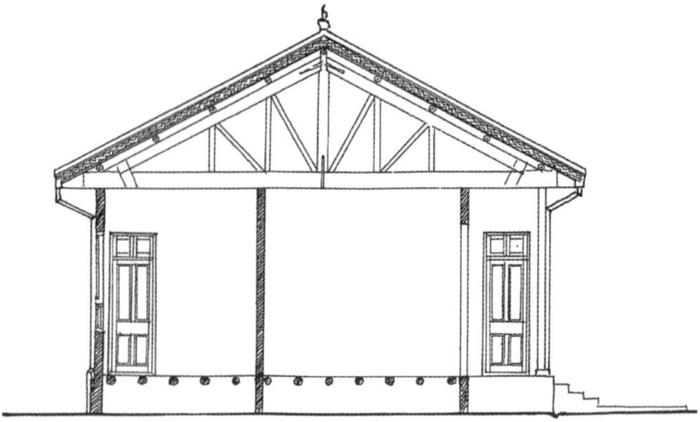

郁达夫故居剖面示意图

盛敏 绘

19 艮山门侵华日军碉堡旧址

建筑名称：艮山门侵华日军碉堡旧址
建筑地点：浙江省杭州市拱墅区流水桥 1-3 号
建成年代：1939 年
保护等级：杭州市第五批（2013）文物保护单位
建筑规模：约 80 平方米

陈欣然 摄

建筑名称：艮山门侵华日军碉堡旧址（本书编号：19）
建筑地点：浙江省杭州市拱墅区流水桥 1–3 号
建成年代：1939 年
保护等级：杭州市第五批（2013）文物保护单位
建筑规模：约 80 平方米

艮山门侵华日军碉堡旧址是一处军事建筑旧址，坐落在杭州铁路艮山门货场内，早期沪杭铁路进杭城第一站艮山门站正线位置的铁道旁。

1937 年 12 月，日军攻占杭州，在交通要道江墅铁路艮山门站陆续建起了碉堡等军事设施。这里曾是日军警戒沪杭铁路的堡垒，运送军需物资的火车在它面前来回穿行。据悉，这是杭州主城区内现今留存的唯一的日军碉堡。[①]

现留存大小碉堡各 1 座及附属房屋 1 栋。其中大碉堡为砖混结构，圆筒状，高 8.5 米，直径约 4 米。堡身以青砖砌筑，入口位于西面，设 4 圈射击孔，上部设雉墙、垛口。堡身顶部有混凝土岗亭，可 360 度瞭望。周边附设营房，与碉堡相连，为 1 层砖木结构，带地下室，曾用作弹药库。小碉堡与附属建筑相连，堡上加建建筑，地面部分设有 1 圈射击孔。[②]

该旧址反映了杭州人民曾受到日军残酷压迫的历史，是日军侵华的实物罪证，对爱国主义教育具有极为重要的意义。国家的和平来之不易，要珍惜。

参观指南

目前主体建筑不对外开放，只可在围栏外参观。近距离观察这一历史遗迹，需要穿过流水苑小区，在流水桥 1 号楼前左转，沿着铁路绕至建筑后方，穿过居民的自种地和曾经从碉堡脚下通过的铁轨，方可到达。

公交 183/185/532/8 路至 [艮山流水苑]。

①《国家公祭日 · 这座碉堡见证了人间天堂沦为地狱》：杭州档案微信公众号 .

②《艮山门侵华日军碉堡旧址》：杭州文保单位云端档案，http://www.singdo.org/wenbao/luelan_disp.php?luelan_id=255.

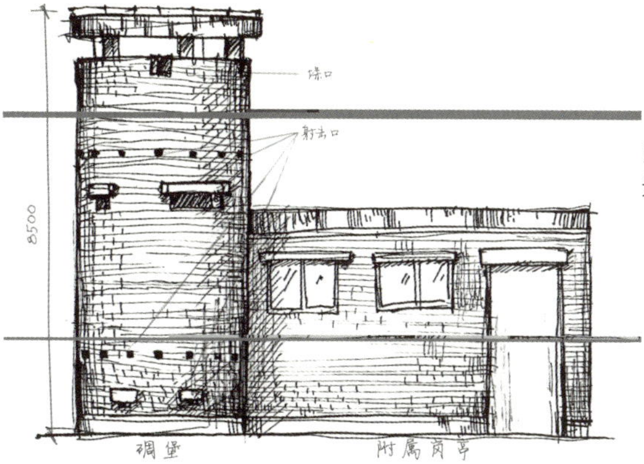

艮山门侵华日军碉堡旧址北立面示意图

陈欣然 绘

艮山门侵华日军碉堡旧址实景照片（周围环境较为杂乱）

陈欣然 摄

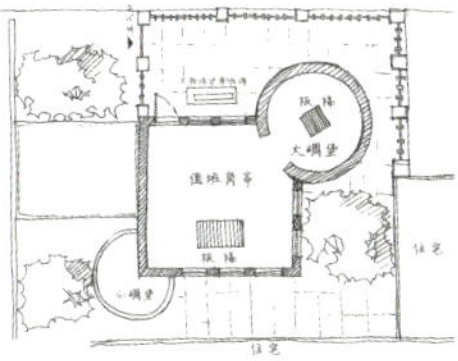

艮山门侵华日军碉堡旧址平面推测图

陈欣然 绘

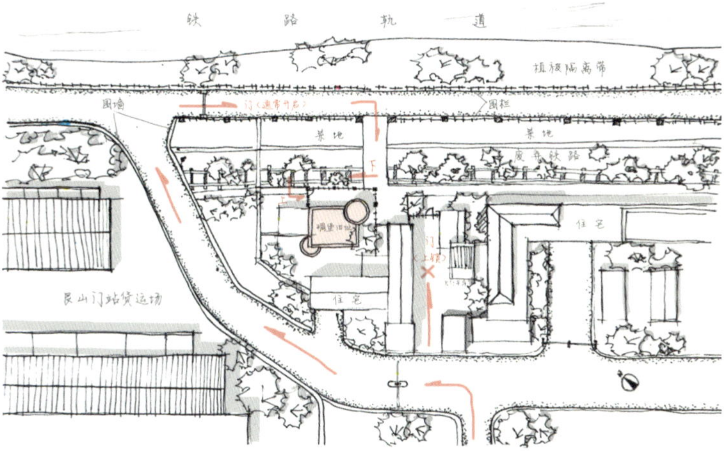

艮山门侵华日军碉堡旧址总平面图及参观路线示意图

陈欣然 绘

说明：参观艮山门侵华日军碉堡遗址需要从西北方道路绕行至现铁路边，且与铁路平行的道路设有安全门，可能会存在不能通行的情况，同时，在铁路边行进需要注意安全。

20 古庆春门

建筑名称：古庆春门（杭州古城墙陈列馆）
建筑地点：浙江省杭州市拱墅区环城东路 140 号
建成年代：2008（为新建建筑）
保护等级：/
建筑规模：约 600 平方米

陈欣然 摄

建筑名称：古庆春门（杭州古城墙陈列馆）（本书编号：20）
建筑地点：浙江省杭州市拱墅区环城东路 140 号
建成年代：2008（为新建建筑）
保护等级：/
建筑规模：约 600 平方米

庆春门始建于南宋绍兴二十八年（1158），为杭州古代东城门之一。原名东青门，因门外有菜市，又称菜市门。

南宋末，元兵进占杭州，门毁。元末，至正十九年（1359）重建，往东拓展三里，新门近太平桥，改称太平门。

明时始名庆春。门内庆春街，历来为繁华街道之一。门外弥望皆圃，菜农运菜进城，担粪出城，均由此门，故有民谣“太平门外粪担儿”（引自古庆春门碑文）。

1958 年，为拓宽道路，杭城东部残留的城墙被推平，建为环城东路。现在的庆春门，建在古庆春门的旧址上，位于环城东路和庆春路交叉口的贴沙河边。贴沙河乃是昔日杭州的护城河。整体建筑以杭州清代古城墙为原型，城墙全长 66 米、宽 5.4 米、高 6.65 米，两端为残墙，城墙中间建有城门，城墙顶上还建有一个按南宋城楼仿建的歇山顶式全木结构城楼。整座城墙的中空部分为杭州古城墙陈列馆。

陈列馆设置南、北两个区域，南区展示的是关于杭州城墙的真实记载，北区更多地展示了关于杭州城墙的传说故事。

杭州古城墙陈列馆采用现代化的展示方式。步入展厅，脚下便是透明玻璃，玻璃之下看得见的“南宋考古遗址”给我们提供了无限遐想；三层玻璃组合的老照片，立体感强，泛黄的画面再现了当年杭州城门的胜景；还有来自台湾的艺术家用纸叠造的无骨架城门，一座叫作“涌金门”，一座叫作“钱塘门”。

该陈列馆最吸引人之处在于它的趣味性和可参与性。比如，十大城门故事被制作成动画可以点播，点击触屏可以了解相关的城墙建造知识。

值得一提的是，杭州古城墙陈列馆是杭州“五纵六路”建设过程的一个产物。城市发展不能以牺牲历史为代价，以现代化的手段挖掘那些残存的和湮没的历史，并以陈列馆的方式再现和展示，是今天的杭州人对历史文化的尊重和保护。

参观指南

杭州古城墙陈列馆免费对市民、游客开放。除每周二下午闭馆之外，每天从上午 9 时至下午 5 时开放（2024 年以来陈列馆一直处于整修期，实际开馆时间请留意官方公告）。

陈列馆周围的广场、公园等 24 小时开放，杭州古城墙陈列馆开放时间不定，且复原的城墙不可攀爬，城门建筑附近的公园和广场常年开放，如遇传统节日，街道会在门前的广场开展民俗活动。

公交 183/185/283/287/312/90 路至［庆春门北］。

沿河城门文化走道实景照片

陈欣然　摄

古庆春门碑实景照片

陈欣然　摄

城东公园内的铁轨实景照片

陈欣然　摄

城墙入口实景照片

陈欣然　摄

21 金衙庄公园/古清泰门

建筑名称：金衙庄公园/古清泰门

建筑地点：浙江省杭州市上城区解放路与环城东路交叉口东侧

建成年代：2001年

保护等级：/

建筑规模：2.8公顷

盛敏 摄

（说明：金衙庄公园内有古清泰门遗址）

建筑名称：金衙庄公园 / 古清泰门（本书编号：21）
建筑地点：浙江省杭州市上城区解放路与环城东路交叉口东侧
建成年代：2001 年
保护等级：/
建筑规模：2.3 公顷

金衙庄公园地处金衙庄遗址附近，南为清泰门，东临沪杭铁路，西是环城东路，所处区域浓缩了近代杭城深厚的历史文化基因：杭州第一私家花园、杭州第一个自来水厂、杭州最早的火车站皆诞生于此，是融合园林、工业、交通等诸多要素的纪念性公园。①

其中，与金衙庄公园历史渊源最为密切的当属沿袭称谓的私家园林——金衙庄。金衙庄是由明朝隆庆二年（1568）进士、福建巡抚金学曾所建。不同于一般园林依湖临山而筑，它筑于城中，远离山水，依城墙建园，别具一格。当时的金衙庄面积很大，东起贴沙河，西至长明寺巷，北到马坡巷，南到清泰街，既有葱茏野趣，又有水势浩茫，成为当时的“杭州八景”之一，有着“杭州私家花园之首”的美誉。诗人龚自珍曾品评金衙庄为“天下名园居第四”（《己亥杂诗》），清梁章钜亦以为“杭州城中园林之胜，以金衙庄为最”（《浪迹丛谈》）。

解放后，金衙庄拆除。1959 年，解放路拓宽并直通城河边，加之环城东路的开辟，金衙庄旧址地块被两条丁字形大路分割以至于完全消失。保留至今的只剩下园址、园名及“小太湖”池边的 5 棵大樟树和 1 棵银杏树。1985 年，杭州市政府在原址上重新修建了金衙庄公园并向公众开放，2001 年又对公园进行了整治翻修，开辟了如今全新的、以文化题材和植物景观为主的生态休憩公园。②

整修后的金衙庄公园，在组织现有景观基础上，添加了文化遗址和历史碎片展示，构筑了一条依次布置城市文化题材的景观轴线，使金衙庄公园由原本单纯的休闲公园转变成历史文化与自然景观融汇一体的城市景观。

金衙庄公园内主要有 5 个文化活动区块，自南向北依次为“盐担儿”“铁轨之音”“金衙庄遗址”“主入口”和“城市之本广场”。5 个区块相互交融、动静怡人，一路走去，犹如漫步在杭州历史之中。最南边的“盐担儿”广场上的雕塑群，纪念的是历史上清泰门外曾经的繁忙盐业经营盛况，盐贩穿梭、盐厂云集；往北几十米，是“铁轨之音”广场，一截老铁轨，带人们聆听旧时铁路之音，一个老站台，引人回望 1909 年铁路首次穿城的历史记忆，一面长景墙，让人们重温杭州火车站和火车的本来样貌；再往北是金衙庄遗址，场地内保留了一棵 700 多年的老香樟树，为当年的金衙庄遗留，依然矗立如故。公园最北端设置了一组老式自来水龙头和水桶铜雕，纪念 1931 年杭州第一家水厂清泰门水厂的建立。③

参观指南

开放。

地铁 1 号线至 [城站] 站。

① 百度百科，词条——金衙庄公园，https://baike.baidu.com/item/%E9%87%91%E8%A1%99%E5%BA%84%E5%85%AC%E5%9B%AD/17395907（百度百科 - 金衙庄公园）.
② 李华英：《杭州金衙庄古迹初探》，《杭州师范大学学报（社会科学版）》1987 年第 3 期 .
③ 沈怡：《杭州金衙庄公园景观改造概念方案设计》，《城市建设理论研究（电子版）》2013 年第 18 期 .

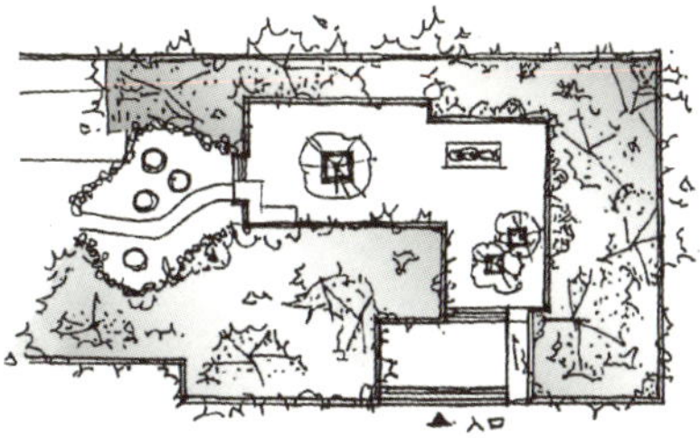

公园节点 a 平面示意图
盛敏 绘

公园节点 a 雕塑实景照片
盛敏 摄

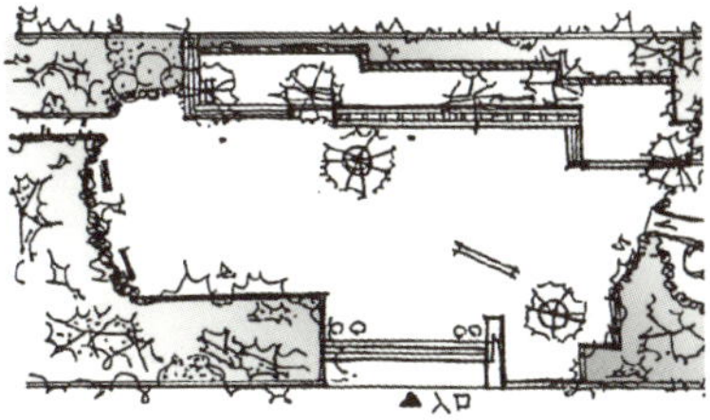

公园节点 b 平面示意图
盛敏 绘

公园节点 b 实景照片
盛敏 摄

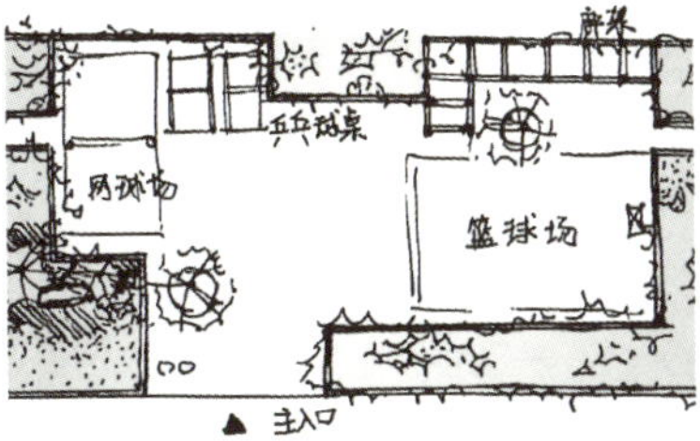

公园节点 c 平面示意图
盛敏 绘

公园节点 c 实景照片
盛敏 摄

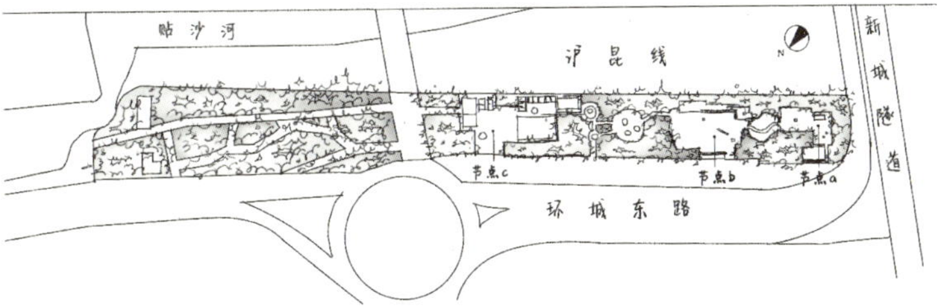

总平面示意图
盛敏 绘

22 浙江邮务管理局旧址

建筑名称：浙江邮务管理局旧址

建筑地点：浙江省杭州市上城区环城东路 10–11 号

建成年代：1927 年

保护等级：杭州市第一批（1986）文物保护单位

建筑规模：6400 平方米

盛敏 摄

建筑名称：浙江邮务管理局旧址（本书编号：22）
建筑地点：浙江省杭州市上城区环城东路 10–11 号
建成年代：1927 年
保护等级：杭州市第一批（1986）文物保护单位
建筑规模：6400 平方米

浙江邮务管理局旧址位于浙江省杭州市上城区环城东路 10–11 号（原杭州城站路 1–8 号），紧靠杭州城站，始建于 1925 年 7 月 –1927 年 1 月，1950 年 12 月移交给杭州市邮政局使用（原浙江省邮电管理局迁往积善坊巷 8 号），现为杭州城站邮政支局。建筑为砖混结构，外墙面为细粒水刷石粉面和机制红砖墙相间，原为两层楼屋，1980–1981 年在此基础上加建两层，现为四层，总建筑面积 6400 平方米。①

建筑主立面为纵横三段式布局，中间段较突出，中轴对称，整体为砖红色墙面，比例匀称协调、典雅大气。建筑中段立面有建筑主入口，入口采用大拱券结构门洞，有台基和台阶。门洞外有通高两层的突出的面砖门框，之间均布六根米色大理石面砖方柱。

历史上，杭州邮政局地址曾经历过三次大的变动。1896 年光绪皇帝批准开办大清邮政，1897 年杭州邮政局正式开办。民国时期，该处房屋所编门牌号为“忠清巷 31 号”（现新华路 14 号附近，原房屋现已拆除）。由于忠清巷远离商业繁华地也不贴近城内运河，存在诸多弊端。1909 年，杭州邮政局（1899 年改称杭州邮界邮政总局）购得寿安坊地基一块（现中山中路的官巷口段），建造了一幢二层的邮政局砖楼用以办公，并于 1910 年正式迁入。当时，杭州最繁华的商业中心正从清河坊北移至寿安坊，同时邮局后门正对城中运河，交通运输相当便利，迁至这一地址无疑是正确的选择。1914 年杭州邮政局由市级邮局升格为省级邮局（改称浙江邮务管理局），成为浙江邮政事务的最高管理机构，局址仍设在寿安坊。之后，随着机构膨胀、人员骤增，邮政当局考虑再次选址，并在现今城站前建造了新的邮政大楼。② 原址则留给官巷口邮政一支局使用，可惜的是原本的房屋在 1944 年遭遇大火，后经重建但已不复往昔模样。如今的中山中路 304 号、光复路 137 号即为当年重建的房屋。

1927 年，城站邮政大楼正式启用。1937 年 12 月，侵华日军攻占杭州，城站被日军占为仓库。直至 1946 年，邮政局方才重新搬回。1949 年以后，杭州邮政局与浙江邮务管理局分立，城站局屋全部移交给杭州邮政局使用。③ 改革开放后，由于实际使用需要，在原址局屋上加高两层，后又在老屋后拼接了生产建设用房，总规模达到了 9886.32 平方米。④

参观指南

浙江邮务管理局旧址一层开放。
地铁 5 号线至 [城站] 站。

① 求闻百科，词条——浙江邮务管理局旧址，https://www.qiuwenbaike.cn/wiki/%E6%B5%99%E6%B1%9F%E9%82%AE%E5%8A%A1%E7%AE%A1%E7%90%86%E5%B1%80%E6%97%A7%E5%9D%80.

② 杭州网，《近百年前西湖全貌什么样，鼓楼、浙大旧址在哪里？这份杭州老地图大揭秘！》，https://m.thepaper.cn/baijiahao_20189213.

③ 同②.

④ 杭州市住房保障和房产管理局：《90 年前的杭州——民国〈杭州市街及西湖附近图初读〉》，浙江古籍出版社，2020，第 10-11 页.

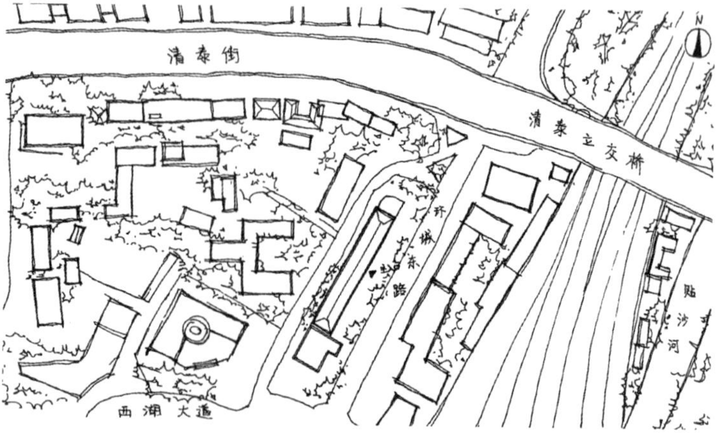

浙江邮务管理局旧址总平面示意图

盛敏　绘

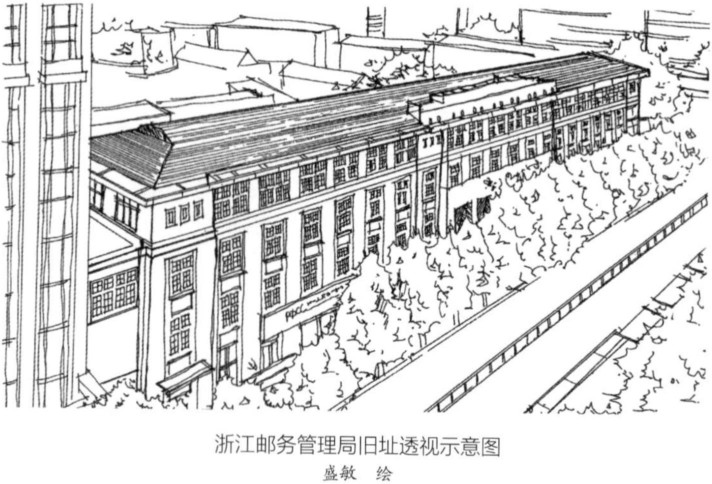

浙江邮务管理局旧址透视示意图

盛敏　绘

说明：浙江邮务管理局旧址现状使用功能较混杂，部分仍作为城市重要公共职能设施，承担邮政服务与车管事务，偏重于政府办公；部分则承担了物流运营的功能，布局快递运输网点，运营物流服务；部分出租给商户，目前有一家旅店经营，承担民营商户经营。因此其内部平面由于各部的后期改造，各不相同，较难统计；且建筑前部人行横道较窄，还有物流车停放与快递搬运工作，较难展现其建筑风貌，因此以建筑总平面图和建筑鸟瞰表现建筑与城市格局关系及建筑式样特色。

23 杭州火车站

建筑名称：杭州火车站

建筑地点：浙江省杭州市上城区环城东路 1 号

建成年代：1909 年始建

保护等级：/

建筑规模：11000 平方米

盛敏 摄

建筑名称：杭州火车站（本书编号：23）
建筑地点：浙江省杭州市上城区环城东路 1 号
建成年代：1909 年始建
保护等级：/
建筑规模：110000 平方米

杭州站，俗称“城站”，位于浙江省杭州市境内，是中国铁路上海局集团有限公司管辖的客运一等站，也是中国“八纵八横”高速铁路网络——沿海通道上的重要客站，为沪昆铁路、杭甬铁路、宣杭铁路的交会车站。[①]

火车站（城站）影响杭城近代城市空间格局的一大要素就是交通的发展。如果说“铁路入城”是在心理层面拆除了人们心中的“城墙”，开放了城市边界，那么城站的发展与流变则是在社会与物质层面更直接、具体地改变了城市区域格局，如路网密度、建筑类型等，直接参与了城市面貌的更新。城站是近代杭城发展变迁的见证者，其历史文化及社会交通的意义可见一斑。

城站的历史跨越世纪，从 20 世纪初期至今，它也历经多次重建，其建筑面貌的变迁充分映射了时代特征与历史潮流。纵览其建设历史，城站原址为清泰火车站，于 1909 年始建，最初带有西方“折中主义”风格，拱券、尖塔、钟楼等建筑元素占据主导地位。主立面采用了横五纵三的构图手法，中部塔楼与左右两角楼向外突出，总体构图对称，较为庄重肃穆。中部钟楼采用穹顶造型，突出建筑主入口，建筑屋顶四周建造了有瞭望功用的尖塔。站房外立面的开窗大量运用拱券元素，细部装饰，如角楼、屋顶檐部、山花的曲线装饰等，多采用巴洛克风格。建筑具有较浓烈的西方建筑色彩。[②]

1942 年日伪政府重建车站，展现的是日本奈良时期风格，建筑以多种形制屋顶样式的组合等显示出恢宏大气。主体结构采用木构大木作屋顶及砖砌体结合清水混凝土墙体。建筑均衡对称，中部采用单檐庑殿顶，两侧单檐歇山顶，屋顶呈现出中部高、两侧依次降低的形态。中部入口处竖立着四根粗壮挺拔的石柱，配合起翘的屋顶、雄健的斗拱与素雅的清水混凝土墙面共同彰显建筑的典雅大气。[③]

1999 年再建现代化新客运站，是以现代语汇表现中国传统江南建筑的意蕴内涵。其主体形象呈现“门”字形，中间穿插较低的坡屋顶，是简明整体的现代设计手法。为满足新时代综合交通转换枢纽的需要，设计师程泰宁将站房、广场和站场作为一个有机整体，利用地下、地面、高架等三个层面来组织流线[④]，以实现土地更高效的复合利用，激发出杭州城市东界的新活力。

参观指南

城站地铁站作为交通枢纽常年开放。
地铁 5 号线至 [城站] 站。

---

① 杭州站 . 搜狗百科 .baike.sogou.com/m/fullLemma?lid=38344.
② 徐汇敏 :《杭州城站火车站建筑发展历史与设计研究》，博士学位论文，浙江大学，2011，第 2，26-27 页 .
③ 同 ②.
④ 程泰宁 :《重要的是观念——杭州铁路新客站创作后记》，《建筑学报》2002 年第 6 期 10-15.

20 世纪初杭州城站立面推测复原示意图

盛敏　绘

20 世纪 90 年代杭州站立面推测复原示意图

盛敏　绘

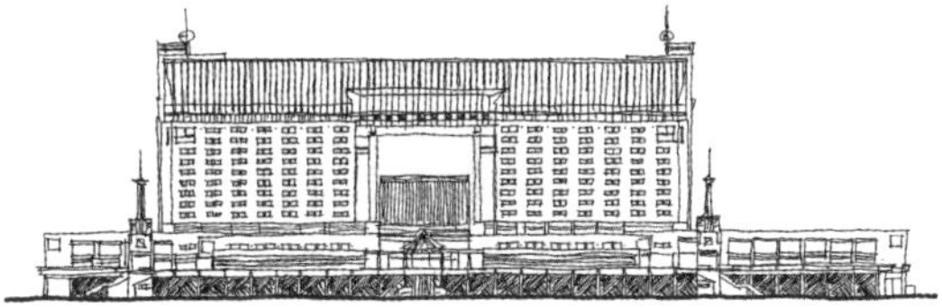

现今的杭州城站立面示意图

盛敏　绘

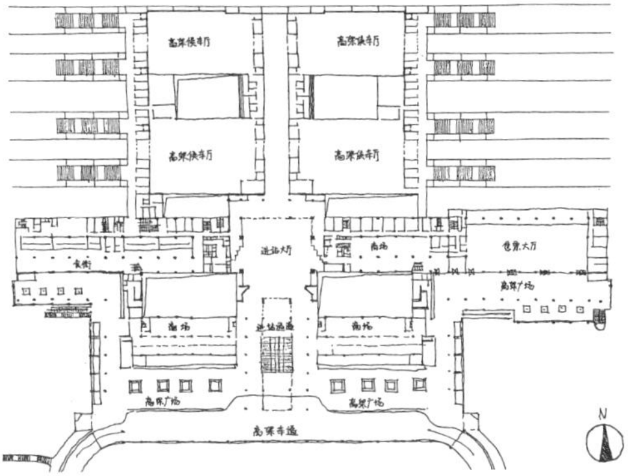

杭州城站一层平面示意图

盛敏　绘

城南线

北至高银街，南至里太祖湾

陈苏娜　俞雯洁　徐俊扬　严舒文　赵佳晨

城南这片区域北至高银街，南至里太祖湾，范围广，蕴藏着众多珍贵的城市历史文化瑰宝，其中涉及中山中路历史街区、清河坊历史街区、南宋皇城大遗址保护区等多个历史保护街区，以及海潮寺、建国南路建筑群等分散于各处的重要历史保护建筑。鉴于此，依据各节点的建筑功能和分布状况，该区域被划分为三段，对应三条不同的线路：

线路一：以商业类型建筑为主，与杭州商人有着千丝万缕的联系，涵盖了河坊街 152、154 号建筑，胡庆余堂，四拐角近代建筑群，方回春堂，义泰昌布号旧址，朱养心膏药店旧址以及胡雪岩故居。因此，线路一的主题为“探寻近现代杭州商人活动”，以吴山广场地铁口为起始点，顺着线路悠然漫步，既能感受历史建筑与商业旅游完美融合所带来的繁华景象，又能深入体验源远流长的中医文化，领略江南传统而又奢华的民居风格。每一处建筑都仿佛在诉说着过往岁月中商人的拼搏与智慧，让人们对杭州的商业发展历程产生更深刻的认知和理解。

线路二：包括建国南路建筑群、朱智故居、十五奎巷市委党校图书馆、燕春里建筑群、太庙巷 58 号建筑和太庙遗址等一系列历史建筑。既有充满生活气息的居住建筑，也有承载知识与文化的展览性建筑，还有庄严肃穆的宗庙建筑，彼此之间距离适中，通过“了解近代杭州建筑类型”的主题将它们串联起来。游客踏上这条线路，便能欣赏到各种风格迥异的近现代建筑，仿佛穿越时空，亲身感受杭州建筑历史的丰富与多元。

线路三：囊括凤山水门遗址、严官巷桑蚕女校养蚕基地旧址建筑群、万松书院遗址、于子三墓、梵天寺遗址建筑群和海潮寺等。这些节点相距较远，相互之间没有明显关联。因此，这是一条散点线路，以 [候潮门] 地铁站为起点，[海潮寺] 公交站为终点。在线路三的游览过程中，游客仿佛置身于一幅与自然和谐相融的画卷之中，能够欣赏到更贴近自然的各种不同建筑类型。

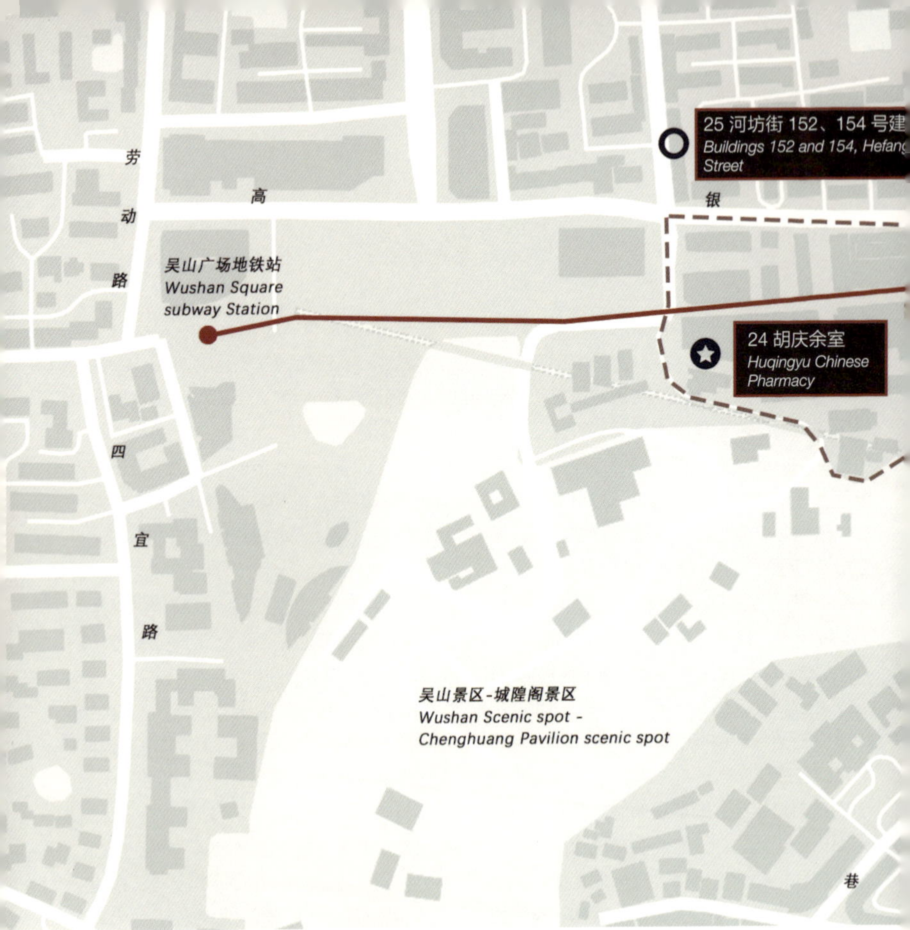

全国重点文物保护单位
National key protection units

省级文物保护单位
Provincial key protection units

市县级文物保护单位
Municipal key protection units

建筑考察路线
Building Inspection Route

本条路线的出发点为吴山广场（即吴山广场地铁站）一路尚东，参观建筑覆盖清河坊历史文化特色街区。整条路线参观建筑与杭州市近现代经济发展有关，反映杭州商人活动，路线总长 1.9 千米，预计步行时间 37 分钟，沿线的建筑有：

24 胡庆余室
Huqingyu Chinese Pharmacy
浙江省杭州市上城区大井巷 95 号

25 河坊街 152、154 号建筑
Buildings 152 and 154, Hefang Street
浙江省杭州市上城区河坊街 152–154 号

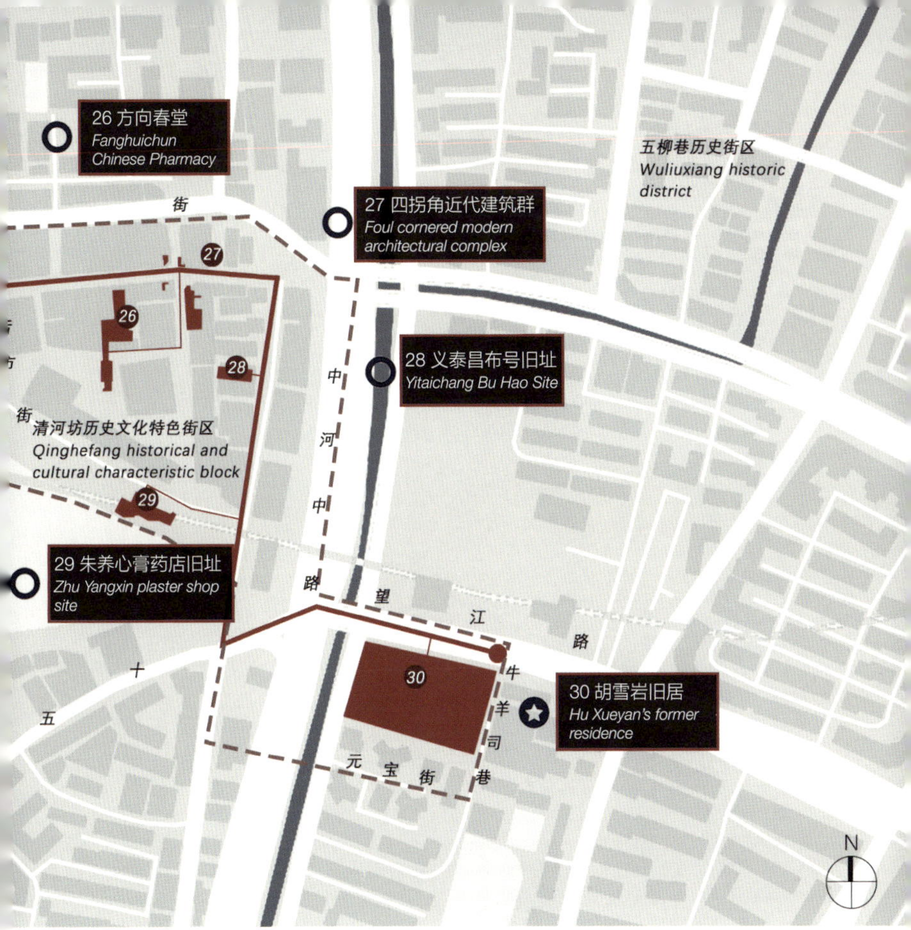

城南线・线路一示意图

26 方向春堂
Fanghuichun Chinese Pharmacy
浙江省杭州市上城区河坊街 117 号

27 四拐角近代建筑群
Foul cornered modern architectural complex
浙江省杭州市上城区中山中路 79 号

28 义泰昌布号旧址
Yitaichang Bu Hao Site
浙江省杭州市上城区打铜巷 31 号

29 朱养心膏药店旧址
Zhu Yangxin plaster shop site
浙江省杭州市上城区大井巷 13 号

30 胡雪岩旧居
Hu Xueyan's former residence
浙江省杭州市上城区元宝街 18 号

24 胡庆余堂

建筑名称：胡庆余堂
建筑地点：浙江省杭州市上城区大井巷 95 号
建成年代：19 世纪 70 年代（清代）
保护等级：全国第三批（1988）重点文物保护单位
建筑规模：约 4000 平方米

陈苏娜 摄

建筑名称：胡庆余堂（本书编号：24）
建筑地点：浙江省杭州市上城区大井巷 95 号
建成年代：19 世纪 70 年代（清代）
保护等级：全国第三批（1988）重点文物保护单位
建筑规模：约 4000 平方米

胡庆余堂位于杭州市吴山北麓大井巷 95 号，属于清波街道清河坊社区，北临河坊街，南面为吴山，西面为小井巷，东面为大井巷。胡庆余堂“雪记”国药号由胡雪岩创办，建于清同治十三年（1874），而店堂创建于清光绪四年（1878）。它集各大药号之大成，是融商业实用性和艺术欣赏性为一体的木结构古建筑，也是杭州规模最大、目前国内保存最完好的晚清工商型古建筑群。[①]1988 年 1 月 13 日，胡庆余堂被列为第三批全国重点文物保护单位。2006 年，“胡庆余堂中药文化”入选首届国家级非物质文化遗产目录。

胡庆余堂坐北朝南，一共三进院落，加上门面和入口长廊，共同组成了完整工商业建筑群。平面大致呈矩形，四周高大的封火墙将其内部包围成封闭的内向型空间。[②]封火墙同样也砌筑于每一进的四周，每间之间留出了夹道，每进之间可通达，形成了以院落为建筑空间单元的建筑形式。

三进院落中，第一进为商业空间，第二和第三进为作坊空间。其中第二进为成药加工，第三进为原料粗加工。第一进历经“改造为国有企业”“停止营业”“用为车间和仓库”等阶段，最后在 1980 年重新恢复为门市部。第二进在 1989 年被改造为中药博物馆。第三进空间在民国时期和新中国成立初期，由于生产方式不适应现代化生产之需求而被拆除。[③]

建筑主入口在胡庆余堂东侧的大井巷内，门面厚重且简洁。门额上是“庆余堂”的大招牌，周围饰以金色的装饰图案，是杭式石库门。立面为清水砖墙面，进门后，是一条鹤顶轩长廊，长廊的尽头是与第一进建筑衔接的角亭。胡庆余堂内的院落天井大胆采用了玻璃天棚，这在当时国内传统建筑中相当少见。

参观指南

建筑室外和室内公共营业厅部分可供参观。
地铁 1 号线至 [定安路] 站或公交 25/40/59/195 路至 [吴山广场华光巷] 站。

---

① 戴美纳，玄峰：《消解中的晚清传统商业建筑空间结构——杭州胡庆余堂古建筑群空间结构发展演变探析》，《华中建筑》2011 年第 29(12) 期 140-145：DOI:10.13942/j.cnki.hzjz.2011.12.036：1.

② 杭州市文物遗产与历史建筑保护中心官方介绍，http://www.singdo.org/wenbao/luelan_disp.php?luelan_id=31.

③ 戴美纳：《河坊街变迁背景下杭州胡庆余堂建筑演变初探》，博士学位论文，上海交通大学，2012，第 23 页 .

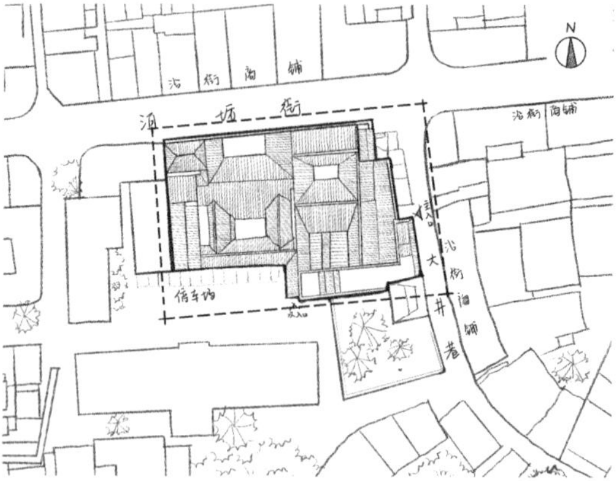

胡庆余堂总平面示意图
陈苏娜 绘

胡庆余堂沿河坊街实景照片
陈苏娜 摄

胡庆余堂中药博物馆入口
陈苏娜 摄

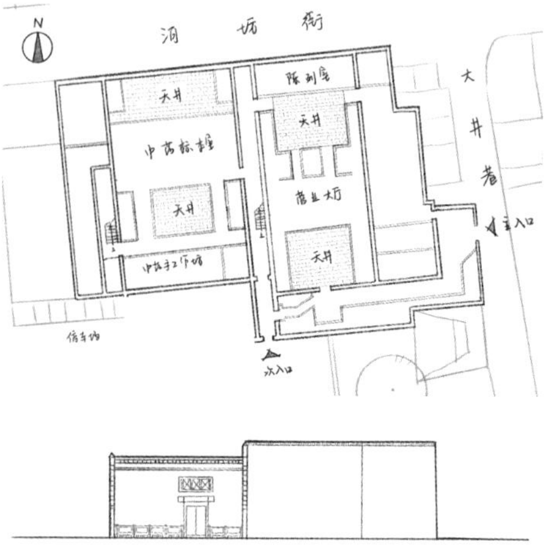

胡庆余堂一层建筑平面图及沿大井巷立面示意图
陈苏娜 绘

25 河坊街 152、154 号建筑

建筑名称：河坊街 152、154 号建筑
建筑地点：浙江省杭州市上城区河坊街 152、154 号
建成年代：20 世纪 30 年代
保护等级：杭州市第三批（2007）历史建筑
建筑规模：约 100 平方米

俞雯洁 摄

建筑名称：河坊街 152、154 号建筑（本书编号：25）
建筑地点：浙江省杭州市上城区河坊街 152–154 号
建成年代：20 世纪 30 年代
保护等级：杭州市第三批（2007）历史建筑
建筑规模：约 100 平方米

河坊街 152、154 号建筑，整体布局上宅下店，前店后坊[①]，建造于 20 世纪 30 年代。建筑采用砖木结构，在民国时期为汤吉人所有。[②] 这种布局在当时的杭州十分典型，既方便商铺经营，又满足了住家的需求。建筑位于河坊街与后市街交叉路口转角处，地块方正，坐北朝南，中轴对称布置。

建筑为三层，主体为中式木质坡屋面，外墙水泥抹面。房屋三开间，平面接近矩形，砖混结构。一、二层之间以水平腰线分隔，四根直抵屋檐的矩形壁柱，将立面平均分割成三个部分。在二层，中部柱子之间有一块矩形匾额，上有“天申”二字，匾额外是一圈精美的雕花。而匾额上方是一海棠形状窗套。柱头有精美的西式雕花，整体立面中轴对称布置，装饰呈现出西洋风格。二层开辟两面窗，三层开辟三面窗，窗框均为木质，形制与二层相同，只是三层中柱间的窗位置略高。三层两侧窗户均有一悬挑小阳台，下方两端施托石。立面最上方为略高起的矩形山花，山花中间为卷草纹及“1932”字样。[③]

1923 年，汤吉人将该处租赁给东禄号老板姚宣章居住，后姚宣章开设东禄茶食店。茶食店系独资经营，注册资本 5000 银元，在杭州算是比较大的一家茶食店。有房屋 26 间，占地面积约 450 平方米，建筑面积 655.93 平方米。[④]1932 年改建之后形成了现在的格局。

如今，河坊街 152、154 号建筑为南宋胡记和汉服馆所用，这些店铺的入驻为建筑增添了新的活力和功能。

参观指南

建筑室外和室内一层商业部分可供参观。
地铁 1 号线至 [定安路] 站或公交 25/40/59/195 路至 [吴山广场华光巷] 站。

---

① 河坊街 152、154 号官方介绍，http://www.singdo.org/libao/luelan_disp.php?luelan_id=179.
② 杭州党史馆和方志馆公众号——“【杭州方法】东禄茶食店旧址”.
③ 同②.
④ 同②.

河坊街 152、154 号建筑总平面示意图

陈苏娜　绘

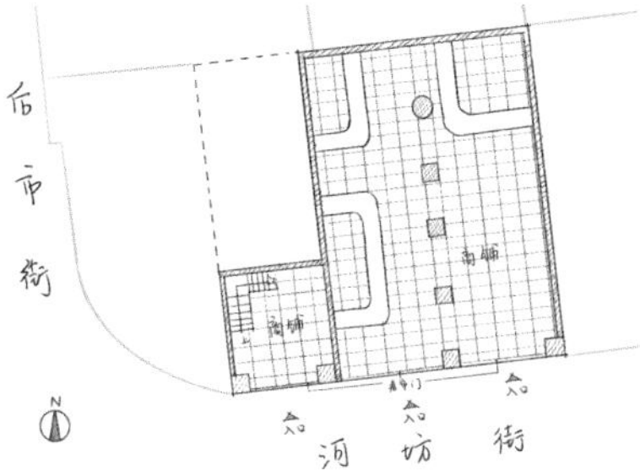

河坊街 152、154 号建筑底层平面示意图

陈苏娜　绘

河坊街 152、154 号建筑沿河坊街立面示意图

陈苏娜　绘

26 方回春堂

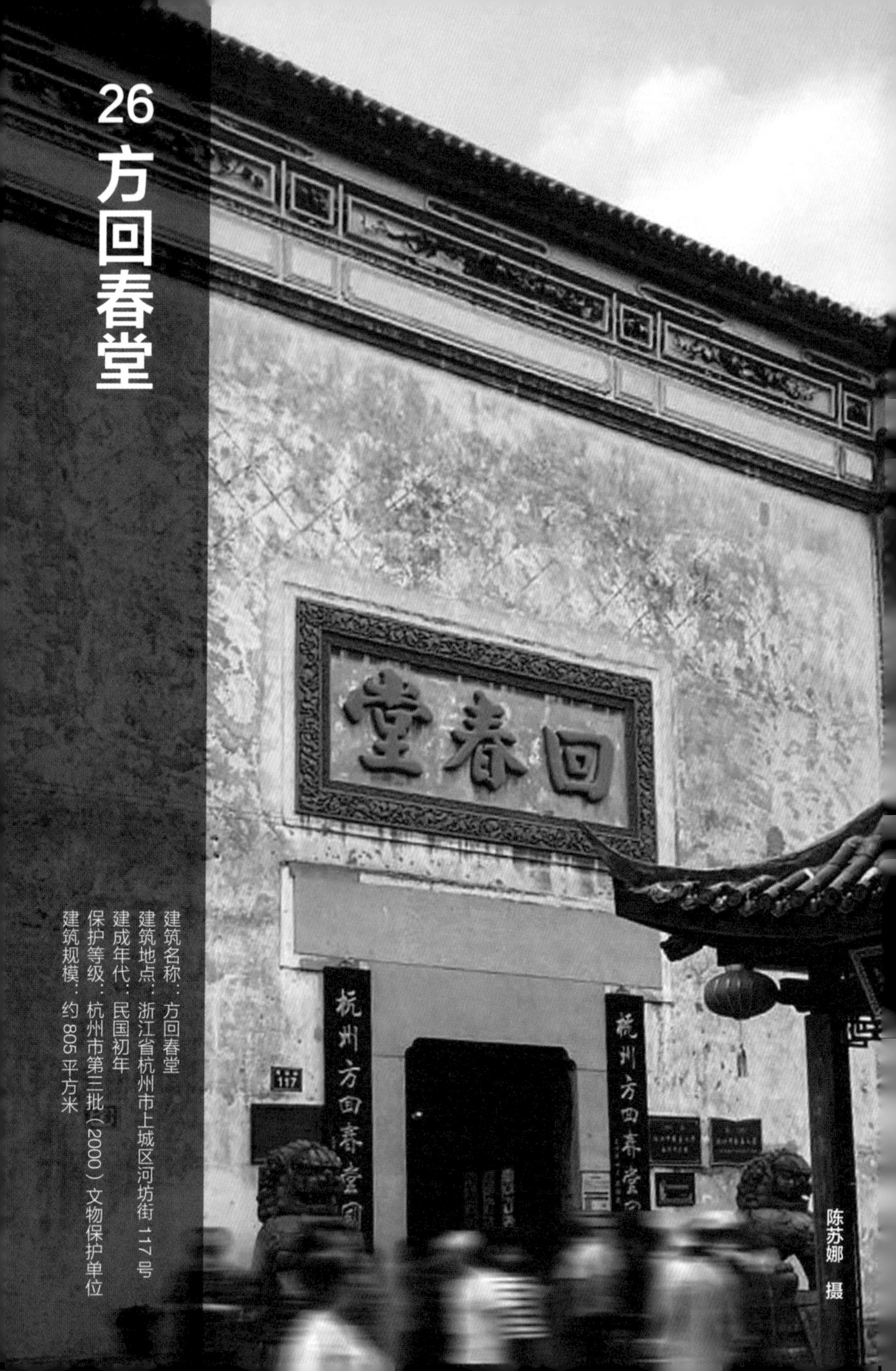

建筑名称：方回春堂
建筑地点：浙江省杭州市上城区河坊街 117 号
建成年代：民国初年
保护等级：杭州市第三批（2000）文物保护单位
建筑规模：约 805 平方米

陈苏娜 摄

建筑名称：方回春堂（本书编号：26）
建筑地点：浙江省杭州市上城区河坊街 117 号
建成年代：民国初年
保护等级：杭州市第三批（2000）文物保护单位
建筑规模：约 805 平方米

位于杭州市上城区河坊街 117 号的方回春堂是一家具有三百多年历史的中华老字号国医馆，创办于清顺治六年（1649），创办人方清怡，字再春。再春也有回春一意，所以以“回春”命名。①

方回春堂以中药制成的各类丸、膏、丹闻名。建筑坐南朝北，占地面积约 805 平方米，现存建筑范围面积约 1235 平方米。方回春堂主要由国药馆、国医馆、参号组成，建筑内还有百草园、杏林亭。从国药馆进门，我们可以看到仿照古代场景的挂号和收费处，右侧是中药饮片柜台，中间是顾客休息处，左边是中药柜台，中药抽屉和药罐排列整齐。药店两厢是国医馆诊室，后门为百草园②。

方回春堂一共三进院落，正面为砖墙石库门，门额上赫然写着“回春堂”三字，石库门背后是精美的砖雕门楼，门左右两侧石狮伫立。进入石库门为营业大厅，抬头是天井，天井两边为东西厢楼。正厅及厢楼前檐采用水泥制轩廊。二进建筑也为两层楼，底层作中药坐堂门诊室，二楼作治疗室，后天井为药园。第三进在二进建筑的西侧，三层楼，主要作治疗室和办公室使用。③

方回春堂建筑装饰精美，梁架采用近代西式三角桁架。它反映了清末民初杭州药店的历史风貌，是清河坊历史街区内一处重要的商业建筑和人文景观。④

2000 年 7 月，方回春堂被列为杭州市文物保护单位。在 2016 年的 G20 杭州峰会上，一条 15 分钟的视频中提到：有着三百多年历史的方回春堂，门口总是放着一个大茶壶，根据四季变化，泡制适宜人体的茶汤，免费供路人饮用。⑤ 截至 2021 年，方回春堂已开设 18 家医馆，真正成了浙江市民“家门口的医药馆”。⑥

参观指南

建筑室外和室内公共营业厅部分开放。
地铁 1 号线至 [定安路] 站或公交 25/40/59/195 路至 [吴山广场华光巷] 站或公交 127/195/60/8/208 路至 [清河坊] 站。

---

① 卢冬虎，胡品福：《杭州方回春堂》，《中国药店》2011 年第 7 期 98-99：1.
② 同①.
③ 方回春堂官方介绍，http://www.singdo.org/wenbao/luelan_disp.php?luelan_id=166.
④ 同③.
⑤ 中医药馆微信公众号——“方回春堂：百年老店 妙手回春”.
⑥ 方回春堂简介，方回春堂官方网站，https://www.fhct.com/news-437.html.

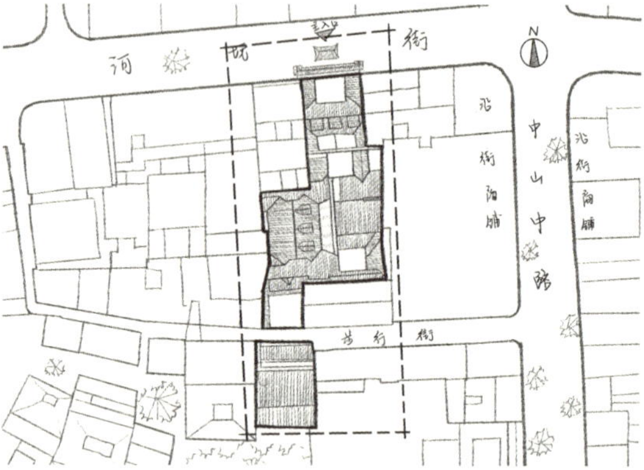

方回春堂总平面示意图
陈苏娜 绘

第一进天井实景照片
陈苏娜 摄

第一进空间实景照片
陈苏娜 摄

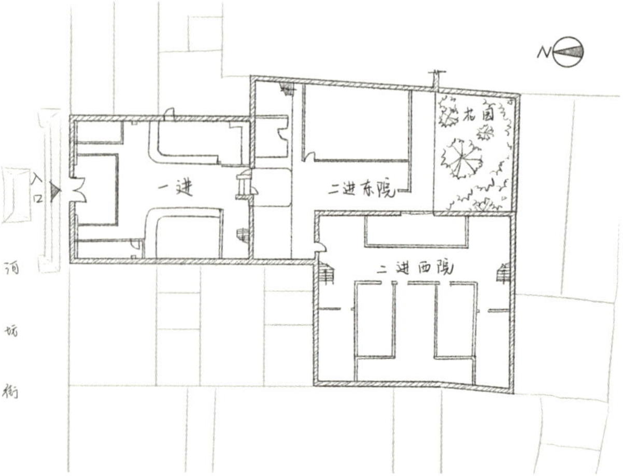

方回春堂一层平面示意图
陈苏娜 绘

27 四拐角近代建筑群

建筑名称：四拐角近代建筑群
建筑地点：浙江省杭州市上城区中山中路 79 号
建成年代：清同治、光绪年间（20 世纪 20 年代翻新）
保护等级：杭州市第三批（2000）文物保护单位
建筑规模：约 955 平方米

俞雯洁 摄

建筑名称：四拐角近代建筑群（本书编号：27）
建筑地点：浙江省杭州市上城区中山中路 79 号
建成年代：清同治、光绪年间（20 世纪 20 年代翻新）
保护等级：杭州市第三批（2000）文物保护单位
建筑规模：约 955 平方米

河坊街和中山中路的十字路口俗称为四拐角，这里曾经是杭州近代最繁华的商业中心。四拐角近代建筑群，指位于中山中路和河坊街十字路口四个街角上的五幢受上海商业建筑影响、具有近代时期特征的商业建筑，包括西北角的万隆火腿店，东北角的张允升百货商店和馥香斋茶食店，东南角的宓大昌烟店、方裕和南北货店与翁隆盛茶号，西南角的孔凤春香粉店。四拐角建筑群大都建造于清代同治、光绪年间，因 20 世纪 20 年代路面拓宽，重新进行了翻修。其高度均为三至四层，拐角处的平面呈圆弧形，立面西式特征明显。①

万隆火腿庄开业于 1864 年，时称“万隆腿栈”，以经营“家乡南肉”出名。1928 年在原址基础上改建为三层，其中一层为钢筋混凝土结构，其上为水泥抹灰砖木洋房，但 1972 年因为白蚁泛滥而拆除三楼。万隆火腿庄是目前四拐角近代建筑群里唯一仍然保持传统经营特色的百年老店②，立面装饰精美，对称感与秩序感强。

张允升百货商店原名为“张允升线帽百货庄”，历史悠久，以经营丝线、帽子著称。1926 年因拓建中山路而修建四层新楼，是当时杭州职工人数最多、营业额最高的百货商店。③紧邻张允升百货商店的是馥香斋茶食店旧址，建于 1926 年，总建筑面积为 207.3 平方米。它是民国时最负盛名的茶食店之一④，其西侧的沿街立面极具对称感，入口装饰精美。

宓大昌烟店创建于 1869 年，由宓庄晓创办，他是近代中国独资经营的手工业商人中的佼佼者，是闻名全国的“杭烟”鼻祖。紧邻宓大昌烟店的是创立于清光绪七年（1881）的方裕和南北货店，是一家售卖糖果、炒货等商品的南北货老店。同位于一角的翁隆盛茶号创始于清雍正三年（1725），采购认真，调配巧妙，名声久盛不衰⑤。

孔凤春香粉店创建于 1862 年，生产化妆品如雪花膏、生发油等。1925 年，“孔凤春”参加西湖博览会，8 款产品获奖，成为杭城著名商号，孔凤春产品也被看作杭州杭剪、杭扇、杭锦、杭粉、杭烟五大传统名产之一。⑥

四拐角近代建筑群在结构上大多采用了钢筋混凝土结构，其建筑牢固程度较高。立面装饰细致，做工精美。在 2000 年修复之前，仍在经营的是万隆火腿店、张允升百货商店和馥香斋茶食店，宓大昌烟店改为梅坞茶叶

---

① 四拐角近代建筑群官方介绍，http://www.singdo.org/wenbao/luelan_disp.php?luelan_id=165.
② 同①.
③ 朱宇恒：《对历史建筑修复中“修旧如旧”原则的实践理解——以杭州“四拐角”近代建筑群为例》，《华中建筑》2007 年第 1 期：219-225.
④ 同①.
⑤ 同①.
⑥ 同①.

店，孔凤春香粉店改为杭州龙山化工厂劳动服务公司商店。[①] 现如今，万隆火腿庄旧址仍在销售火腿、肉类；张允升百货商店和馪香斋茶食店已改为现代商铺且未经营；宓大昌烟店旧址为现代商铺，主要是奶茶店和食品店，均在营业；孔凤春香粉店旧址为王润兴酒楼，也为营业状态。

参观指南

建筑室外和室内公共营业厅部分开放。

地铁 1 号线至 [定安路] 站或公交 25/40/59/195 路至 [吴山广场华光巷] 站或公交 127/195/60/8/208 路至 [清河坊] 站。

① 朱宇恒:《对历史建筑修复中“修旧如旧”原则的实践理解——以杭州“四拐角”近代建筑群为例》,《华中建筑》2007 年第 1 期: 219-225.

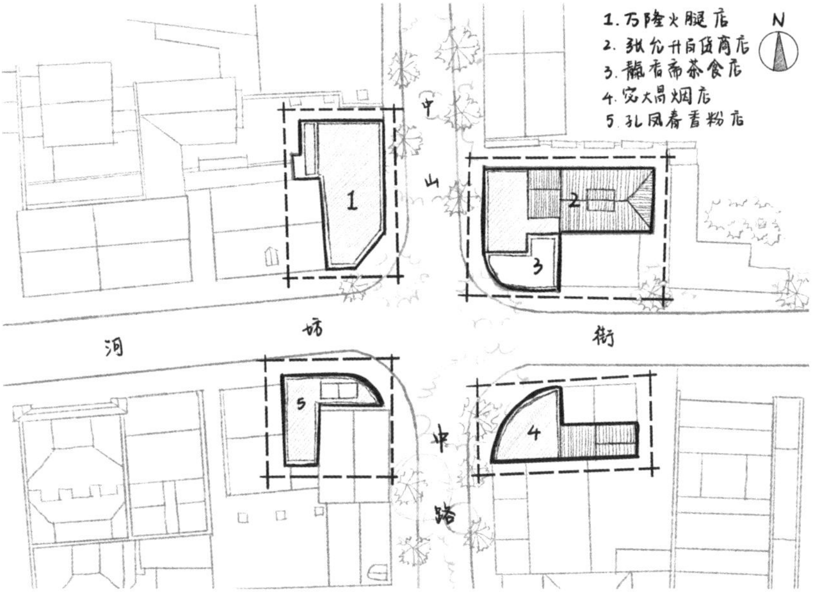

四拐角近代建筑群总平面示意图

陈苏娜　绘

万隆火腿店旧址（拐角处）实景照片

陈苏娜 摄

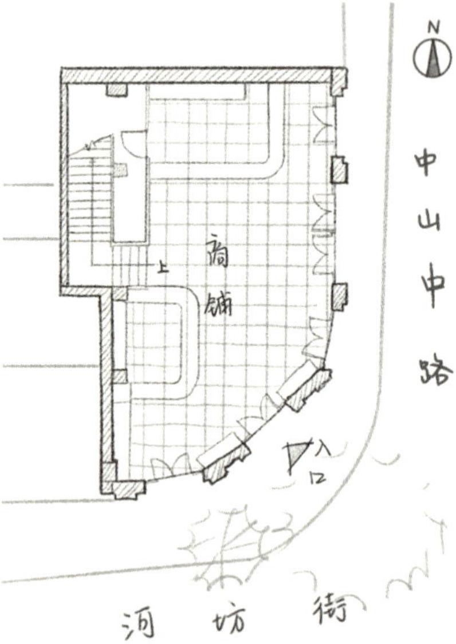

万隆火腿店修复后一层平面示意图

陈苏娜 绘

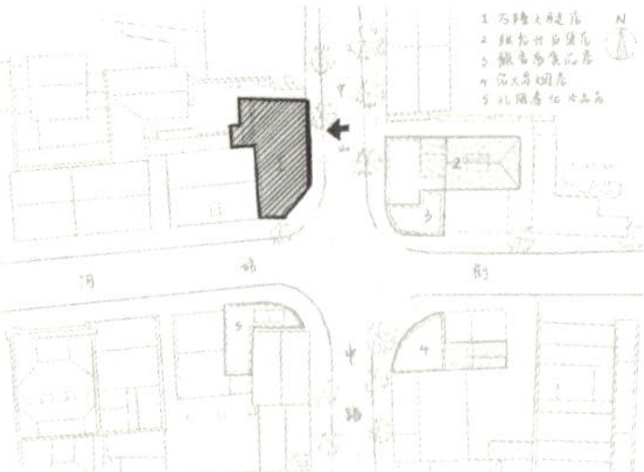

万隆火腿店旧址所在示意图

陈苏娜 绘

万隆火腿店旧址东立面示意图

陈苏娜 绘

张允升百货商店旧址实景照片

陈苏娜 摄

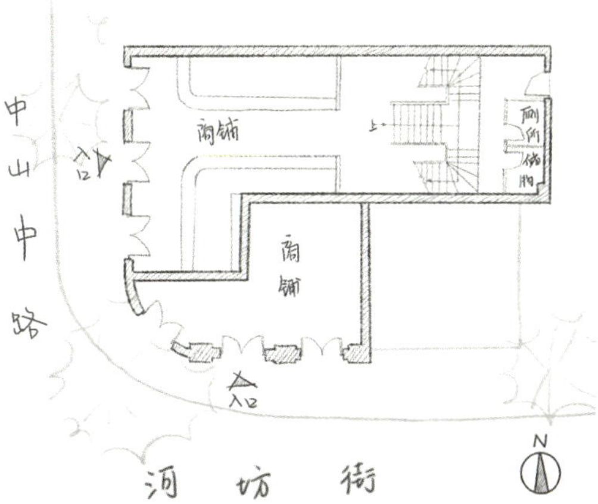

张允升百货商店修复后一层平面示意图

陈苏娜 绘

（底图来源：朱宇恒:《对历史建筑修复中“修旧如旧”原则的实践理解——以杭州“四拐角”近代建筑群为例》,《华中建筑》2007 年第 1 期：219-225。）

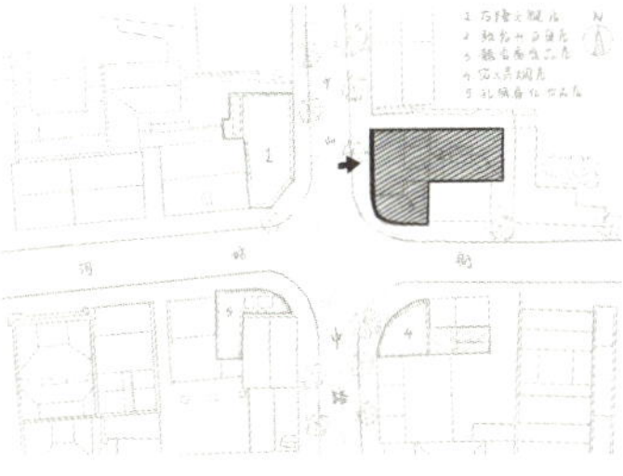

张允升百货商店旧址所在示意图

陈苏娜 绘

张允升百货商店旧址西立面示意图

陈苏娜 绘

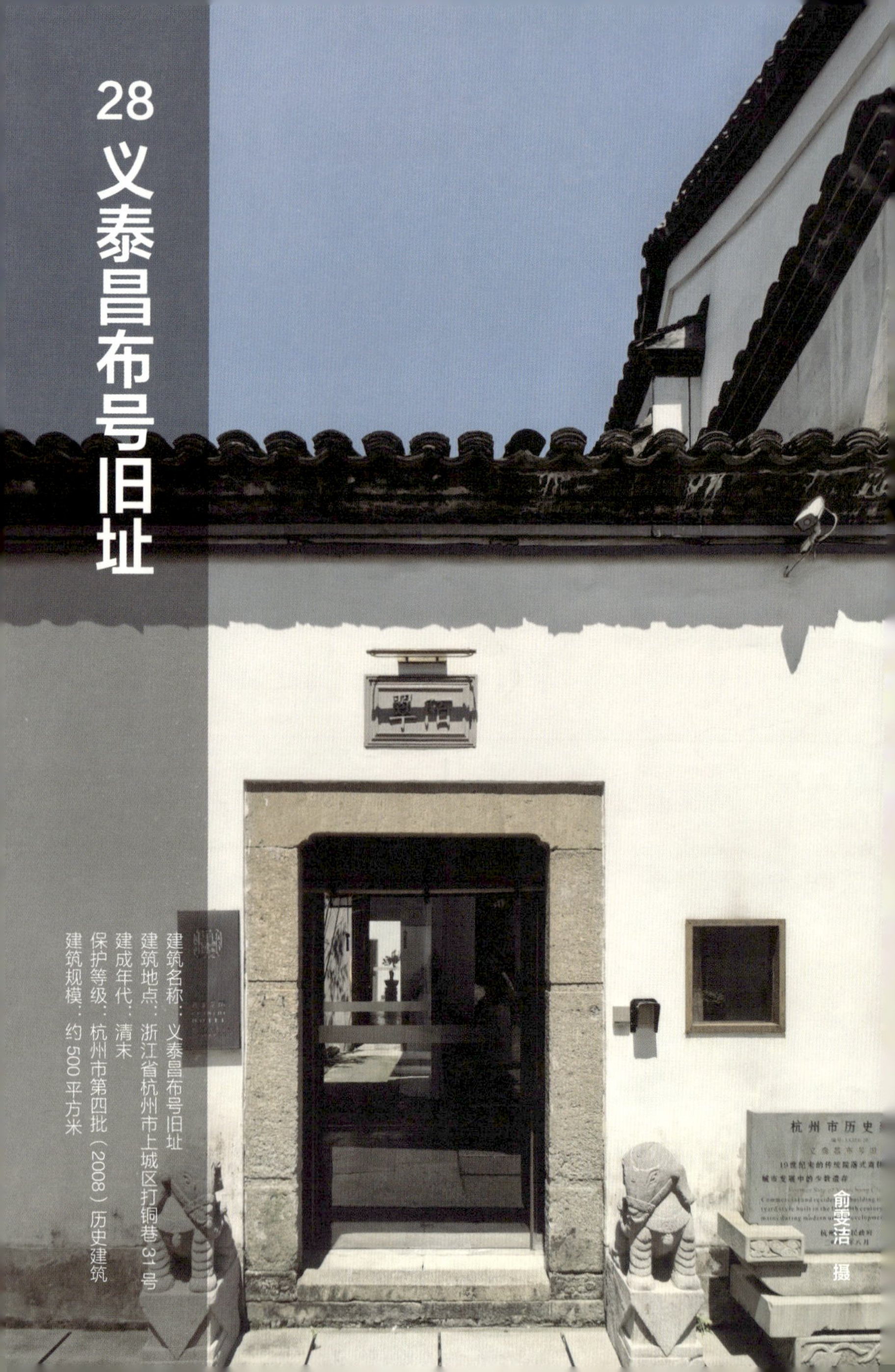

28 义泰昌布号旧址

建筑名称：义泰昌布号旧址
建筑地点：浙江省杭州市上城区打铜巷 31 号
建成年代：清末
保护等级：杭州市第四批（2008）历史建筑
建筑规模：约 500 平方米

俞雯洁 摄

建筑名称: 义泰昌布号旧址（本书编号: 28）
建筑地点: 浙江省杭州市上城区打铜巷 31 号
建成年代: 清末
保护等级: 杭州市第四批（2008）历史建筑
建筑规模: 约 500 平方米

义泰昌布号旧址坐落于清河坊历史文化街区内，坐西朝东，是一座清末民初砖木混合结构院落式民居建筑。建筑共四进，小青瓦屋顶，粉白围墙。建筑由北面中式石库门进入院落，天井檐下地面用整块青石板铺就。主体建筑两层，面向庭院的立面用隔扇门窗，挂落、额枋、挑头上均有精美雕饰。

1932 年，安徽茶商周华堂从李松光处购进此房，出租给义泰昌布号，用来开纱布店。[①]2019 年，该建筑被一位民宿老板看中并进行修复，如今是一家高端民宿。

改造前的义泰昌布号旧址雕花门窗已腐坏，房顶多处渗水，院落中是半人高杂草，难以行走。原先的木结构经过日晒雨淋，通往二层的木质楼梯破损严重，地板有多处破洞，难以满足改造后所需求的承受力。因此，民宿设计师在设计前期投入大量精力对其进行修复。设计师以“不破坏不拆除，以修复加固为主”的原则，保留古宅外观和结构，完成人、自然与建筑的融合统一。[②]

义泰昌布号旧址是传统江南民居风格，白墙青瓦马头墙，从外部看错落的瓦片与洁白的墙体相互映衬，单纯而又自然，入口石库门仍保留了原来的青砖，流露出岁月的痕迹。建筑保留了原古宅的外观和结构，同时融入了现代风格元素。宽敞的院落、灰色的屋瓦和墨绿的树荫相得益彰，实现了自然与建筑的完美融合。民宿内还保留了颇有传统特色的“四水归堂”庭院天井式布局，并在各处摆放了许多老式艺术品，增添了艺术氛围。其独特的建筑风格和历史价值吸引着众多游客前来参观。同时，这里也成为人们体验江南雅舍和感受历史文化的好去处。

参观指南

义泰昌布号旧址现改为民宿，不对外开放。
地铁 5 号线 /7 号线至 [江城路] 站或 7 号线至 [吴山广场] 站或公交 308/39/287/71/195 路至 [鼓楼] 站。

---

① 杭州市文物遗产与历史建筑保护中心介绍，http://z1.singdo.org/libao/luelan_disp.php?luelan_id=300.
② 民宿酒店，杭州 / 卧野空间设计，谷德设计网，https://www.gooood.cn/guanzhi-cuimo-hotel-china-by-wild-space-design-studio.htm.

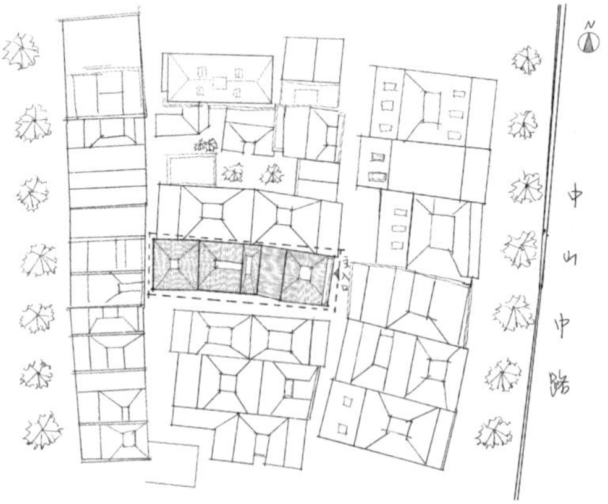

义泰昌布号旧址总平面示意图

俞雯洁　绘

错落的外墙实景照片

俞雯洁　摄

义泰昌布号旧址（现民宿）入口实景照片

俞雯洁　摄

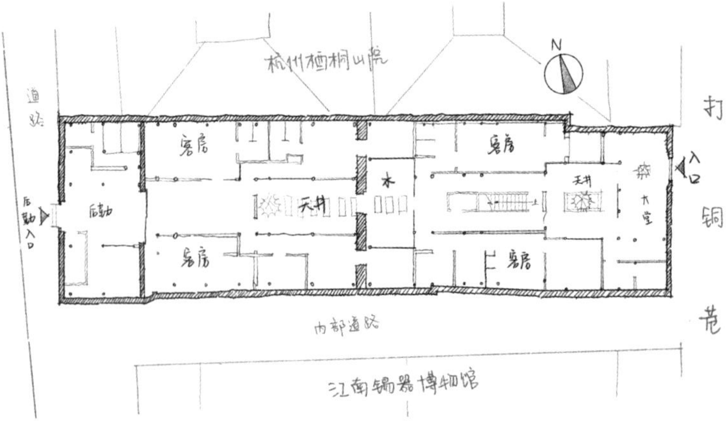

义泰昌布号旧址现状一层平面示意图

俞雯洁　绘

29 朱养心膏药店旧址

建筑名称：朱养心膏药店旧址
建筑地点：浙江省杭州市上城区大井巷 13 号
建成年代：19 世纪 60 年代
保护等级：杭州市第一批（2004）历史建筑
建筑规模：约 939 平方米

俞雯洁 摄

建筑名称：朱养心膏药店旧址（本书编号：29）
建筑地点：浙江省杭州市上城区大井巷 13 号
建成年代：19 世纪 60 年代
保护等级：杭州市第一批（2004）历史建筑
建筑规模：约 939 平方米

朱养心膏药店旧址位于杭州市上城区大井巷 13 号，因清代画家吴世秋曾为药室作《乐山草堂图》，又名“乐山草堂”。清乾隆《杭州府志》载：“朱志仁，字养心，余姚徙杭，幼入山采药，得方书，专门外科，手到疾愈，迄今子孙皆世其业。”明万历年间（1573–1620），朱氏于伍公山下大井巷口创办药室。晚清时，曾受惠于朱养心的病家集资在大井巷口建造了一所大宅，前为药室，后住人。解放后，药室迁至中山中路 331 号，更名为光明药室，原址改为职工宿舍。朱养心膏药店依山势而建，现存建筑为晚清民国时期重建。① 朱养心膏药店旧址在 2004 年被列入杭州市首批历史建筑保护名单，2010 年因多日大雨导致外墙坍塌②，后进行修缮。

朱养心膏药店旧址坐南朝北，为两层砖木结构建筑。沿街立面由一道高耸的白墙黑瓦外墙和两个石库门组成，两道门分别是东院和西院入口。西院入口为整个建筑的主入口。立面外墙为夯土墙，墙厚 460~600 毫米，纸筋灰罩面，石灰浆刷白。墙体自下而上均匀向内收缩，墙体底部设条石墙基，墙顶设多层线脚，上有小青瓦墙帽，清水垒脊③。

西院由入口天井，一、二进建筑，南天井及其两侧的厢房组成。建筑三开间，面阔约 8.5 米，进深约 16 米。从西院入口进入北天井，第一进建筑一层向内退，创造宽敞的灰空间形成前厅并连接两边出入口，作为隔断的木墙前停着两辆老式自行车，透露出浓厚的生活气息。南天井则是建筑内院，连接一、二进建筑与厢房。光线也在这条轴线上明暗交替转换。

从前厅东侧出入口走进东院，映入眼帘的是有一口古井的天井。光从天井洒落在厢房披檐上，披檐上的嫩草挂着露珠，闪闪发光，透出安静祥和的气氛。东院由一、二进建筑，居中天井及附房组成。一进建筑二层三开间木结构，楼梯位于天井西侧走廊。二进建筑三层四开间木结构，建筑高度随山势递增。下店上住、前店后坊的建筑格局仍依稀可寻。

参观指南

建筑现状为私人住宅，出租使用，不对外开放。

地铁 5 号线 /7 号线至 [江城路] 站或 7 号线至 [吴山广场] 站或公交 308/39/287/71/195 路至 [鼓楼] 站。

---

① 杭州市历史建筑保护管理中心：《杭州市历史建筑构造实录（公共篇）》，西泠印社出版社，2016，第 143 页 .

② 朱养心膏药店百度百科介绍：https://baike.baidu.com/item/%E6%9C%B1%E5%85%BB%E5%BF%83%E8%86%8F%E8%8D%AF%E5%BA%97%E6%97%A7%E5%9D%80?fromModule=lemma_search-box.

③ 同①.

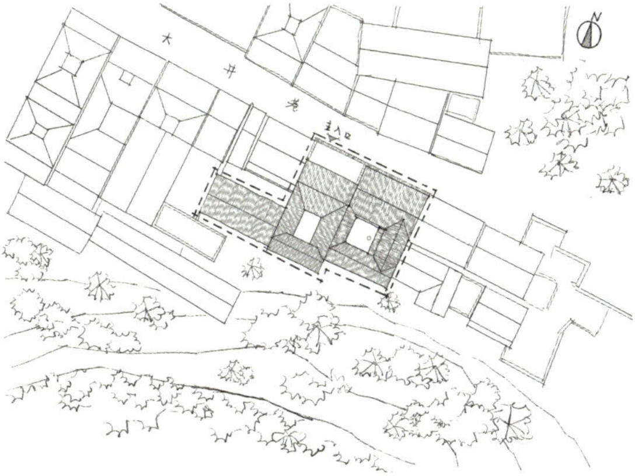

朱养心膏药店旧址总平面示意图
俞雯洁　绘

西院入口实景照片
俞雯洁　摄

东院天井实景照片
俞雯洁　摄

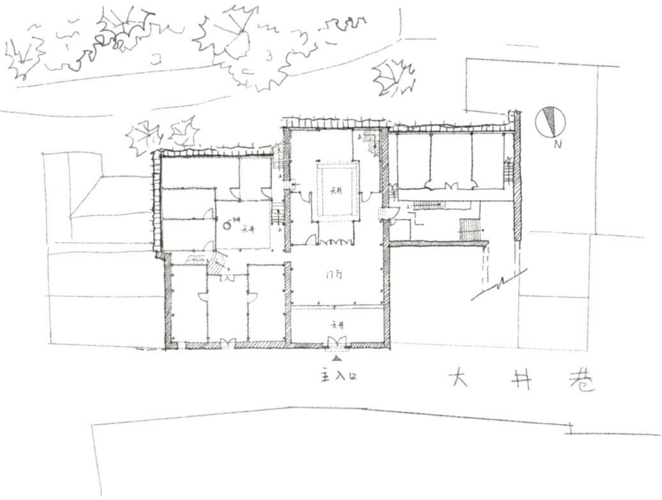

朱养心膏药店一层平面示意图
俞雯洁　绘

30 胡雪岩旧居

建筑名称：胡雪岩旧居
建筑地点：浙江省杭州市上城区元宝街 18 号
建成年代：清同治十一年（1872）
保护等级：全国第六批（2006）重点文物保护单位（胡庆余堂（含胡雪岩旧居））
建筑规模：约 5815 平方米

俞雯洁 摄

建筑名称：胡雪岩旧居（本书编号：30）
建筑地点：浙江省杭州市上城区元宝街 18 号
建成年代：清同治十一年（1872）
保护等级：全国第六批（2006）重点文物保护单位（胡庆余堂（含胡雪岩旧居））
建筑规模：约 5815 平方米

胡雪岩旧居位于杭州市河坊街、大井巷历史文化保护区东部的元宝街，建于清同治十一年（1872），是一座既富有中国传统建筑特色又颇具西方建筑风格的宅第。整个建筑南北长东西宽，占地面积 7199.28 平方米，建筑面积 5815 平方米。[①]

光绪十一年（1885）胡雪岩逝后，此宅几经易主，年久失修又遭人破坏，正厅、红木厅、楠木厅、花厅一、花厅二等多数建筑物已被拆毁，夷为废墟，芝园内的大假山被削去顶部，水池子亦被填平，其上建成为钢筋混凝土结构的厂房，毁坏十分严重。1999 年年初，杭州市人民政府决定修复胡雪岩旧居[②]。

胡雪岩旧居从建筑风格上看，是中西合璧近代建筑式样。建筑有彰显江南建筑风格的白墙青瓦马头墙和中式建筑的雕梁画栋，也在细节处使用彩色玻璃窗户等。

在布局上，建筑整体为非对称布局，分为西、中、东三部分。西部是以延碧堂为中心的园林，中部是以多进轴线分布的厅堂合院，东部是居住建筑群，形成“西园、中厅、东宅”的格局。西部园林名为“芝园”，园中有亭十三、厅堂十二、曲廊十二，楼三、阁一、桥四、假山水池四[③]。从照厅西侧廊道到达芝园入口，映入眼帘的是清澈的水面倒映着晴雨亭，栈道将水面一分为二，在视觉上扩大了水面面积。园内水面与空间相互渗透，北侧低处造厅堂，南侧依山建楼阁，傍水立亭轩，假山上的御风楼是园内最高点，从地面向上望去，山水、建筑、天空形成一幅风景画。中部合院轴线上，轿厅、正厅（即百狮楼）、四面厅与天井庭院相互穿插，在空间上创造出大小明暗变化的韵律感。东部居住区建筑分布则更加复杂，无明显轴线，房间之间形成不同功能的院落，各行其职。胡雪岩旧居的一大特色正是在于它的庭院布置，大大小小的庭院分散在园子各个角落，看似杂乱无章，实则颇有韵味。建筑前后廊将庭院连接起来，使其隔而不分，漫步其中，庭院深深，或小巧精致，或开阔大气，阳光透过天井洒落，光影交织，营造出宁静而又神秘的氛围。

参观指南

可参观，游客需购票进入。

地铁 5 号线 /7 号线至 [江城路] 站或公交 352/327/71/84/139 路至 [胡雪岩故居] 站。

---

① 胡雪岩故居百度百科介绍：https://baike.baidu.com/item/%E8%83%A1%E9%9B%AA%E5%B2%A9%E6%95%85%E5%B1%85/427332?fr=ge_ala#4.

② 梁宝华，劳伯敏：《胡雪岩故居遗址考古调查简报》，《古建园林技术》2002 年第 4 期：14.

③ 张志豪：《江南私家园林的建筑艺术营构分析——以胡雪岩故居为例》，《艺术研究》2020 年第 4 期：12-13.

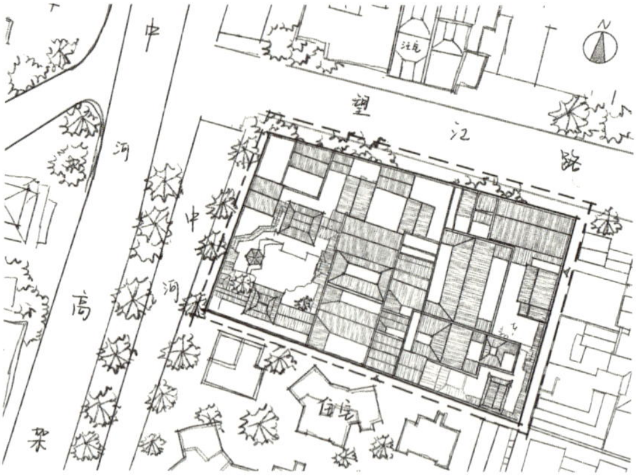

胡雪岩旧居总平面示意图

俞雯洁 绘

天井两侧木雕石雕实景照片

俞雯洁 摄

彩色玻璃窗实景照片

俞雯洁 摄

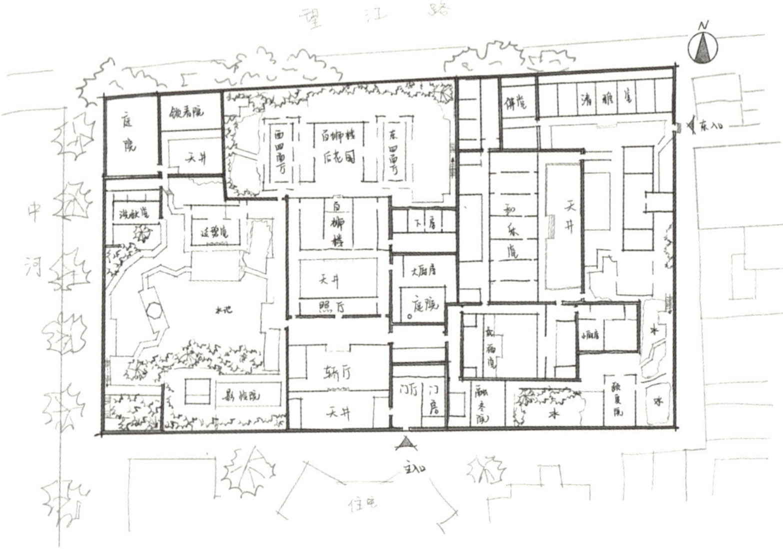

胡雪岩旧居一层建筑平面示意图

俞雯洁 绘

芝园晴雨亭实景照片

俞雯洁 摄

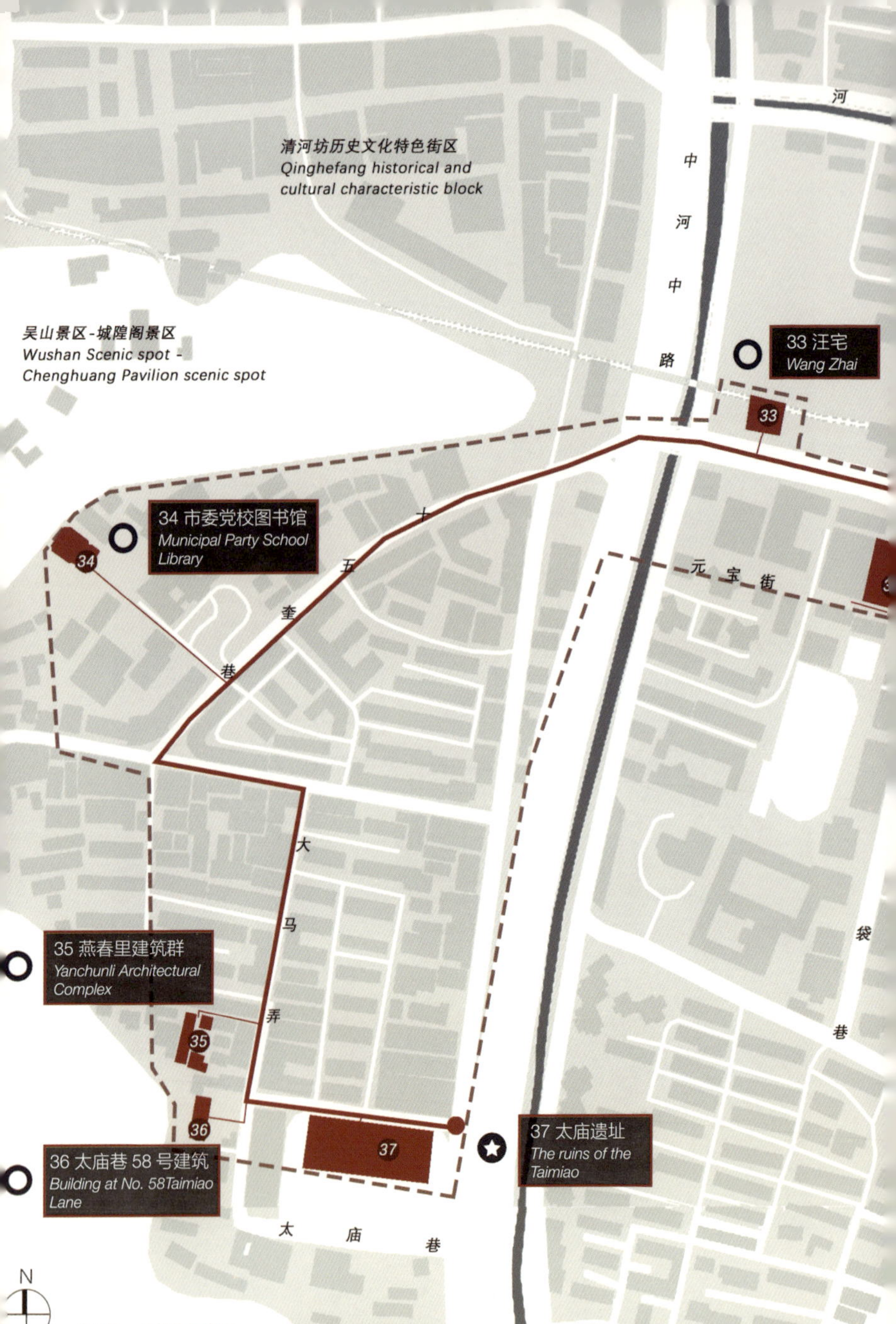

清河坊历史文化特色街区
Qinghefang historical and cultural characteristic block
河
中河中路
吴山景区-城隍阁景区
Wushan Scenic spot - Chenghuang Pavilion scenic spot
33 汪宅
Wang Zhai
33
34 市委党校图书馆
Municipal Party School Library
34
大五奎巷
元宝街
大马弄
35 燕春里建筑群
Yanchunli Architectural Complex
35
36
36 太庙巷 58 号建筑
Building at No. 58Taimiao Lane
37
37 太庙遗址
The ruins of the Taimiao
太庙巷
袋巷
N

城南线 • 线路二示意图

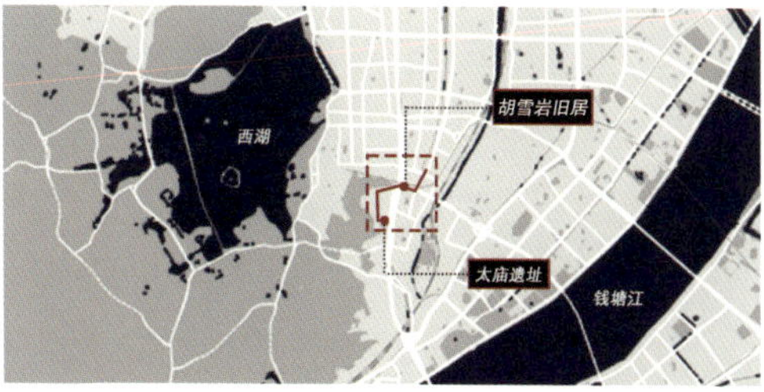

本条线路出发点为 5 号线 [江城路站]，一路向南，参观建筑主要集中在太庙社区附近。整条线路参观建筑与近现代杭州建筑风貌有关，反映杭州近现代的建筑发展。在参观建筑的同时，经过十五奎巷和大马弄，可以感受当下老杭州人的市井生活。线路总长 2 千米，预计步行时长 37 分钟，沿线的建筑有：

31 建国南路建筑群
Jianguo South Road Architectural Complex
浙江省杭州市上城区建国南路 115、117、119、121、123 号

32 朱智故居
Zhu Zhi's former residence
浙江省杭州市上城区元宝街 1 号

33 汪宅
Wang Zhai
浙江省杭州市上城区望江路 266 号

34 市委党校图书馆
Municipal Party School Library
浙江省杭州市上城区十五奎巷 99 号

35 燕春里建筑群
Yanchunli Architectural Complex
浙江省杭州市上城区燕春里

36 太庙巷 58 号建筑
Building at No. 58Taimiao Lane
浙江省杭州市上城区太庙巷 58 号

37 太庙遗址
The ruins of the Taimiao
浙江省杭州市上城区太庙遗址广场内

全国重点文物保护单位
National key protection units

省级文物保护单位
Provincial key protection units

市县级文物保护单位
Municipal key protection units

建筑考察路线
Building Inspection Route

31 建国南路建筑群

建筑名称：建国南路建筑群
建筑地点：浙江省杭州市上城区建国南路 115、117、119、121、123 号
建成年代：民国
保护等级：浙江省第八批（2022）文物保护单位
建筑规模：约 418 平方米

俞雯洁 摄

建筑名称: 建国南路建筑群（本书编号: 31）
建筑地点: 浙江省杭州市上城区建国南路 115、117、119、121、123 号
建成年代: 民国
保护等级: 浙江省第八批（2022）文物保护单位
建筑规模: 约 418 平方米

建国南路 115、117、119、121、123 号建筑群位于五柳巷历史文化街区内，东临历史建筑云集的建国南路。这条道路位于老城区东首，纵贯杭州市内最中心的两个行政区——上城区、下城区，全长 5.2 千米。在 20 世纪，这条名为“东街”“东大街”或“东街路”的城市道路，与“西街”“西大街”（今武林路）的道路各踞老城区一隅，成为沟通城区南北的主要道路。①

建国南路建筑群基本建于民国时期，蕴含着那个时代的建筑风格，是一个地区、一个时代的生活缩影，是游客体验民国杭州风韵的不二之选。

作为建国南路上保存较为完好的历史建筑群之一，该建筑群由东、西两栋二层房屋组成。建筑群中间巧妙地设计了一个天井，使得整个建筑群在保持私密性的同时，也兼具了通透感和开放性。东边的房屋是私人住宅，而西边的则是一处公房。②

两栋房屋均为砖木结构，展现了中国传统建筑技艺的精湛与独特，呈现出一幅古朴而庄重的画面。每栋建筑均为两层五开间，是杭州传统民居的典型形式。屋顶采用了中国传统民居常用屋顶——硬山顶，其上覆盖小青瓦，在悬铃木的掩映下，为整个建筑群增添了一抹宁静与古朴的气息。

该建筑群具有较为明显的中西合璧近代式样风格。在二层，两栋房屋都设有前廊，廊上设置了罗马式栏杆（罗马柱栏杆：是一种建筑装饰元素，由柱子和栏杆组成。柱子是支撑结构的主要元素，栏杆则是柱子之间的横向连接部分。罗马柱栏杆的设计风格和形式多种多样，常见的有多柱式、单柱式、方柱式、圆柱式等。），西楼的柱间和檐下还保留有部分精美的雕花，这些雕花工艺精湛，图案繁复，充满了艺术气息，也是民国时期传统民居建筑的典型特点之一。部分建筑仍作为商铺使用，是“前店后宅”之传统生活方式的现代演绎。

参观指南

建国南路沿街，115 号为书画室，117 号和 119 号为私人住宅，121 号一层为理发店，二层为私人住宅。除私人住宅外均可参观。

地铁 5 号线 /7 号线至 [江城路] 站或公交 3 路至 [斗富三桥] 站。

---

① 《杭州建国路④：市井文化浓郁的城市干道》，杭州党史方志：https://mp.weixin.qq.com/s/_2U_VRTnVI-0a2vSOkg5iw.

② 杭州市文物遗产与历史建筑保护中心介绍：http://www.singdo.org/libao/luelan_disp.php?luelan_id=931.

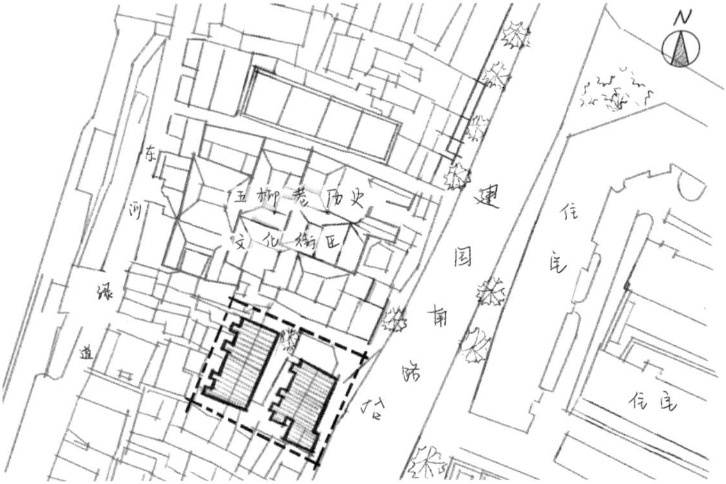

建国南路建筑群总平面示意图

赵佳晨 绘

建国南路建筑群东立面示意图

赵佳晨 绘

32 朱智故居

建筑名称：朱智故居
建筑地点：浙江省杭州市上城区元宝街 1 号
建成年代：清末民初
保护等级：浙江省第八批（2023）文物保护单位
建筑规模：2843.17 平方米

徐俊扬　摄

建筑名称：朱智故居（本书编号：32）
建筑地点：浙江省杭州市上城区元宝街 1 号
建成年代：清末民初
保护等级：浙江省第八批（2023）文物保护单位
建筑规模：2843.17 平方米

朱智故居是个庞大的建筑群，其位置在望江路南侧，东临金钗袋巷，南接元宝街，中轴线入口现为元宝街 1 号。为杭州典型的清代江南官宦宅邸。清光绪七年（1851），朱智告老还乡后修建朱府，又称“振宜堂”。故居为庞大的建筑群，坐北朝南，由西、中、东三条轴线多重院落及花园横向套接而成。大门位于中轴线南端，元宝街和金钗袋巷各有一侧门。三个院落间由封火山墙分隔，两侧设有小门相通。①

故居平面布局以院为特征。中轴线位于元宝街 1 号，为三进院落，从南到北依次为门厅、轿厅、大厅②，主体建筑间由连廊相连。门厅及西侧厢房为三开间，轿厅为“凹”字形平面。大厅呈“H”形平面，设前后廊。中轴线保存较完整，建筑局部受近代西方风格的影响，如楼梯栏杆为车木（车木：一种古老的民间传统手工工艺，《营销法式》里面就有关于“旋木”的记载，“旋木”实际上就是“车木。）立柱式雕花，踏跺侧装饰木雕卷草纹，挂落等雕刻精美。③

西轴线位于元宝街 4 号，亦采用三进院落式布局，自南向北依次为前厅、旧厅。前厅开石库门与中轴线相连。东轴线上分布有鸳鸯厅、楼厅、灶披。④金钗袋巷与东轴线建筑之间为府第的花园。花园内建筑与东轴线之间用连廊相连。从建筑外部看，整个建筑群外立面为黑瓦白墙，呈现出典型的江南传统民居典型特征。从建筑总平面上看，整个建筑群主要功能用房基本上通过檐下空间和连廊实现连接，便于雨天故居内人们的通行。

参观指南

朱智故居经过多次修缮后，如今为中国社区建设展示中心（开放时间为周一至周六 9：00−16：30，周日闭关）。
公交 WE1314/71/84/139/352 路 / 婺江路地铁站至动物园接驳线至 [胡雪岩旧居] 站。

---

① 杭州市文物遗产与历史建筑保护中心介绍，https://mp.weixin.qq.com/s/4dv8TtKyl_ZngOLbGwNc6A.
② 上城区文保单位“四有”建档测绘案例分享：朱智故居，https://mp.weixin.qq.com/s/BJeSXlxPCYfWyFODwUmzuA.
③ 同①.
④ 同①.

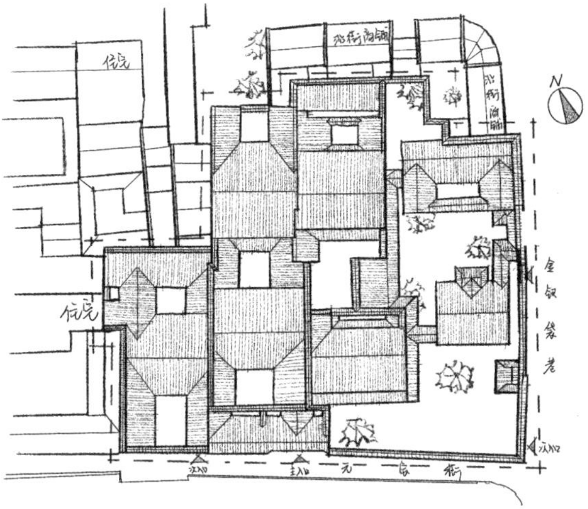

朱智故居总平面示意图

徐俊扬 绘

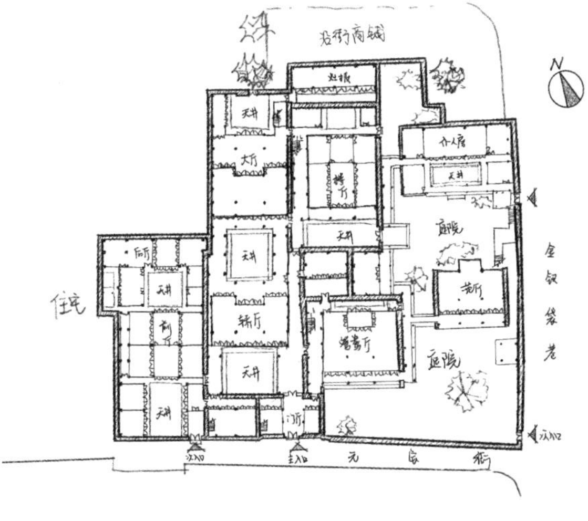

朱智故居一层平面示意图

徐俊扬 绘

33 汪宅

徐俊扬 摄

建筑名称：汪宅
建筑地点：浙江省杭州市上城区望江路 266 号
建成年代：清末民初
保护等级：杭州市第三批（2019）文物保护单位
建筑规模：1300 平方米

建筑名称：汪宅（本书编号：33）
建筑地点：浙江省杭州市上城区望江路 266 号
建成年代：清末民初
保护等级：杭州市第三批（2019）文物保护单位
建筑规模：1300 平方米

汪宅位于杭州市上城区望江路 266 号，为清代胡雪岩账房先生汪秉衡所建。其位置在望江路的北侧，与胡雪岩旧居隔街相望，西侧与靴儿河下 6–3 号（杭州市第四批历史建筑）隔墙相邻，北侧紧邻南宋德寿宫遗址博物馆。为杭州地区晚清时期典型的合院式宅第民居，较好地反映了杭州市历史文化内涵。[①]

该建筑初建于清朝咸丰三年（1853），为汪氏一族所居，篆刻家吴昌硕也曾居于此[②]，建成时有完整居住院以及一座花园，后来逐渐破败。在过去的一个多世纪中，它历经多次战乱与火患。抗日战争期间，南端的门楼被烧毁。花园部分于 1958 年前被拆毁，厨房部分也屡次遭受火灾，原天井隔墙上"凤舞牡丹"图案的镂空砖雕已被完全毁坏。2004 年，民居又遭火灾，第一进院落两侧厢房被烧毁，火灾后按原貌进行修复。[③] 现仅存正厅、后楼以及花厅、厨房等四处建筑。

汪宅主要建筑物分别布置在东西两条轴线上，东西各为两进院落，东西两轴建筑间用封火山墙相隔。建筑主入口和主体建筑位于西轴线上，包括正厅、天井、后楼，均为三开间二层建筑，屋面为小青瓦硬山顶。[④]

正厅位于西轴线的第一进院落内，呈走马楼形式，梁架结构采用抬梁式，前带轩廊（东侧通往花厅），檐下均有雕刻精细的牛腿，隔扇、栏杆也雕饰精细。西轴线最北面为后楼，其屋面出檐小于正厅。[⑤] 正厅与后楼间形成天井，天井内有院墙分隔，将天井分成正厅后天井和后楼前天井两部分，空间层次丰富。后楼前天井的东侧可通往建筑二层和厨房。花厅位于正厅的东侧，梁架结构亦采用抬梁式，前有天井，建筑前带有檐廊。最东侧有通往二层的楼梯。厨房位于花厅后的北进院落内，为单坡顶，建筑两侧带有走廊，便于人们进出。东侧花园内，有假山，亦可以通往二层。

如今，汪宅在修缮恢复原状后，于 2011 年在此基础上与靴儿河下 6–3 号一同建设成为杭州市方志馆望江馆区，以公共建筑的形式再次展现在游客面前，讲述着杭州特有的历史文化。

参观指南

开馆时间：周二—周日 9：00–16:30，16:00 后停止入馆，周一闭馆。

公交 WE1314/71/84/139/352 路 / 婺江路地铁站至动物园接驳线至 [胡雪岩旧居] 站。

---

① 杭州市文物遗产与历史建筑保护中心介绍，http://z1.singdo.org/libao/luelan_disp.php?luelan_id=284.

② 张宇洲 . 百年汪宅要变方志馆　杭州探索文物建筑合理利用之路 . 浙江新闻客户端（浙江日报报业集团）. 2016-05-03.

③ 同①.

④ 马时雍：《杭州的古建筑　第 1 版》，杭州出版社，2001，第 31 页 .

⑤ 同④.

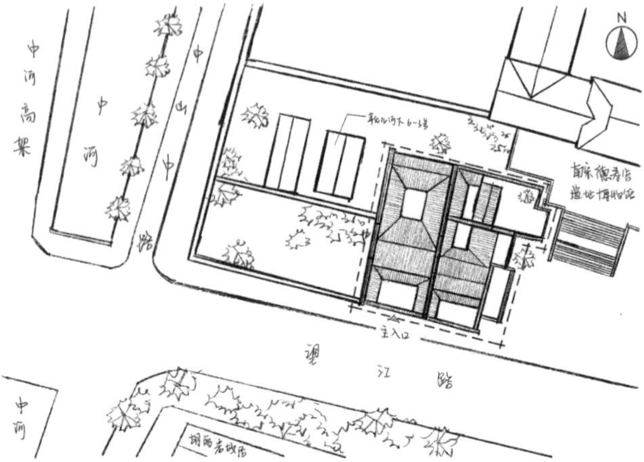

汪宅总平面示意图

徐俊扬 绘

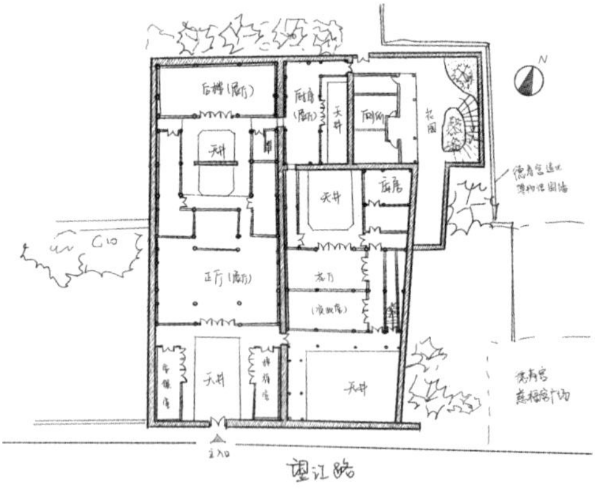

汪宅现状一层平面示意图

徐俊扬 绘

天井屋檐局部实景照片

徐俊扬 摄

方志馆街角实景照片

徐俊扬 摄

说明：目前，汪宅内的主要功能用房正厅、后楼和厨房作为展厅使用，花厅在进深方向进行分割，前半部分为资政堂，花厅所形成的小院落相对私密，为办公人员所用。

34 市委党校图书馆

建筑名称：市委党校图书馆

建筑地点：浙江省杭州市上城区十五奎巷 99 号

建成年代：民国

保护等级：杭州市第三批（2007）历史建筑

建筑规模：约 1260.05 平方米

赵佳晨 摄

建筑名称：市委党校图书馆（本书编号：34）
建筑地点：浙江省杭州市上城区十五奎巷 99 号
建成年代：民国
保护等级：杭州市第三批（2007）历史建筑
建筑规模：约 1260.05 平方米

该历史建筑位于杭州上城区十五奎巷 99 号，坐落于吴山半山坡上。顺着高高的台阶向上望去，主体是一幢三层楼、带西洋风格的建筑。这里原是杭州市委党校的图书馆，现为杭州市滑稽剧院排练场，正大门上方挂着一块“艺海楼”牌匾。

在此楼门旁的文保标志牌上，标注着众多的文保名称，有“市委党校图书馆”（2007 年杭州市人民政府所立）、“浙江省红十字会杭州救济中心旧址”（杭州市园文局 2015 年所立）等。该建筑曾为杭州市红十字会房产，先后被用于杭州市红十字会办公处、中医施诊所、西医门诊所施材所及员工宿舍。

建筑为混凝土结构的三层公共建筑。外立面为水泥砂浆勾缝墙面，屋面为平屋顶，檐口下有数个钢筋混凝土仿斗拱式的装饰构件，颇具特色。建筑内部呈中轴对称，主体是一八角形书库（剧场），三层通高，各层四周均有带圆柱的敞廊。[①]

市委党校图书馆平面呈“Ω”形中轴对称，分别由门厅、楼梯间、大堂纵向套接而成。门厅正中设有大门。大堂八角，共用 14 根柱，柱下设柱础。大堂三层通高，一层北面局部抬高设舞台，面积 55.51 平方米，二层与三层四周均有带圆柱的敞廊，圆柱间用栏杆连接。[②] 这样的平面构成使得它不需要大改动就能适应多样功能的需求，因此在漫漫时光中经历了多次建筑使用功能改变。

建筑外沿施一素平窄边，拱门两侧各设两樘两开平窗，居中辟三樘较窄的平开窗，建筑出檐较大，檐下倚壁面以水泥隐出正心瓜拱及坐斗，并雕出耍头（最上一层拱或昂之上，与令拱相交而向外伸出如蚂蚱头状的部分叫耍头），斗拱排列规整，成为檐部简朴的装饰。建筑东西两侧及北面墙体每层皆辟平开窗。[③]

值得一提的是，通过查阅资料发现，“浙江省红十字会杭州救济中心旧址”的定位可能有误：杭州市档案局的原始手写档案清楚显示，“世界红卍字会杭州分会”确定无误，在后来打印的资料中，“红卍字会”则被打印成了“红十字会”。推测或许“卍”字符号打字机打不出来，或许当年工作人员比较粗心，便将“红卍字会”打成了“红十字会”。后来因红卍字会消失、红十字会兴起，便相沿旧错直至今日。[④]

自建成以来，这幢位于山坡上的历史建筑历经风雨却始终不倒，原因正是其一直在使用中，就像是“剧场”容纳着众生戏剧，出演着人生百态。

参观指南

现为杭州艺苑，可参观。

地铁 7 号线至 [吴山广场] 站或公交 WE1314/4 快 /4/7W8/25/35/40/59/187/275/510/8208/8212 路 / 延安路摆渡线至 [吴山广场北] 站。

---

① 杭州市文物遗产与历史建筑保护中心介绍，http://z1.singdo.org/libao/luelan_disp.php?luelan_id=174.
② 杭州市历史建筑保护管理中心：《杭州市历史建筑构造实录（公共篇）》，西泠印社出版社，2016，第 383 页 .
③ 同 ②，第 384 页 .
④ 孟蕾：《“浙江省红十字会杭州救济中心旧址”考正》，《杭州（党政刊）》2018 年第 12 期：56.

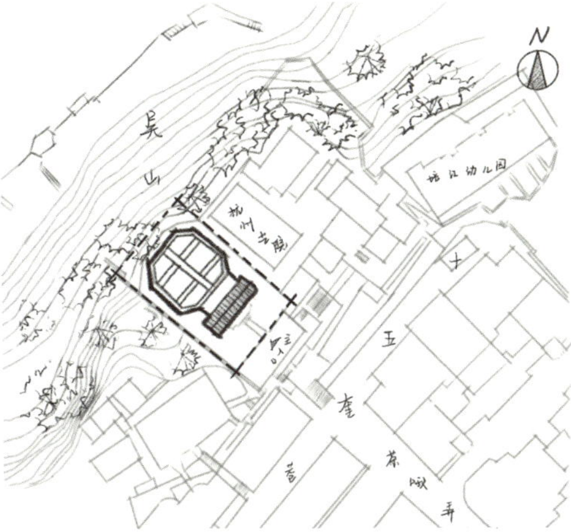

市委党校图书馆总平面示意图

赵佳晨 绘

外围墙体实景照片

赵佳晨 摄

建筑主入口实景照片

赵佳晨 摄

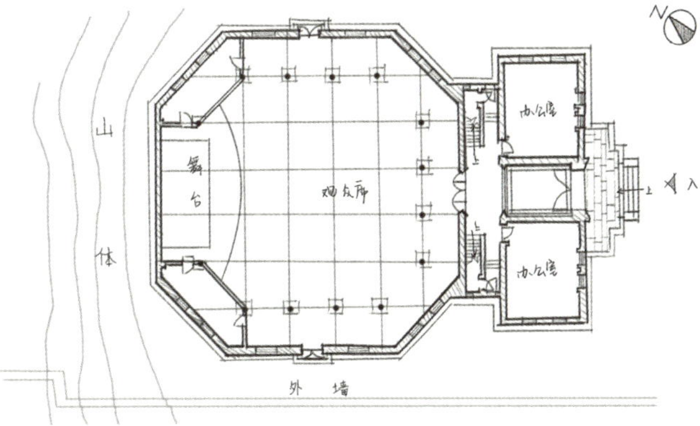

原市委党校一层平面示意图

赵佳晨 绘

说明：市委党校图书馆为砖混结构建筑，由砖墙及 14 根钢筋混凝土柱承重，外墙一层为 420 毫米厚砖墙，一层以上为 280 毫米厚砖墙，楼面、屋面、楼梯均采用钢筋混凝土结构。这种结构形式在当时较先进，这也是其能够一直使用并保存至今的重要原因之一。

35 燕春里建筑群

建筑名称：燕春里建筑群
建筑地点：浙江省杭州市上城区燕春里
建成年代：20 世纪 30 年代
保护等级：杭州市第三批（2007）历史建筑
建筑规模：占地面积 1010 平方米

徐俊扬 摄

建筑名称：燕春里建筑群（本书编号：35）
建筑地点：浙江省杭州市上城区燕春里
建成年代：20 世纪 30 年代
保护等级：杭州市第三批（2007）历史建筑
建筑规模：占地面积 1010 平方米

燕春里建筑群位于杭州市上城区太庙社区内，北接丁衙巷，由燕春里 1–9 号、11 号和瑞石亭 5 号组成。该建筑群由门户独立又彼此相联的多个单元组成，体现了后期经济型广式里弄建筑的演化历程，为御街二十三坊中唯一的石库门建筑群。① 建筑的主入口分布在燕春里小巷两侧，设有“燕春里”石刻标识。

燕春里建筑群建于 20 世纪 30 年代，最初用作国民党浙江保安司令部的宿舍，新中国成立后建筑归为国有，但大多数住户仍采用租赁形式居住，少数为私宅，其中 9 号曾被作为一私人药厂使用，建筑群内部功能逐渐混乱。建筑风格主要有两种：瑞石亭 5 号为两层中式木结构建筑，燕春里 1–9 号和 11 号为两幢联排石库门建筑。

从外立面上看，西侧建筑的单元入口采用水刷石石库门，门楣上有精美的浮雕花饰。② 入口石库门用水泥砂浆勾出门框，上面嵌有小颗粒的卵石；门楣上有涡卷式样的石雕，左右对称，中间则是凹凸不平的抹面，体现中西合璧的特点；门扇采用木制门，上面有铜狮式样的两个把手。

以西侧为例，进入建筑单元，石库门内有一小天井，天井后为两层砖木结构住宅建筑，屋顶采用两坡硬山顶。建筑开间为 3.3 米，进深约 13 米，呈狭长形。建筑一层为公共使用部分，从入口进入，依次为“正厅—楼梯间（现厨房布置在楼梯间下方）—杂物间（现作为卫生间，原为厨房）”。建筑二层为居民私人生活区，主要为卧室区，二层西侧有露台，带水泥栏杆。

小巷内地面为方砖与青砖间隔铺贴。石库门的墙体采用青砖砌筑，硬山墙面则进行了抹灰处理。现如今，燕春里建筑群依然为民居。

参观指南

建筑群小巷可游逛，但住宅建筑内部谢绝游客参观。

公交 8/13/39/66/139/195/198/283/287/308/352/7280/7295/8208/8230/8514 路 / 婺江路地铁站至动物园接驳线至 [上仓桥] 站。

---

① 杭州市文物遗产与历史建筑保护中心云端档案介绍：http://z1.singdo.org/libao/luelan_disp.php?luelan_id=172.

② 同①.

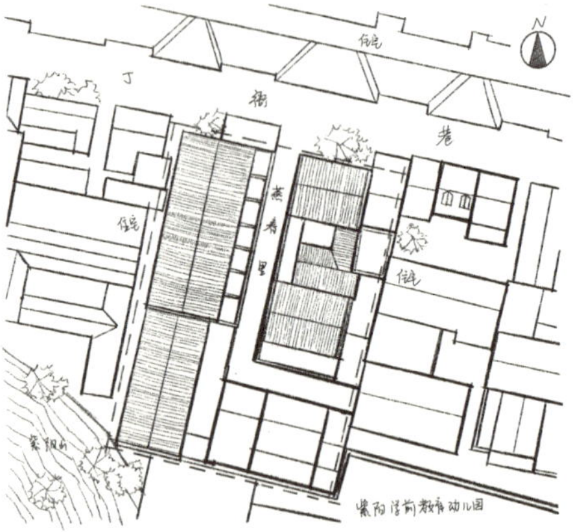

燕春里建筑群总平面示意图
徐俊扬 绘

石库门入口实景照片
徐俊扬 摄

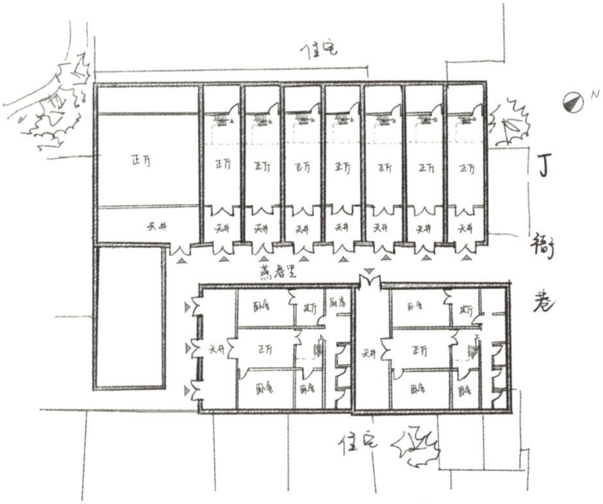

燕春里建筑群现状一层平面示意图
徐俊扬 绘

说明：建筑朝巷弄开口，西侧建筑东西向多为一开间一户，东侧建筑南北向为三开间建筑，入口处在建筑主体间设置天井，增加空间层次。

36 太庙巷 58 号建筑

建筑名称：太庙巷 58 号建筑
建筑地点：浙江省杭州市上城区太庙巷 58 号
建成年代：20 世纪 50 年代
保护等级：杭州市第六批（2014）历史建筑
建筑规模：1396.68 平方米

俞雯洁 摄

建筑名称: 太庙巷 58 号建筑（本书编号: 36）
建筑地点: 浙江省杭州市上城区太庙巷 58 号
建成年代: 20 世纪 50 年代
保护等级: 杭州市第六批（2014）历史建筑
建筑规模: 1396.68 平方米

太庙巷 58 号建筑原为江干区文化馆，东临太庙巷，西侧为吴山景区。该建筑建于 20 世纪 50 年代，是一幢近代文教建筑。建筑现总占地面积 466.24 平方米，总建筑面积 1396.68 平方米。[①] 该建筑为杭州市砖拱薄壳结构三处试验房之一，具有重要的科学价值，中式建筑风格中融入了西方的建筑风格特征，是中西方建筑文化交融的产物，显示出了时代特色，具有历史意义[②]。

从建筑外观看，建筑坐西朝东，由南中北三段构成。原建筑中段为三层，南北两侧对称布置二层建筑（现改成三层）。中段建筑正脊为东西走向，东侧采用歇山顶，西侧为硬山顶，两侧建筑屋顶形制不同，推测可能与东侧为沿街立面、西侧朝山体有一定关系。南北两侧的建筑屋脊为南北向，外侧采用歇山顶。建筑一层设置外廊，廊柱柱头刻有和平鸽，外立面为灰墙白色柱廊，棕色木质门窗，带有典型的苏式建筑风格。[③] 建筑二层设置外侧阳台。

从建筑结构看，建筑主体为三层砖混结构，一层和二层的天花板上吊顶采用双曲面砖拱薄壳结构，三层的顶部为大空间穹顶结构，比较壮观。在南北两侧建筑的通廊内采用砖砌筒拱的做法。此外，拱顶上的同心圆光环、角饰和灯环等浮雕构图匀称，线条柔美，层次分明，具有较高的艺术价值，也能反映当时的时代特征。[④]

从建筑平面看，该建筑呈矩形对称布局，面阔九间。中间进深与南北两侧相比较大，南北两侧建筑设有前廊。建筑内房间分布在走廊的东西两侧。主要的垂直交通位于中厅的后半部，南北端头各有一部楼梯。

2011 年 8 月，该建筑进行了整体加固修缮，目前用作紫阳幼儿园教育用房，作为公共建筑，发挥着重要作用。

参观指南

建筑位于幼儿园内部，不对外开放。
公交 8/13/39/66/139/195/198/283/287/308/352/7280/7295/8208/8230/8514 路 / 婺江路地铁站至动物园接驳线至 [上仓桥] 站。

---

① 杭州市文物遗产与历史建筑保护中心介绍，http://z1.singdo.org/libao/luelan_disp.php?luelan_id=267.
② 杭州市历史建筑保护管理中心:《杭州市历史建筑构造实录（公共篇）》，西泠印社出版社，2016，第 402-406 页 .
③ 同 ②.
④ 同 ①.

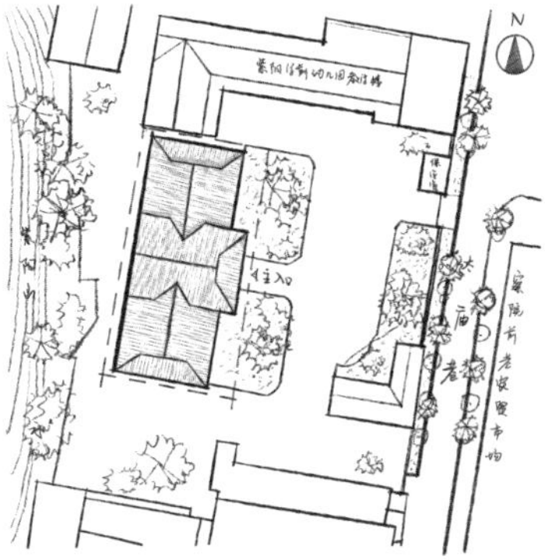

太庙巷 58 号建筑总平面示意图

徐俊扬　绘

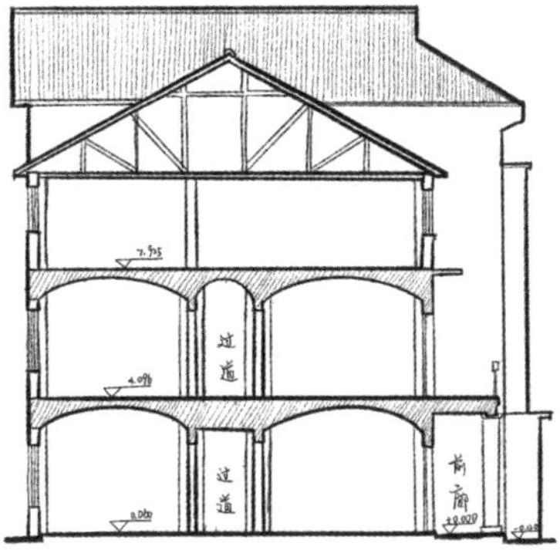

A-A 剖面示意图

徐俊扬　绘

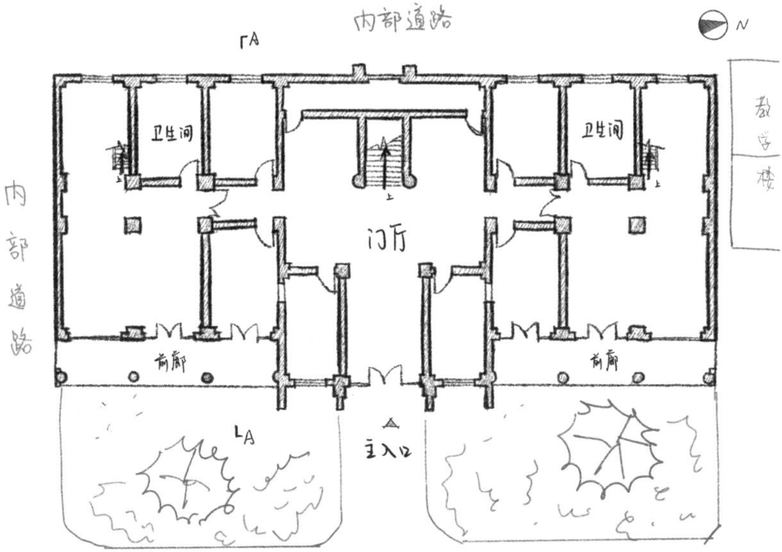

太庙巷 58 号建筑一层现状平面示意图

徐俊扬　绘

37 太庙遗址

建筑名称：太庙遗址
建筑地点：浙江省杭州市上城区太庙遗址广场内
建成年代：始建于南宋绍兴四年
保护等级：全国第五批（2014）重点文物保护单位
建筑规模：约 1000 平方米

徐俊扬 摄

建筑名称：太庙遗址（本书编号：37）
建筑地点：浙江省杭州市上城区太庙遗址广场内
建成年代：始建于南宋绍兴四年
保护等级：全国第五批（2014）重点文物保护单位
建筑规模：约 1000 平方米

太庙遗址位于杭州市太庙遗址广场内，原为南宋皇帝祭祀祖先的家庙，是临安城遗址这一全国重点文物保护单位的重要组成部分之一。其位置在中河南路的西侧，南临太庙巷，西接察院前巷农贸市场，北侧为察院前巷。

该遗址的发现与杭州市的城市建设有着一定关系。在遗址发现前，该地为紫阳小区的建设工地。1995 年 5–9 月，杭州市文物考古所对该遗址进行了发掘，发现了南宋太庙的东围墙、东门门址和大型夯土台基等重要建筑遗迹。①

该遗址是我国发现的时代最早的皇家太庙遗址。尽管考古发掘尚未揭示太庙全貌，但已可见南宋太庙的规模和气势，以及营造工艺水平的高超。太庙遗址的发现填补了南宋临安城考古缺乏城市格局和代表性建筑这一空白。② 该遗址的发现被国家文物局评为 1995 年度全国十大考古新发现。由此可见太庙遗址的重要性。

为了保护这一南宋时期重要的文化遗址，杭州市政府对遗址上已经动工的紫阳小区进行叫停。1995 年年底又对已经进行考古发掘的太庙遗址进行覆土回填的保护，并在此建设南宋太庙遗址广场，为市民和游客提供交流的休闲空间。

整个太庙遗址广场以一段介绍太庙遗址的墙体为中心，呈中轴对称。广场周围分布着众多住区和社区服务点，使广场成为周边市民日常休闲娱乐的场所。

虽然我们无法亲眼看到太庙当年的壮观，但是在广场靠近察院前巷农贸市场的一侧，有一处文物遗迹——石柱础。该石柱础基座为正方形，上方鼓座上雕刻有蟠龙云纹。即使历经岁月，石柱础略有磨损，但仍能感受到南宋皇家的威严。柱础上方的圆环可看出柱子的粗壮，也是皇家威严的一种体现。

参观指南

如今广场的北侧部分被工地所包围，而广场的其他部分仍被市民和游客所使用，古遗址仍作为城市居民生活中的一个重要组成部分发挥着它的价值。

公交 8/13/39/66/139/195/198/283/287/308/352/7280/7295/8208/8230/8514 路 / 婺江路地铁站至动物园接驳线至 [上仓桥] 站。

---

① 杭州市文物遗产与历史建筑保护中心介绍，http://www.singdo.org/wenbao/luelan_disp.php?luelan_id=41.

② 同①.

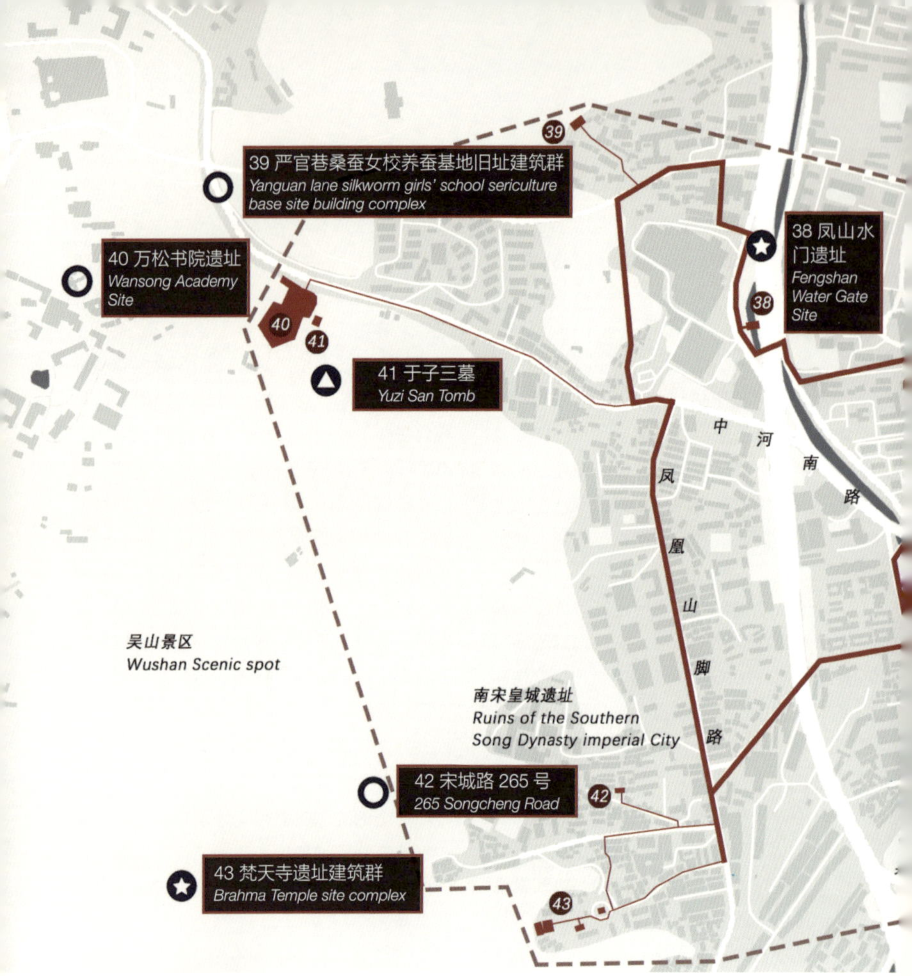

全国重点文物保护单位
National key protection units

省级文物保护单位
Provincial key protection units

市县级文物保护单位
Municipal key protection units

建筑考察路线
Building Inspection Route

本条路线的出发点为候潮门地铁站，先向北后向南，最后去往海潮寺。该线路串联的是位于城市外部的散点建筑，因此整条路线较长，更适合骑行。路线总长 9.66 千米，预计步行 + 骑行时间 48 分钟，沿线的建筑有：

38 凤山水门遗址
Fengshan Water Gate Site
浙江省杭州市城南凤凰山麓

城南线・线路三示意图

39 严官巷桑蚕女校养蚕基地旧址建筑群
Yanguan lane silkworm girls'school sericulture base site building complex
浙江省杭州市上城区严官巷 49–59 号

40 万松书院遗址
Wansong Academy Site
浙江省杭州市上城区万松岭路 81 号

41 于子三墓
Yuzi San Tomb
浙江省杭州市上城区万松岭路万松书院内

42 宋城路 265 号
265 Songcheng Road
浙江省杭州市上城区宋城路 265 号

43 梵天寺遗址建筑群
Brahma Temple site complex
浙江省杭州市上城区梵天寺路 89 号

44 海潮寺
Haichao Temple
浙江省杭州市上城区海潮寺巷 1 号

38 凤山水门遗址

建筑名称：凤山水门遗址

建筑地点：浙江省杭州市城南凤凰山麓

建成年代：元朝

保护等级：全国第七批（2013）重点文物保护单位

建筑范围：长约22.49米

赵佳晨 摄

建筑名称: 凤山水门遗址（本书编号: 38）
建筑地点: 浙江省杭州市城南凤凰山麓
建成年代: 元朝
保护等级: 全国第七批（2013）重点文物保护单位
建筑范围: 长约 22.49 米

凤山水门，位于凤山门东侧，横跨中河，后人因其紧连凤山门（现已不存），故称其为凤山水城门。其为杭州市区唯一保存 600 多年的古城门。沿着中山南路一直往南走，到了和中河路的交会处，就能看到横跨在中河上的凤山水城门遗址。

明清杭州城有十座城门，有一首民谣讲述了十座城门周边的社会、经济生活特色，其中有“正阳门外跑马儿”之说。凤山门外为凤凰山、万松岭一带，旧时习惯在此骑马踏青。[①]

凤山门和凤山水城门，都是元末张士诚割据杭州时所建。元朝初，凤山水城门是扼守运河杭州段通往钱塘江水道的一个调节阀。钱江之水自龙山涌入凤山水门，通过城内阡陌纵横的水道，出武林门水门，和京杭大运河连在一起。[②] 凤山门在辛亥革命光复杭州后的“拆城墙运动”中毁于一旦，凤山水城门却奇迹般地留了下来，但因缺乏保护和管理，水门顶部一度被用来种菜、搭建棚屋，直到新中国成立后才被当作保护建筑重视起来。

凤山水城门由两座不同跨径的石砌拱券并联而成，南面跨径一丈三尺有余，北面一丈七尺，两者之间为石砌方形闸挡，闸挡的后部有石雕门臼，可以启闭闸门。每座拱券的顶部中央，有一块雕有蟠龙的锁石，用以锁住闸门。城上建有一楼可屯兵百余，既可防御敌兵偷袭，又可开闭闸门调节河水。[③] 可惜水城门因年久失修，城楼坍圮，城墙破损，闸石、门扇现皆不存。门洞上方和两侧有城墙，顶部有女墙、垛口。20 世纪治理中河时，按照原水城模样修复，并在其旁辟为公园。公园内有国务院原副总理、原国务委员兼国防部长张爱萍将军题书的“银河双落”石碑一座。

凤山水门已于 20 世纪 80 年代得到修复，虽已非旧貌，但仍可领略到历史的沧桑感。城门两边都已经断头，用植物绿化围了起来。而城门北面，藏青色的石砖残垣静默伫立，转到南面，可以看到刻在拱门上方的“凤山水门”四个字。

城门靠近中山南路这边的断头处，用 2.2 米高的浮雕围了一个圈，浮雕分婚嫁、市井、码头、笔绘四个部分，讲的都是城门边的生活。城门下，有一块保护标志碑。凤山水门于 1986 年列入市级文物保护单位，2011 年列入省级文物保护单位，2013 年作为大运河的一部分列入国家重点文物保护单位，2014 年作为大运河的一部分列入世界遗产名录。

参观指南

建筑外围被绿植包围，局部可参观。

地铁 5 号线至 [候潮门] 站或公交 8/13/66/283/287 路至 [六部桥西] 站或公交 8/13/66/283/8208/8230/8514 路至 [六部桥东] 站。

---

① 浙江民俗学会:《浙江风俗简志》，浙江人民出版社，1986 年 .

②《寻运河十景 游千年画卷》，《杭州（周刊）》2017 年第 18 期: 30-33.

③ 凤山水门 . 杭州市上城区人民政府 . 2008-12-08，http://www.shangcheng.gov.cn/mh_template/zx/content_template/detail.jsp?article_id=20081208000029.

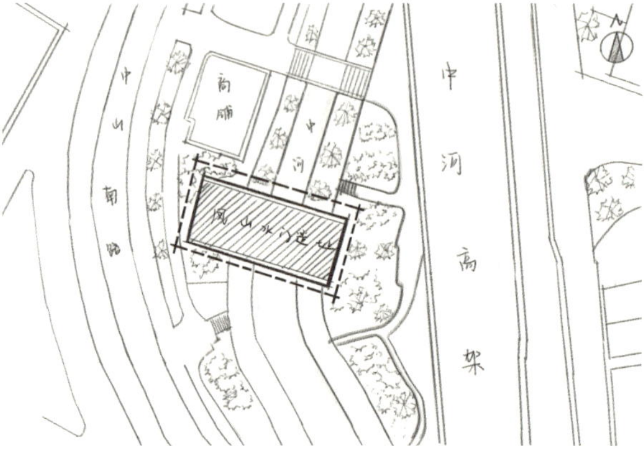

凤山水门遗址总平面示意图
赵佳晨 绘

凤山水门遗址实景照片
徐俊扬 摄

遗址上方场景实景照片
徐俊扬 摄

凤山水门实景照片
赵佳晨 摄

银河双落石碑实景照片
徐俊扬 摄

39 严官巷桑蚕女校养蚕基地旧址建筑群

建筑名称：严官巷桑蚕女校养蚕基地旧址建筑群

建筑地点：浙江省杭州市上城区严官巷 49–59 号

建成年代：民国

保护等级：杭州市第八批（2021）历史建筑

建筑范围：约 474 平方米

赵佳晨 摄

建筑名称：严官巷桑蚕女校养蚕基地旧址建筑群（本书编号：39）
建筑地点：浙江省杭州市上城区严官巷 49–59 号
建成年代：民国
保护等级：杭州市第八批（2021）历史建筑
建筑范围：约 474 平方米

严官巷桑蚕女校养蚕基地旧址建筑群（杭州市上城区严官巷 49–59 号）位于紫阳山麓南，南距南宋皇城约 400 米、北距南宋太庙遗址约 100 米[①]，是一条长不过 200 米、宽约 5 米的小巷。周边旧建筑林立，历史底蕴浓厚。

这个建筑群原为日军在杭州开设的桑蚕女校的养蚕基地，其中 52–59 号建筑为主要的养蚕用房，而 49–51 号则为其附属建筑。这些建筑在解放后成为国有财产，并一直作为住宅使用至今。在 20 世纪 60 年代、70 年代以及 2007 年，这些建筑经历了三次维修。

建筑群中的两幢主要建筑均为二层砖木结构其建筑形式以中国传统建筑为主，小青瓦坡屋顶。主体建筑坐北朝南，采用“L”形平面，面阔五间，进深四间，带有前廊。附属建筑坐西北朝东南，采用“凹”形平面，面阔三间。[②]

该建筑也受到一定西方影响，坡屋顶上设有老虎窗。这些建筑是中国传统建筑与西式建筑风格的结合，展现了民国时期的建筑特色。但是经历了时光的洗练，多次翻修后的建筑群已经开始与历史渐行渐远。

作为日军设置的桑蚕基地旧址，严官巷桑蚕女校养蚕基地旧址建筑群是日军侵华历史的有力佐证。同时，它对研究民国时期杭州桑蚕业的发展历史也具有重要价值，不可忽视。它不仅是杭州地区传统民居建筑风貌的典型体现，也是杭州城市历史发展的重要见证。

参观指南

现为民居，仅建筑室外可参观。
公交 1007 路至 [市肿瘤医院] 站。

---

① 李蜀蕾：《杭州严官巷》，《南宋御街遗址发掘简报》，《杭州文博》，2006 年第 1 期 .
② 杭州文物遗产与历史建筑保护中心介绍，http://www.singdo.org/libao/luelan_disp.php?luelan id=932.

入口处巷道实景照片

赵佳晨　摄

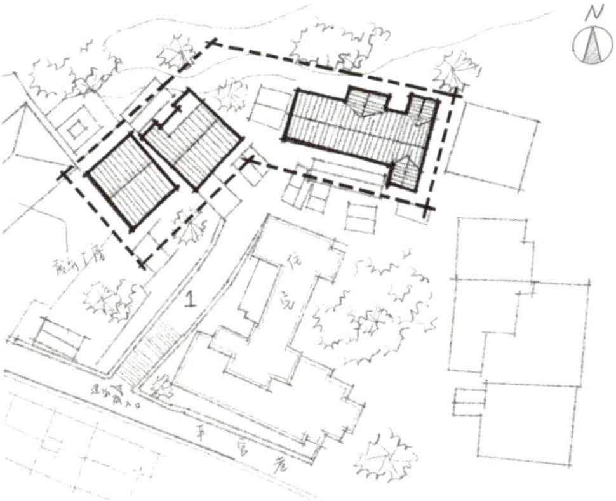

严官巷桑蚕女校养蚕基地旧址建筑群总平面示意图

赵佳晨　绘

最北侧建筑实景照片

徐俊扬　摄

严官巷桑蚕女校养蚕基地西侧建筑立面示意图

赵佳晨　绘

40 万松书院遗址

建筑名称：万松书院遗址

建筑地点：浙江省杭州市上城区万松岭路81号

建成年代：明弘治十一年（1498）

保护等级：杭州市第三批（2000）文物保护单位

建筑规模：1600平方米

严舒文 摄

建筑名称：万松书院遗址（本书编号：40）
建筑地点：浙江省杭州市上城区万松岭路 81 号
建成年代：明弘治十一年（1498）
保护等级：杭州市第三批（2000）文物保护单位
建筑规模：1600 平方米

万松书院位于杭州西湖湖畔，乃明清时杭州规模最大、历时最久、影响最广的文人汇集之地。其前身为报恩寺，明弘治十一年（1498），浙江右参政周木在原报恩寺的遗址上改建万松书院，清康熙帝为书院题写“浙水敷文”匾额，故一度改名为敷文书院①。书院前傍文物荟萃的吴山，后靠昔日的南宋皇宫，东临奔腾不息的钱塘江，北瞰风情万种的西子湖，环境静谧宜人，与城市又离又合，乃是读书的胜地、传道的佳苑。

创建初期，万松书院规模较大，主体建筑布局沿用官学“左庙右学”的形制，其左边（东面）近山处有孔子殿。孔子殿系原报恩寺建筑，修葺后作书院的祭祀场所。殿前有万松门，后有明道堂。西廊两侧各有斋室五间②。2001 年 7 月，杭州市启动万松书院复建工程，按明代建筑风格样式修复，规划面积 5 万多平方米，建筑面积 1200 平方米。书院主体建筑包括仰圣门、明道堂、大成殿、毓秀阁等。

书院的主体建筑以清乾隆《南巡胜迹图》中的敷文书院为蓝本，以自然山体、林木、古藤、奇石为背景，采用中轴对称、纵深多进的院落形式，仿明式建筑形制，用粉墙、粟柱、黛瓦的素朴淡雅，使书院处处散发浓浓的书卷气息。院内建筑面积近 2000 平方米，主体建筑如“品”字形牌坊、仰圣门、毓粹门、明道堂、大成殿、“万世师表”平台等都集中在中轴线上，学斋、御碑亭等分列两侧，其他的亭台楼阁则依据自然山势，星罗点缀。书院内嘉花茂树，修篁奇石，交布其间，周围苍松掩映，小溪潺潺，遥可望雷峰夕照、宝石流霞，近可听松涛泉流、虫鸟和韵。

万松书院是为数不多的以耐阴植物为特色进行植物配置的公园之一，主要选用适应环境条件、生存能力强、管理养护易且观赏价值高的乡土耐阴植物，如苔藓、大吴风草、各种蕨类等作为林下地被，与日本晚樱等乔木，紫荆、杜鹃、八仙花等灌木共同形成优秀的耐阴植物景观。

参观指南

现为景点。每日 7：30–17：00 开放参观。票价 10 元。

公交 102 路（不经六公园、长寿桥）至 [万松岭] 站。

---

①《万松书院》，《教育研究与评论》2016，(5): 10002.

② 邵群：《杭州万松书院》，《新阅读》2019 年第 3 期：21-23.

万松书院中轴线实景照片

严舒文　摄

万松书院大成殿实景照片

严舒文　摄

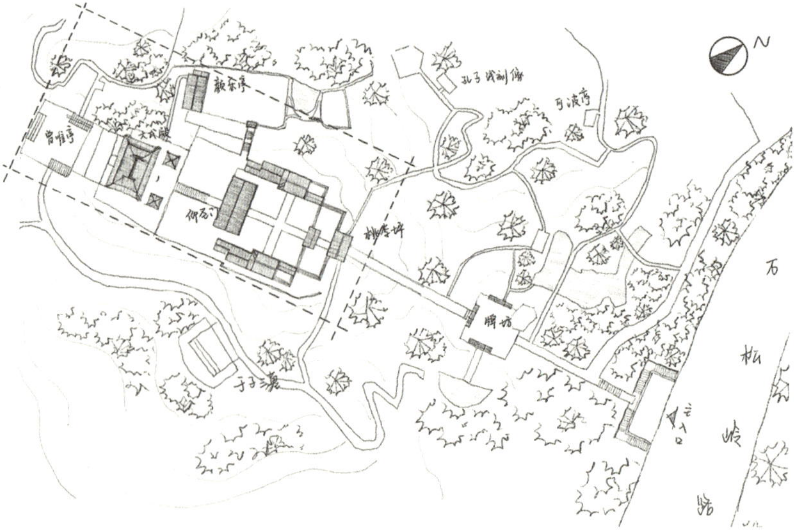

万松书院平面示意图

严舒文　绘

41 于子三墓

严舒文 摄

建筑名称：于子三墓
建筑地点：浙江省杭州市上城区万松岭路万松书院内
建成年代：1948 年 3 月 14 日
保护等级：浙江省第四批（1997）文物保护单位
建筑规模：440 平方米

建筑名称: 于子三墓（本书编号: 41）
建筑地点: 浙江省杭州市上城区万松岭路万松书院内
建成年代: 1948 年 3 月 14 日
保护等级: 浙江省第四批（1997）文物保护单位
建筑规模: 440 平方米

万松书院的半山腰有一方墓地，松柏掩映、庄严肃穆。有位叫于子三的年轻人，已在此沉睡多年。墓正前方立着座碑，刻着“于子三烈士之墓”；墓的后面是一面墙，“学生魂”三个大字镌刻在墙正上方。1947 年，作为浙大学生运动领袖，于子三身体力行地践行了求是精神和革命精神，为中国现代革命史谱写了光辉的一页。

于子三是浙江大学农学院农艺系 1944 级学生，参加了进步学生组织“新潮社”和党的外围秘密组织“新民主青年社”（简称“Y.F.”），并担任相关负责人。1947 年 10 月 26 日，于子三在校外被国民党中统特务秘捕，三天后惨遭杀害。于子三牺牲后，国民党特务要求校长竺可桢在于子三“自杀”的检验证书上签字，竺可桢拒绝说:“我只能证明于子三已死，不能证明他是用玻璃片自杀的！”后来，南京的新闻记者问于子三是否自杀，竺可桢直言:“于子三作为一个学生是一个好学生，此事将成为千古奇冤”。[①] 此言一出，国民党当局大受震动。此后，浙大学生发起“反迫害、争自由”的“于子三运动”，先后得到杭州、北平、天津、昆明、上海、南京等全国二十多个城市大中学生的积极响应，构成了中国共产党领导的在国统区开展的“第二条战线”中的重要一环，在动摇反动统治的同时有力配合了“第一条战线”的胜利进军。

于子三墓为混凝土结构，呈半圆形，高 1.8 米，直径 2.8 米，占地 440 平方米。在墓碑和围墙上分别刻有乔石和吴学谦的题词。中华人民共和国成立后，墓曾多次修葺，1996 年又重修。

新中国成立后，著名经济学家马寅初担任浙大校长，他对为真理献身的烈士于子三由衷敬崇，曾五次登凤凰山祭扫于子三墓，并题字表示要学习烈士的革命精神。[②] 于子三是百年浙大“求是”校训的实践者，为浙大师生所永久纪念。现在于子三烈士墓已成为浙江省省级文物保护单位和爱国主义、革命传统教育基地。

参观指南

现为景点。每日 7: 30-17: 00 开放参观。票价 10 元。
公交 102 路（不经六公园、长寿桥）至 [万松岭] 站。

---

① 纪念竺可桢先生诞辰 120 周年——中国科学院 (cas.cn)，https://www.cas.cn/zt/rwzt/jnzkz/jnzkzwj/201003/t20100325_2807274.shtml.
②《马寅初祭扫于子三墓》，《浙江大学学报（人文社会科学版）》2012 年第 42(3) 期：52.

《于子三烈士之墓》实景照片
严舒文 摄

《学生魂》实景照片
严舒文 摄

于子三墓全景实景照片
严舒文 摄

42 宋城路 265 号

建筑名称：宋城路 265 号
建筑地点：浙江省杭州市上城区宋城路 265 号
建成年代：20 世纪 60 年代
保护等级：杭州市第七批（2018）历史建筑
建筑规模：约 464 平方米

严舒文 摄

建筑名称：宋城路 265 号（本书编号：42）
建筑地点：浙江省杭州市上城区宋城路 265 号
建成年代：20 世纪 60 年代
保护等级：杭州市第七批（2018）历史建筑
建筑规模：约 464 平方米

宋城路位于杭州市上城区，是一条充满历史韵味的街道。在这里，你可以看到许多具有中国传统特色的民居建筑。这些建筑大多建于 20 世纪中叶，多为二层砖木结构，具有鲜明的时代特征，体现了当时的建筑风格和工程技术。

宋城路 265 号建筑建于 20 世纪 60 年代。这是一幢二层砖（石）木结构的小楼，由多个单元组成。机平瓦双坡悬山顶，一层外墙由块石垒砌，二层为清水砖墙，砌筑质量较好。北面二楼有走廊，屋面檐下均为板条吊顶。[①] 这座建筑整体保存较好，体现了作为单位宿舍的时代特征。

建筑的内部布局很有特点：一楼是客厅和餐厅，二楼是卧室和书房，后面的院子里种植着各种花草树木，环境十分宜人。这种布局方式既满足了居民的生活需求，又体现了当时社会的生活习惯和生活方式。居民们在此生活，形成了紧密的社区联系。这些建筑不仅是居民的生活场所，也是杭州市历史和文化的载体，见证了社区的发展和变迁，承载着当地居民的记忆和故事，对于研究当时的社会结构、居住环境和生活习惯具有重要价值。

参观指南

现为民居，仅建筑室外可参观。
地铁 5 号线至 [候潮门] 站或公交 315/39 路至 [梵天寺路] 站。

① 杭州市文物遗产与历史建筑保护中心介绍：http://www.singdo.org/libao/luelan_disp.php?luelan_id=334.

宋城路 265 号实景照片
严舒文　摄

宋城路 265 号外观实景照片
严舒文　摄

宋城路 265 号南立面示意图
陈苏娜　绘

43 梵天寺遗址建筑群

建筑名称：梵天寺遗址建筑群
建筑地点：浙江省杭州市上城区梵天寺路 89 号
建成年代：民国（不包括梵天寺经幢等）
保护等级：杭州市第五批（2010）历史建筑
建筑规模：约 2700 平方米

严舒文　摄

建筑名称: 梵天寺遗址建筑群（本书编号: 43）
建筑地点: 浙江省杭州市上城区梵天寺路 89 号
建成年代: 民国（不包括梵天寺经幢等）
保护等级: 杭州市第五批（2010）历史建筑
建筑规模: 约 2700 平方米

杭州佛教始于两晋，盛在吴越。古梵天寺正是这一时期建造，唐天佑元年（904），吴越王在东乡芳梅村建寺，名顺天院。[①] 它共历经三建三毁，清末因战事被完全摧毁；后在遗址处新建建筑，民国时期作为陆军医院使用；1953 年改为浙江省公安总队托儿所，现为浙江省军区后勤部六一幼儿园。[②]

梵天寺遗址建筑群包括三幢木结构建筑，青瓦坡顶。其中两幢为二层楼房，现作为幼儿园用房使用；一幢为平房，现位于幼儿园外。建筑群周边有金井、灵鳗井两口古井，以及全国重点文物保护单位梵天寺经幢。

园内主楼和附楼与幼儿园正门呈轴线分布，坐西朝东，面向梵天寺经幢。总体布局呈“入口—活动区—主楼—小院落—附楼—山体”的秩序感。主楼是整个建筑群中规模最大的建筑，气势宏伟，位于 1.5 米高的台地上，前有一个较大的庭院。建筑面阔五间，进深五间，前后均设有走廊，楼梯设置在建筑两端且中轴对称。附楼位于主楼西侧，为一幢绿漆木构楼房，规模小于主楼。建筑进深四间，面阔七间，同样设置前后檐廊。

梵天寺及周边古迹对于所在区域有着举足轻重的影响，它与社区的关系呈现出从独立到融合的趋势。古梵天寺时期，它位于山路尽头，氛围肃穆，为宗教活动服务；民国时期，受周边建设与时代影响，它逐渐被融入社会性功能，作为陆军医院使用；现阶段，随着馒头山社区的发展，它成为社区公共功能之一的幼儿园。

通过整合现有资料，合理推测，对当初梵天古寺的布局进行了探索。在明永乐十五年（1417）的时候，有僧人重建梵天寺。明嘉靖四十三年（1564），僧人成杉建佛殿；明万历三十二年（1604），僧人仁良建天王殿与山门；明万历四十年（1612），僧人来纶建观音殿，开凿元镜池。[③] 由此可知，梵天寺主要由梵天寺经幢、山门、天王殿、大殿和观音殿组成。另外，同在凤凰山的栖云寺作为明代兴盛的寺院，其布局成为梵天寺布局复原的参考依据之一。结合现状，推测幼儿园主楼附楼可能曾是大殿与观音殿所在，中轴两侧分布有配殿和僧寮。另外，金井作为梵天寺遗址的重要组成部分，其位置与建筑的分布存在密切联系。据此推测其周边分布有寺院的附属建筑，最终形成梵天寺复原想象图。

参观指南

现作为幼儿园使用，不对外开放。
地铁 5 号线至 [候潮门] 站或公交 315/39 路至 [梵天寺路] 站。

---

① 陈善等:《杭州府志》.
② 杭州市文物遗产与历史建筑保护中心介绍: http://www.singdo.org/libao/luelan_disp.php?luelan_id=334.
③ 黄卓娅:《梵音不绝话梵天——梵天寺及其经幢的考证研究》,《杭州文博》2013 年第 1 期: 53-58.

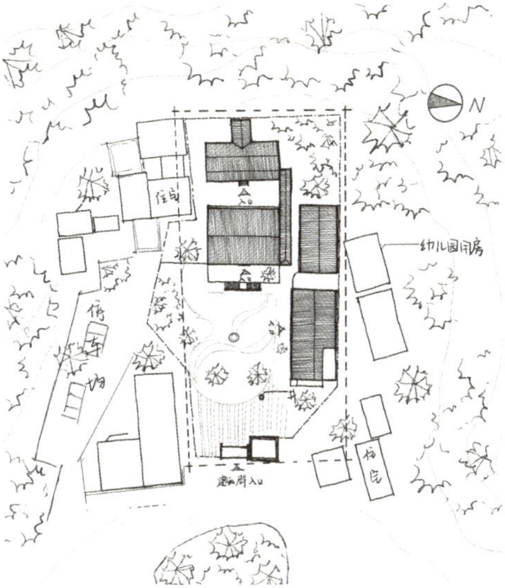

梵天寺遗址建筑群总平面示意图
俞雯洁　绘

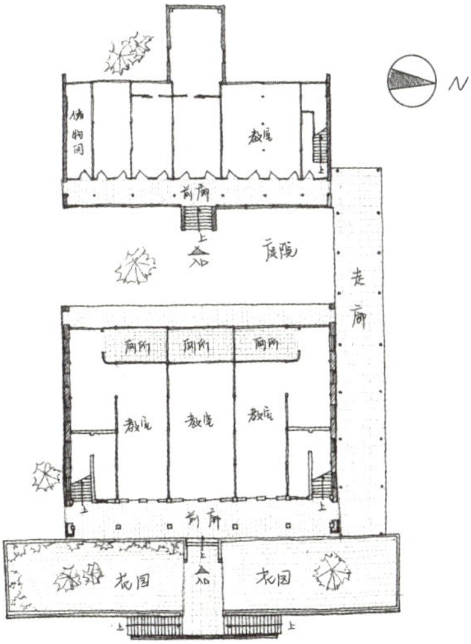

主楼附楼一层平面示意图
俞雯洁　绘

主楼前广场实景照片
徐俊扬　摄

主楼山墙窗户实景照片
徐俊扬　摄

主楼立面示意图

俞雯洁 绘

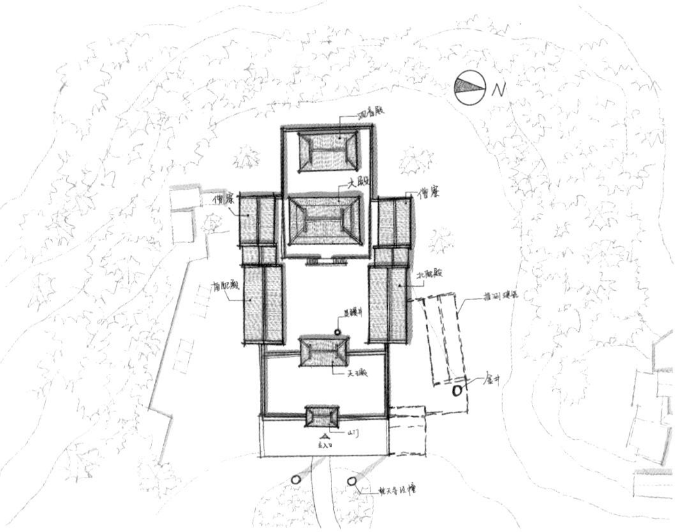

梵天寺复原想象图

徐俊扬 绘

44 海潮寺

建筑名称：海潮寺
建筑地点：浙江省杭州市上城区海潮寺巷1号
建成年代：明万历年间
保护等级：杭州市第三批（2000）文物保护单位
建筑规模：16101平方米

严舒文 摄

建筑名称：海潮寺（本书编号：44）
建筑地点：浙江省杭州市上城区海潮寺巷 1 号
建成年代：明万历年间
保护等级：杭州市第三批（2000）文物保护单位
建筑规模：16101 平方米

海潮寺旧址坐落于望江门外海潮路 1 号的杭州中策橡胶公司厂区内。寺院始建于明万历年间（1573–1620），后废，清嘉庆（1796–1820）初重建，道光九年（1829）增建钟楼和观音殿，咸丰十一年（1861）又毁，同治三年（1864）复建，光绪年间（1875–1908）又先后重建藏经阁等建筑。

海潮寺曾经是佛门专用于接待经杭州前往普陀朝拜南海观世音菩萨的“中转站”。对于海潮寺的来历，《武林梵志》卷二记载道：“镇海禅院，在永昌门外仁和县会保四图，濒江为刹，俗称海潮寺。万历三十一年僧如德、性和、海仁建，地约五亩余。郡邑给帖，焚修接众，凡进香普陀者必聚足于此，犹径山之有接待院也。与巽峰新塔相望。”（《武林梵志》是明代关于杭州地区佛教寺院及文化的重要历史文献。由明代文人吴之鲸编撰。）

后来，因海潮寺与延圣寺（延圣寺，全称碛砂延圣寺，位于苏州市吴中区甪直古镇的澄湖之畔。寺院始建于梁代，中兴于宋代，明清亦有修葺，距今已 1500 多年。）比邻而立，两寺僧人都有组合二寺为一的愿望，于是两山门合并山门，寺院的规模与实力大增，香火因此更旺。从而海潮寺成为杭州“四大丛林”（清嘉庆年间，海潮寺与灵隐寺、净寺、昭庆寺并称为杭州“四大丛林”。丛林，指僧人的聚居之所。据《禅林宝训》记载：“丛林乃众僧所止处，行人栖心修道之所。草不乱生曰丛，木不乱长曰林，言其内有规矩法度。”）之一，位列“外八寺”，与灵隐寺等名寺齐名，显示了其举足轻重的地位。

海潮寺现存唯一建筑为天王殿，建于清光绪十六年（1890）。天王殿面阔五间，通面宽 22 米，进深四间，通进深 14 米，重檐歇山顶，木结构。整体梁架基本保存完好。殿内原供奉四大天王像，1957 年建杭州橡胶厂时被拆毁。

海潮寺天王殿是杭城现存为数不多的清代重檐木构寺庙大殿，也是研究杭城佛教历史和寺庙建筑的珍贵实物资料。相传此地即为历史上的草桥门外，梁山伯与祝英台双双在海潮寺内的一口古井中照过身影，杭城父老就叫此古井为“双照井”，为“海潮八景”之一。杭谚曰：“若要夫妻同到老，双照井中照一照。”双照井近年已经修缮，保存完好。2000 年 7 月，海潮寺旧址被列为杭州市文物保护单位。①

参观指南

现阶段不开放。
公交 3 路至［海潮寺］站或公交 3/14/20/178/196 路至［二凉亭］站。

① 仲向平，陈钦周：《钱塘江历史建筑》，杭州出版社，2013.

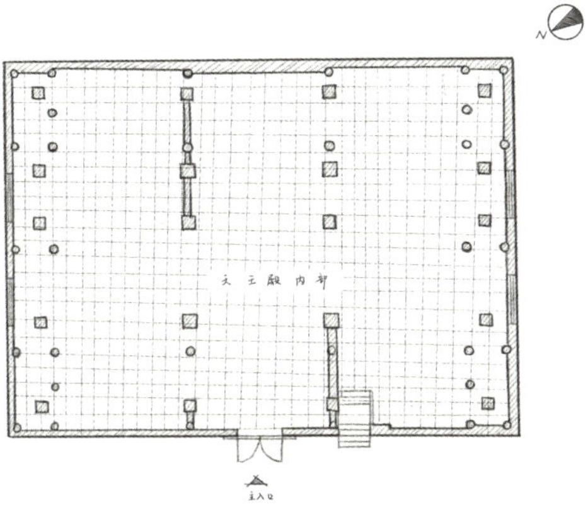

海潮寺一层平面示意图

陈苏娜　绘

海潮寺复建工程实景照片

严舒文　摄

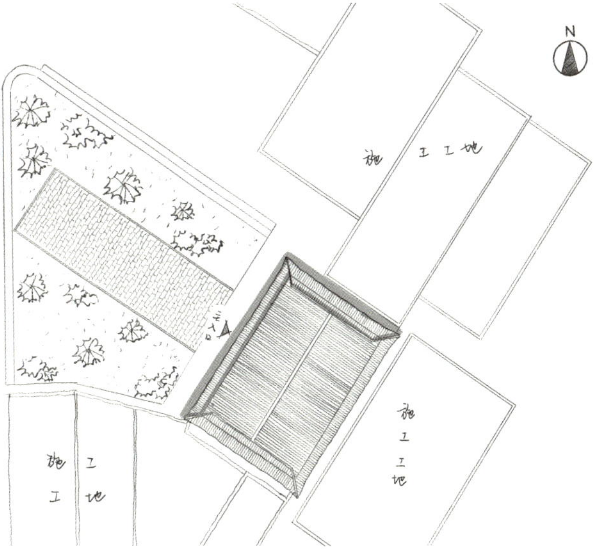

海潮寺总平面示意图

严舒文　绘

西湖北山线

西湖北岸宝石山麓，漫游北山线与孤山线

顾昕熠、吴家瑞、章涵、徐贤得

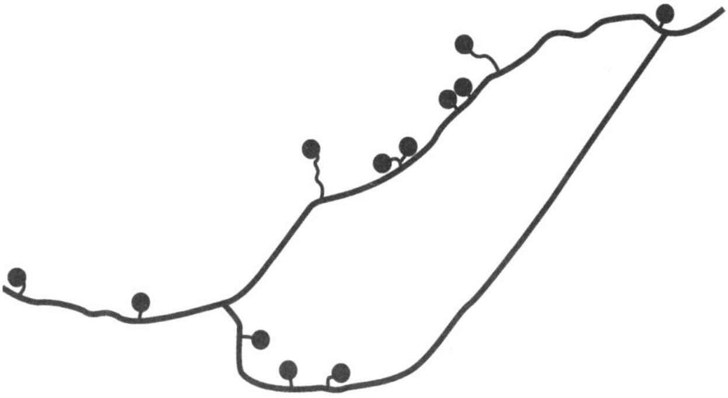

《西湖志纂》记载："西湖，古称明圣湖。湖分为三而路则有五……由涌金门之北，合钱塘门，渡石函桥，循葛岭入灵竺，至北高峰为一路，曰北山路。"①

"三面云山一面水"和"城湖并置"是杭州长久以来城市 - 自然格局的特征，其中北山路一线因为紧靠西湖、背倚宝石山南麓而对此体现得尤为突出。在地形上，北山路东端与城市相接，地势开阔，向西则宝石山越发向南侵入，以至西端地形"怪石苍翠、山顶层层"②。整条北山街自东向西，随着街道与西湖、孤山、杨公堤的方位和视线变化，形成特有的清雅之感，同时，沿山麓一线的地势起伏也使得北山街的空间体验更为丰富。

自明代以来，北山街一线就备受文人雅士关注，无论是东端的昭庆寺还是西侧的玛瑙寺、岳坟等地，都是文人们"同游"与雅集的地点，也是诸多文学作品描写与回忆西湖的对象。清末以降，辛亥革命胜利后，杭州开始进行新的城市建设活动，"新市场"计划的实行，拆除了旧时的城墙城门，打破了湖城相隔的状态③，将西湖风光引入城市中来。随着近代城市地块开发模式的引入，北山街因其独特的自然风光与文化底蕴混合多样城市功能，涵盖传统古代建筑、华洋杂处的近代建筑及现代主义建筑等不同建筑风貌与形制，见证诸多历史事件、承载厚重历史遗产的独特城市街道，值得人们在此散步，欣赏。

此外，如果我们不再把空间视为社会的复制，而是社会自身的一部分④，那么我们就会发现在北山街诸建筑的风格与形制变迁之外，更有中国近代以来文化与思想流变的外显与体现。北山街一线的游览仿若一面镜子，能够对历史上在此生活之人的生活起居、所思所想一并观之、闻之、体验之。

参观指南

整个街区属于西湖沿线公园，免费开放。

线路东端可从地铁 1 号线 [龙翔桥] 站出发，公交 7/227/101 路至 [少年宫] 站，沿西湖方向步行；线路西端可从地铁 3 号线 [黄龙体育中心] 站出发，公交 15/82/197 路于 [植物园] 站，沿灵隐路方向步行。

---

① （清）沈德潜、傅王露辑，梁诗正纂:《西湖志纂》日本内阁文库藏：卷一 . (2016-10-03)[2024-07-18]. https://zh.wikisource.org/wiki/%E8%A5%BF%E6%B9%96%E5%BF%97%E7%BA%82_(%E5%9B%9B%E5%BA%AB%E5%85%A8%E6%9B%B8%E6%9C%AC)/%E5%85%A8%E8%A6%BD.

② （清）张岱:《西湖梦寻》，北方文艺出版社，2019，第 97 页 .

③ 陈莹:《西风东渐视角下杭州北山街民国建筑群的艺术解构》，博士学位论文，浙江理工大学，2017，第 18-21 页 .

④ 夏铸九:《建筑批评与建筑史的个案——埃菲尔铁塔》，《世界建筑》2014 年第 8 期：22.

全国重点文物保护单位
National key protection units

省级文物保护单位
Provincial key protection units

市县级文物保护单位
Municipal key protection units

建筑考察路线
Building Inspection Route

45 蒋经国旧居 *Jiang Jin Guo House*
浙江省杭州市西湖区石山南麓石函路 8 号

46 静逸别墅 *Jingyi Villa*
浙江省杭州市西湖区葛岭路 5 号

本条路线的出发点为青少年宫公交站，沿着北山街向西行进，选取北山街上有特色的近代建筑。路线分北山路和孤山路两条：北山路线总长 2.7 千米，预计步行时间 37 分钟；支线孤山路总长 0.9 千米，预计步行时间 12 分钟。沿线的建筑有：

西湖北山街及孤山参观线路示意图

47 抱青别墅 *Bao Qing Villa*
浙江省杭州市西湖区北山街 38–40 号

48 第一届西湖博览会工业馆旧址
The first West Lake Expo Industrial Pavilion
浙江省杭州市西湖区北山街 41–42 号

49 新新饭店中、西楼
Xinxin Hotel Middle And West Buildings
浙江省杭州市西湖区北山街 58 号

50 五四宪法起草地旧址
The site of the drafting of the May 4th Constitution
浙江省西湖区北山街 84 号大院 30 号楼

51 浙江图书馆旧址孤山馆舍
Zhetu Gushan Pavilion
浙江省杭州市西湖区孤山路 28 号

52 西泠印社 *Xiling Seal Society*
浙江省杭州市西湖区孤山路 31 号

53 穗庐 *Sui Lu*
浙江省杭州市西湖区北山街 94 号

54 龚文千自宅 *Gong Wengqian's House*
浙江省杭州市西湖区北山街 97 号

45 蒋经国旧居

建筑名称：蒋经国旧居
建筑地点：浙江省杭州市西湖区石山南麓石函路 1 号
建成年代：始建于 1931 年
保护等级：浙江省第七批（2017）文物保护单位
建筑规模：550 平方米

顾昕熠 摄

建筑名称：蒋经国旧居（本书编号：45）
建筑地点：浙江省杭州市西湖区石山南麓石函路1号
建成年代：始建于1931年
保护等级：浙江省第七批（2017）文物保护单位
建筑规模：550平方米

蒋经国旧居位于西湖区石山南麓石函路1号白堤与北山街的交会点，背倚宝石山，面朝西湖。建筑落成于1931年，为西式二层砖木结构别墅建筑，占地面积约1333平方米，总建筑面积550平方米，2017年被列为浙江省省级文物保护单位。别墅初由上海烟草商人王相恒在1931年建造，后转手给日伪特务李士群。抗战胜利后，国民政府将这处房产拨给蒋经国及其妻子蒋方良和子女居住。[①]

旧居包括建筑主体和外部庭院。南北两楼与红褐色叠砌筑石墙形成的围墙包绕出东西两个庭院。围墙的分隔处正对断桥的方向，是旧居的中门，为现在常用入口。庭院在东西两侧另开有两扇院门，东边的为正大门，铁皮大门两侧墙柱上有四角攒尖顶顶盖，下部是方形玻璃灯罩；西端有一对小门，门柱与门扇较为简朴。

建筑主体由南北两部分组成，南侧主楼为规整矩形平面，北侧附楼为凹形不规则平面，两楼在二楼有连廊相连。建筑通体采用清水砖叠砌，砖墙上“周福昌”和“倪增茂”的刻字清晰可见。南北两楼风格各异，主楼与附楼皆采用形似传统歇山的青瓦坡屋顶，但屋角没有发戗起翘，屋脊与垂脊上有一层竖排瓦片压顶。

南侧主楼的建筑面积约为344平方米，建筑入口朝南，整体为西洋风格。主楼一楼基座抬高约半米，由灰黑色石材砌筑，每侧都设有透气防潮的方孔。主楼二层采用简洁的几何式栏杆，由石、水泥等材料雕刻线性花纹，栏杆云拱形似爱奥尼柱头（希腊古典柱式一种，较为典型的特征为联卷式柱头）又类似中国传统的莲花，栏板的设计也很简洁，石质实心栏板上结合简洁的几何型内凹花纹，联结形成大面的实面。主楼的屋顶又颇有中式风格，主体屋顶和东南角突出的耳房，顶部都是铺着青瓦的歇山屋顶，形似传统建筑。

北侧附楼约206平方米，面朝西侧，整体形制为中式风格，相对主楼更显朴素。面宽三间，进深一间。青砖山墙面朝南。建筑一、二楼外廊均采用中式传统廊柱风格，类似传统苏式园林，檐下有木制挂落（中国传统建筑中额枋下的一种构件，常用镂空的木格或雕花板做成），二层有中式方格栏杆，轻盈的万字形栏杆与主楼的厚重石质栏杆虚实相对。门窗的形式为方格框架玻璃门窗；内部主体均为木制饰面，抬头可以看见屋顶梁架结构。

参观指南

南北两楼均于2015年出租经营，南楼曾由麦当劳入驻经营，现关停修整。北楼现仍为星巴克门店。

公交WE1314路（白堤方向）至［少年宫］站。

① 正在杭州．北山街民国建筑介绍专辑（三）北山街8号——蒋经国旧居．新浪微博，2023-10-19：https://weibo.com/ttarticle/x/m/show/id/2309404958510407352449.

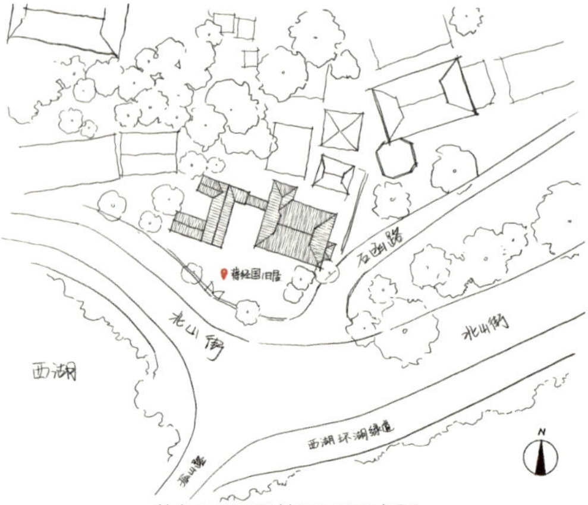

蒋经国旧居总平面示意图

顾昕熠　绘

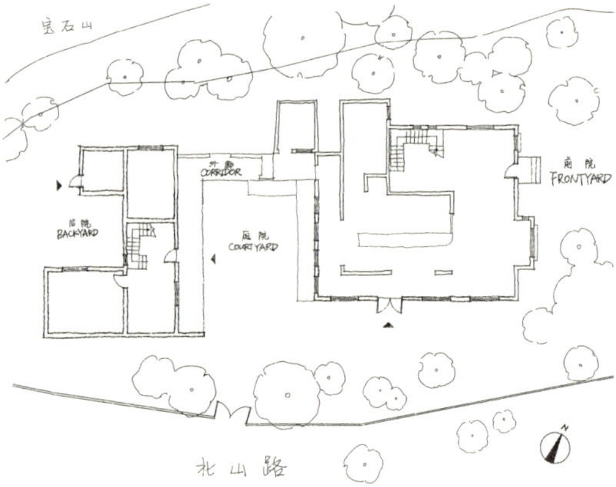

蒋经国旧居一层平面示意图

顾昕熠　绘

蒋经国旧居南立面示意图

顾昕熠　绘

46 静逸别墅

建筑名称：静逸别墅
建筑地点：浙江省杭州市西湖区葛岭路 5 号
建成年代：始建于 1933 年
保护等级：浙江省第五批（2005）文物保护单位
建筑规模：1200 平方米

顾昕熠 摄

建筑名称：静逸别墅（本书编号：46）
建筑地点：浙江省杭州市西湖区葛岭路 5 号
建成年代：始建于 1933 年
保护等级：浙江省第五批（2005）文物保护单位
建筑规模：1200 平方米

静逸别墅位于葛岭路 5 号，它建造在半山腰，需沿着山势拾级而上。静逸别墅，主体为在原五代吴越寿星院旧址上建造的两栋米黄色楼房，2005 年被评定为浙江省省级文物保护单位。

时任浙江省政府主席张静江于 1933 年买下了葛岭路智果寺西边 4 亩 5 厘地皮（约 2699 平方米），建造别墅，并从自己和夫人朱逸民的名字中各选一字，取名为静逸别墅。[①] 沿着石阶上山，沿途有不同平台以供观景和休憩。上山的台阶全程分三层，连接四个平台，第三层平台东侧有一段竹排篱笆墙，墙外侧是抗元名将、民族英雄陈文龙之墓，于 1929 年重新修建，墓碑为谭延闿（曾任民国国民政府主席）手书，现在是杭州市市级文物保护单位。陈文龙墓在抬高的红褐色块石平台上，荫蔽于百年老榕树之下，有水泥扶手和栏杆围护。张静江早年因病而跛足，行动不便，需要轿夫抬他上山，因此登山的台阶坡度修建得特别宽且缓。[②]

静逸别墅位于上山石阶末端的第四层平台，平台入口有两棵树龄百年的玉兰树，将建筑笼罩于翠绿的荫蔽之下。别墅主体为两栋西式洋楼，分别被称为东楼和西楼，通过后侧的外廊相连。两幢楼在外观上毫无二致，简洁却又极具特点：砖石结构，淡黄色拉毛水泥外墙，整体呈暖色调，斜坡平瓦屋顶，屋顶中开有老虎窗（指开在坡屋面上凸出的窗，用作屋顶的采光和通风）。西楼为主楼，面宽三间，进深两间。建筑室内外高差约为 0.6 米，需登上四级台阶方可到达室内，建筑底部开有通气方孔。东楼为附楼，平面呈反“L”形，面朝西湖的部分面宽两间，平面方正规整，主要作接待客人用；背向岭山侧为面宽三间、进深一间的长条平面，主要供餐厨功能使用。

东西楼前都有石柱外廊，为一层创造了室内向室外过渡的灰空间，同时，廊顶也为二层提供了视野开阔的露台，用于眺望西湖的湖光山色。两栋建筑室内为现代的重新装修，复原民国风格，地板楼梯等均采用木质。

在静逸别墅西楼花园的西侧，还有一条石板登山小道，通往西北侧的葛岭宝云山山坡。山坡上有一处平房院落，是重修于 20 世纪初的北宋宝云寺遗址，其前身是五代吴越千光王寺[③]，寺庙和庭院大部分已经翻新改造，仅部分保留。

参观指南

静逸别墅至今仍由两个省级协会分别使用，一楼开放参观，附楼部分关停修整。

公交 27/7/WE1314 路（龙井村方向）至 [葛岭] 站。

---

① 名城杭州微信公众号——“杭州名人故居 | 静逸别墅”.
② 向平：《西湖别墅——静逸别墅》，《金融管理与研究》2006 年第 7 期：60-61.
③ 正在杭州 . 北山街民国建筑介绍专辑（三十五）葛岭路 5 号——静逸别墅 . 新浪微博，2023-11-24：https://www.weibo.com/ttarticle/p/show?id=2309404971710905450621.

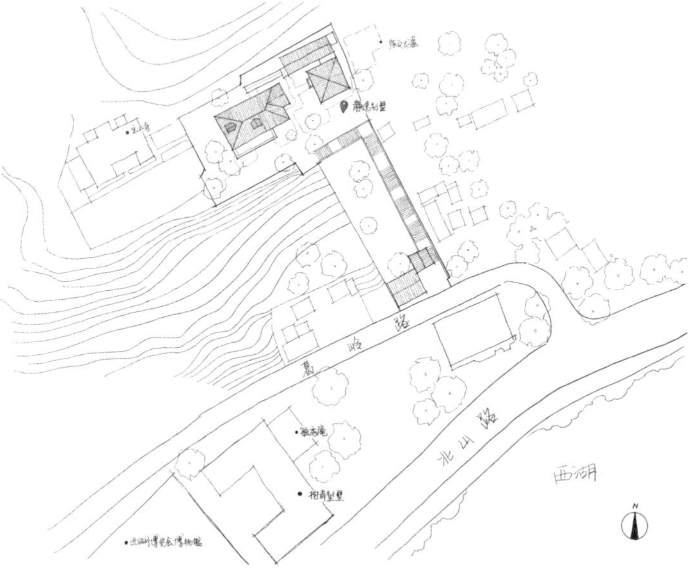

静逸别墅总平面示意图

顾昕熠 绘

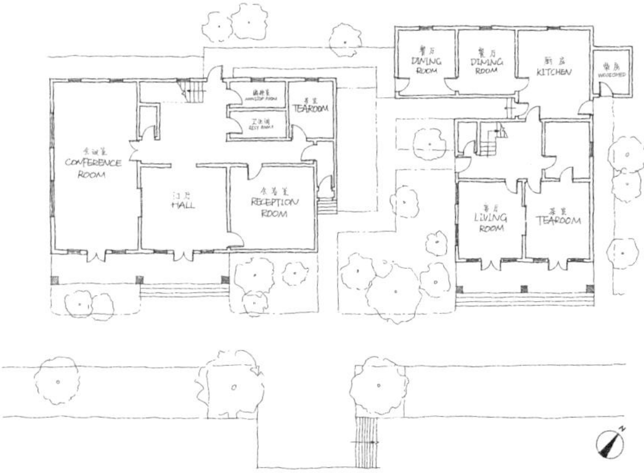

静逸别墅一层平面示意图

顾昕熠 绘

47 抱青别墅

建筑名称：抱青别墅
建筑地点：浙江省杭州市西湖区北山街 38-40 号
建成年代：始建于 1907 年
保护等级：杭州市第一批（2004）历史建筑
建筑规模：560 平方米

顾昕熠 摄

建筑名称: 抱青别墅（本书编号: 47）
建筑地点: 浙江省杭州市西湖区北山街 38–40 号
建成年代: 始建于 1907 年
保护等级: 杭州市第一批（2004）历史建筑
建筑规模: 560 平方米

抱青别墅位于北山街 38–40 号，西邻第一届西湖博览会工业馆旧址，东邻毓秀庵，北侧为葛岭路，是 1907 年清末民初湖州南浔富商邢赓星所建。[①]1929 年，抱青别墅被西湖博览会借用，为工业第四馆，主要展览玩具、伞、肥皂等日用品；1933 年被改建为葛岭中西大饭店，常年生意红火，使用空间紧张，于是当时的房主于少甫就在别墅的东西两侧各加盖了两座小楼，并将三层的阁楼改造成了真正的楼房；新中国成立后曾作为中共浙江省委党校的教育用房，后作民居使用；2004 年对建筑进行修整，拆除加建部分，并恢复原貌，同年被列为杭州市第一批历史建筑。现为杭州国画艺术展示中心。

抱青别墅平面呈凹字形，内围合出一个下沉庭院，下沉庭院内有台阶通往葛岭路和西湖博览会工业馆，可能是作为西博会期间不同展馆的过渡空间。建筑有地上三层，地下一层，主体为结砖木构楼房，为巴洛克风格式建筑，同时门窗等细部又采用中式风格设计。建筑最引人注目的是方柱、拱券组成的殖民地外廊式立面，由上下两层比例相当的砖拱券构成券廊，连续七跨，以红色和青黑色砖拼花为主基调，并用一层丁砖一层顺砖的砌法垒砌，青红砖交织形成不同的砖花方柱。墙头由巴洛克曲线与观音兜变形而成[②]，廊柱拱顶有精美的弧形砖，后退形成内凹的线条装饰，具有典型的欧式风格。三楼面向西湖的山墙面大面积红底白色西式缠枝花纹样堆塑，山墙面中有一扇小窗，同样被精致的白色线雕包围，窗户上有西式人物雕塑。拱廊后为建筑的入口，门窗数量与拱券对应，皆采用中式传统镂空格栅窗[③]。建筑屋顶为中式歇山顶，黑瓦屋面，水泥瓦片屋脊，两侧山墙均开有对开木框玻璃窗。体现了抱青别墅在颇具西方建筑风格的同时又有中国传统建筑的痕迹。

抱青别墅现为杭州国画院美术馆，一楼与负一楼对外开放展览，内部展出当代国画大师作品。其东侧，北山路 37 号建筑，为建于 19 世纪初的佛寺建筑——毓秀庵。毓秀庵的建筑平面布局为合院式，与抱青别墅紧紧相贴，青瓦白墙、天井庭院，极富江浙传统民居特色。

参观指南

每日 9：00–21：00 免费对外开放。
公交 277 路至 [葛岭] 站。

---

① 名城杭州微信公众号——“西湖历史建筑 | 抱青别墅”.
② 陈莹:《西风东渐视角下杭州北山街民国建筑群的艺术解构》，博士学位论文，浙江理工大学，2017，第 39、65 页 .
③ 同②，第 72-73 页 .

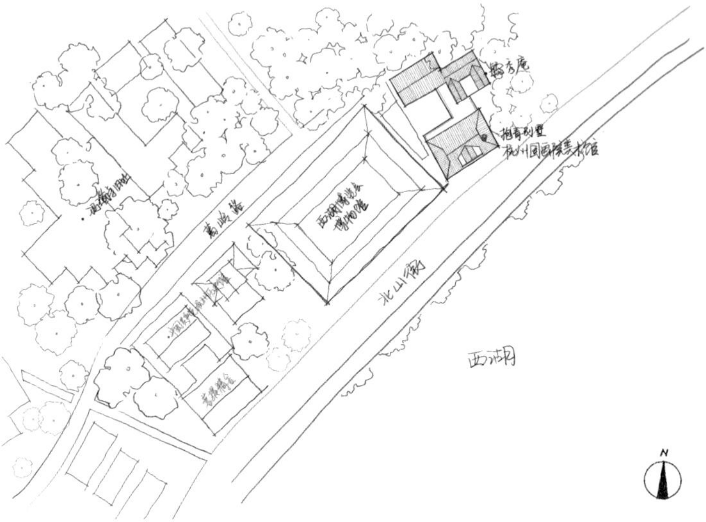

抱青别墅总平面示意图

顾昕熠　绘

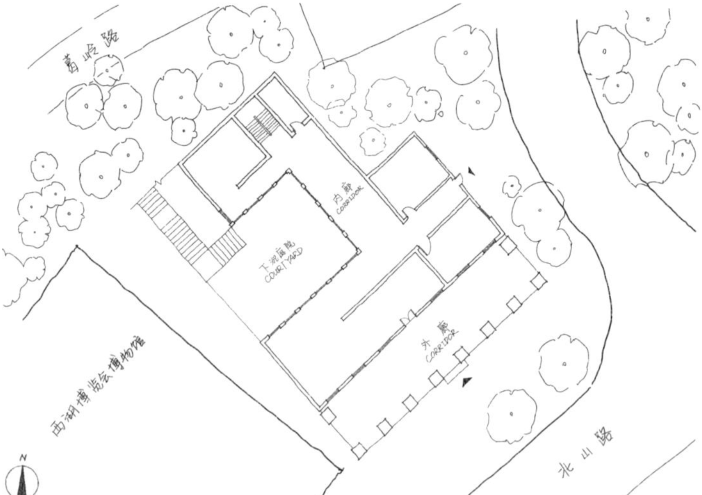

抱青别墅一层平面示意图

顾昕熠　绘

48 第一届西湖博览会工业馆旧馆

建筑名称：第一届西湖博览会工业馆旧馆
建筑地点：浙江省杭州市西湖区北山街 41–42 号
建成年代：始建于 1929 年
保护等级：全国第八批（2019）重点文物保护单位
建筑规模：2995 平方米

顾昕熠 摄

建筑名称：第一届西湖博览会工业馆旧馆（本书编号：48）
建筑地点：浙江省杭州市西湖区北山街 41–42 号
建成年代：始建于 1929 年
保护等级：全国第八批（2019）重点文物保护单位
建筑规模：2995 平方米

1929 年，浙江省主席张静江为了主持举办西湖博览会，特别新建部分场馆，工业馆就是其一，选址于当时北山街王庄和抱青别墅之间一块叫“同善堂”的空地。博览会主要设八馆两所，即革命纪念馆、博物馆、艺术馆、农业馆、教育馆、卫生馆、丝绸馆、工业馆和特种陈列所、参考陈列所。① 工业馆是新建建筑中唯一留存的建筑，也是杭州最早的展览馆建筑，是浙江省近代保留下来的少数大跨度公共建筑之一。20 世纪 50 年代，西博会工业馆一度成为民居住宅，最多时居住人数可达 100 多人，后在 2003 年重新建成西湖博览会博物馆。

工业馆由时任浙江大学工学院院长的李振吾主持设计，著名建筑师盛承彦和孙炳章共同参与②。馆舍东西长约 60 米，南北宽约 40 米。为了利于流线与展览的布置，设计者在馆中开出一个大天井，平面形成一个巨大“口”字，因此也被称为口子厅③；口字厅层高高，室内最高处可以达到 8 米，抬头可以看见建筑屋顶木桁架结构和铁钎④接口，建筑工艺较高。建筑坐北朝南，直面西湖美景，外观采用了当时盛行的装饰主义（装饰主义：简称 ART-DECO，演变自 19 世纪末的新艺术运动，主要特点是感性的自然界的优美线条，被称作有机线条。）建筑风格⑤，如大门门框梯形退缩形成的轮廓线条、门框上方倒金字塔形结构、大门两旁简洁的圆柱造型及立面上部水泥浇筑的白色线脚等装饰艺术手法。建筑以工厂为空间原型，使“参观者进入其中，恍如身处一巨大之工厂，视察配置机械”⑥。

如今的博物馆由四部分组成，主要展览内容按“口”字顺时针排布，分别为“序・一九二九年的杭州”“在杭州举办一场博览会”“西子湖畔的博览盛会”“现代西博”。进入门厅，可以看到地面上是当年益中瓷砖公司用马赛克砖铺设的西湖博览会景观图。建筑中间的天井曾经是美化展馆的花圃，现在用玻璃钢架结构封顶，用作博物馆的阳光厅与休闲吧。

参观指南

一楼现作为西湖博览会博物馆对公众开放展览，开放时间 9：00–17：00（16：30 停止入馆），周一闭馆（除法定节假日），农历除夕全天闭馆。

公交西湖外环线（白堤方向）/7/WE1314 路（灵隐方向）至 [葛岭] 站。

---

① 柯蓉：《刘既漂与中国近代建筑的本土化转型研究》，博士学位论文，华东师范大学，2015，第 19 页 .
② 1929 年的《西湖博览会总报告书》.
③ 杭州市政协：《民国杭州历史遗存》，杭州出版社，2011.
④ 铁钎：建国初建筑工地施工架用材 .
⑤ 同①，第 24-26 页 .
⑥ 时任浙江大学工学院院长的李振吾所说 . 信息来源：1929 年出版的《旅行杂志》第三卷第七号 .

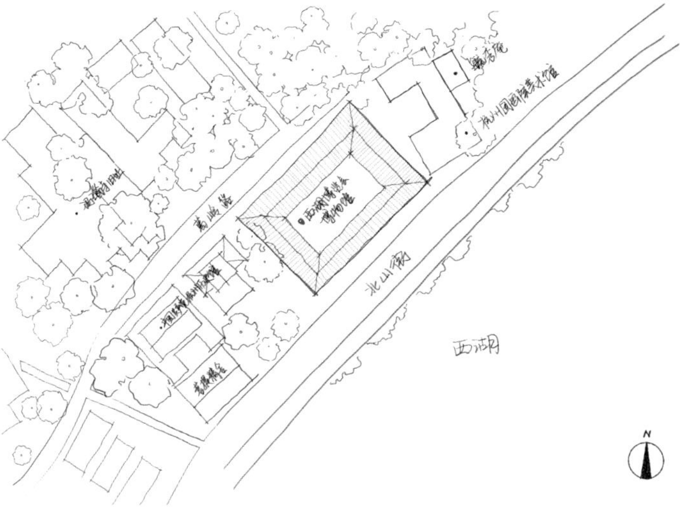

第一届西湖博览会工业馆旧馆总平面示意图

顾昕熠　绘

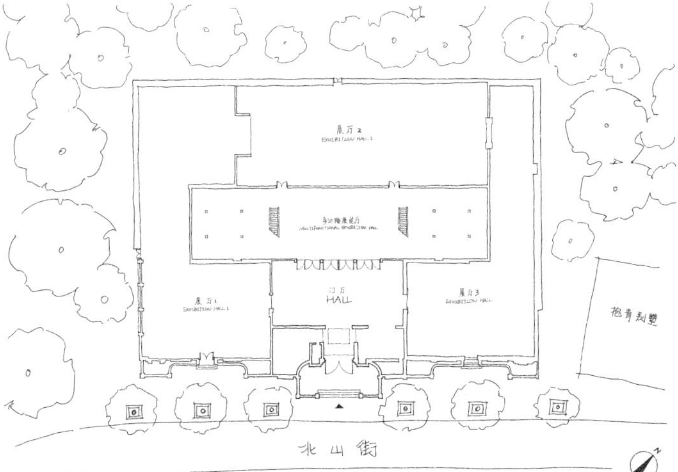

第一届西湖博览会工业馆旧馆一层平面示意图

顾昕熠　绘

49-1 新新饭店中楼

建筑名称：新新饭店中楼
建筑地点：浙江省杭州市西湖区北山街 58 号
建成年代：始建于 1922 年
保护等级：浙江省第五批（2005）文物保护单位
建筑规模：2685.8 平方米

章涵 摄

建筑名称: 新新饭店中楼（本书编号: 49-1）
建筑地点: 浙江省杭州市西湖区北山街 58 号
建成年代: 始建于 1922 年
保护等级: 浙江省第五批（2005）文物保护单位
建筑规模: 2685.8 平方米

新新饭店位于杭州西湖风景区北山路，由东楼（前身为何庄）、西楼、中楼、秋水山庄和北楼等楼群组成，建筑坐北朝南，隔北山路面向西湖，景色优美。新新饭店之名取自《礼记·大学》中名句“苟日新，日日新，又日新”。时逢新文化运动，蕴含着新社会、新时尚，既指新旅店，又指面貌永远保持新鲜、旅店日日保持清洁，满足宾客良好期待。[①]

清末民初沪杭铁路通车，杭州迎来了兴建新式旅馆高潮。当时杭州城市建设不断推进，城区和西湖之间的城墙被拆除，于是面向西湖的北山路便成了一块景色优美的“宝地”。来自上海最早的连锁企业“何锦丰洋广杂货号”的老板何宝林，于 1896 年在东楼旧址上陆续建成中、西式楼房三幢并作为自用，称作何庄。其子何积藩 1913 年对何庄进行了重新建设，投资开办“新新饭店”，并邀请朋友董锡赓经营。而后，由于各种原因，或许是董锡赓认真负责，或许是何家在上海生意繁忙以致无暇顾及杭州，后新新饭店改由董锡赓独自经营，新新饭店成为董家的产业。1922 年，董锡赓对新新饭馆进行改建，即为现在的中楼。同时，凭借董锡赓出色的酒店管理服务，结合合适的经营规模和完备的基础设施，新新饭店成为有名的“网红胜地”。据记载:“湖滨各旅馆多为新式建筑，空气光线均好，布置亦颇清雅，与上海南京旅馆之比较，则杭市真可谓廉洁。西湖之新新旅馆、西泠饭店为达官贵人及外国人旅居之所。”[②] 近代众多名人都曾下榻于此，为旅馆带来了强大的“明星效应”，如美国哲学家杜威、日本大文豪芥川龙之介、宋庆龄、宋美龄、蒋经国、李叔同、胡适、徐志摩、鲁迅、张静江等。

中楼是中西结合近代式样，高六层，同时因依山而建，建筑临街部分有一定的高差。相对于西楼，中楼在一层更靠近西湖，凸显出其主要性，另外，这使得二层形成能够眺望西湖的露台，利于观景。立面上以西式风格为主，一层设有券廊，采用爱奥尼柱式。

参观指南

现作为 1913 餐厅对外营业，营业时间: 每日 9: 30-21: 30。
公交 27/7/277 路至 [葛岭] 站。

---

① 王琪森:《新新饭店的锦瑟流年》,《松江报》2021 年 4 月 30 日第 1 版.
②《杭州市经济调查》: 民国旧书，出版于民国二十年代前后.

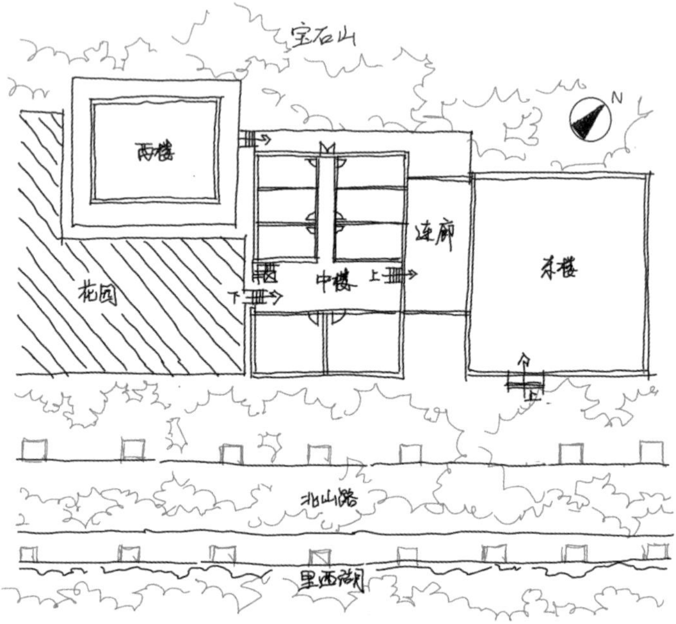

新新饭店首层平面示意图
章涵 绘

新新饭店西湖上空鸟瞰示意图
章涵 绘

49-2 新新饭店西楼

建筑名称：新新饭店西楼
建筑地点：浙江省杭州市西湖区北山街 58 号
建成年代：始建于 1912 年
保护等级：浙江省第五批（2005）文物保护单位
建筑规模：1148 平方米

章涵 摄

建筑名称：新新饭店西楼（本书编号：49–2）
建筑地点：浙江省杭州市西湖区北山街 58 号
建成年代：始建于 1912 年
保护等级：浙江省第五批（2005）文物保护单位
建筑规模：1148 平方米

新新饭店西楼又名孤云草舍，1912 年由湖州“四象”（江南小镇南浔的富商，以财产多少被称为“四象八牛七十二金狗”，“象”的资产在 1000 万两白银以上。南浔四象分别是刘镛、张颂贤、庞云鏳、顾福昌。）之首刘墉第四子刘安溥（湖涵）出资建造。屋舍对望孤山，其名之由来为孤山上的敬一书院，院中墙壁上有“孤山一片云”五字石刻，而最终名为“孤山草舍”，现为新新饭店一部分（又称西楼）。

孤云草舍整体因孤山自然的地形原因，建于两米多高的平台之上，同时面向北山路退让，留出前场地，建筑前设有一块较大的开放式露台花园。场地北侧有两栋楼房并列布置，东侧是三层高的西子楼，为饭店客房，而西侧则为两层楼高的尚贤阁，作为主题餐厅，面向草坪，一层还布置了茶室，展现杭州独特的茶文化，其中供奉着关帝爷的石像。

走到建筑前，首先是正面的三个券拱门洞，中间为主门洞，尺度最大，部分采用了双柱，且有较高的方形基础，为爱奥尼柱式，细节丰富，造型精巧漂亮，上两层券柱式立面和底层基座层高度比例约为 1：1：1，典雅端庄，富有韵律。同时在垂直方向上设计有一个具有中西结合近代式样的抱厦，左右两角各有一根三层高的多边形柱子，高出抱厦顶部，并以圆拱顶收尾。而抱厦顶部还设计了一个阁楼，八角红色尖顶。建筑主体的屋顶则为中式风格，体现为传统的歇山式屋顶。

西楼的建设背后还有一段趣事。由于孤云草舍与新新饭店建筑风格近似，大家都曾认为孤云草舍是当年新新饭店的建筑。后经考证[1913 年杭州《私有不动产登记证书》上的业主即是“刘和盏”（刘湖涵字）。] 才明确，三层的孤云草舍是湖州南浔巨富刘镛的第四子刘安溥（湖涵）出资在新新饭店建造完全之后所建，而在民国的史料中，孤云草舍的居住者是刘梯青，即刘安溥（湖涵）的哥哥。刘梯青早年曾下榻新新饭店。当时的新新饭店规模很小，但接待的都是富豪和洋人，对于带有口音的乡村客人刘梯青并不受重视。生气的刘梯青在弟弟的帮助下，在这块地上建起了北山街上的第一座三层洋楼。取名为孤云草舍，也是为了想要告诉瞧不起自己的邻居：我盖一座草舍也这么豪华。后来在 1921 年，董锡赓在孤云草舍的东面建起了一座五层的大洋楼（1922 年建成），从高度和体量上压住了孤云草舍，使得从远处及西湖边上首先看到的只能是新新饭店，一方面当然是为了促进旅馆发展，另一方面也算是对刘梯青的回应。后来孤云草舍长期空置，并在 1936 年被借给了主人的同乡——省主席朱家骅居住，成为省主席官邸。①

新中国成立以后，孤云草舍和新新饭店一起成为省人民政府的招待所。

参观指南

现为孤云法餐厅·酒吧，对外开放。
营业时间：每日 18：00–21：00。
公交 27/7/277 路至 [葛岭] 站。

---

① 正在杭州 . 北山街民国建筑介绍专辑（二十一）北山街 58 号——杭州新新饭店之孤云草舍 . 新浪微博，2023-11-09：https://card.weibo.com/article/m/show/id/2309404966098608193555.

新新饭店西楼西立面示意图

章涵 绘

孤云草舍石碑实景照片

章涵 摄

新新饭店西楼西侧实景照片

章涵 摄

50 五四宪法起草地旧址

建筑名称：五四宪法起草地旧址
建筑地点：浙江省杭州市西湖区北山街 84 号大院 30 号楼
建成年代：始建于 1953 年
保护等级：全国第八批（2019）重点文物保护单位
建筑规模：756 平方米

吴家瑞 摄

建筑名称：五四宪法起草地旧址（本书编号：50）
建筑地点：浙江省杭州市西湖区北山街 84 号大院 30 号楼
建成年代：始建于 1953 年
保护等级：全国第八批（2019）重点文物保护单位
建筑规模：756 平方米

杭州西湖边北山街 84 号大院 30 号楼，树荫掩映一幢平房和一幢二层青砖小楼，曾是新中国第一部宪法——1954 年宪法的起草地。

五四宪法起草地旧址原为国民党将领汤恩伯（汤恩伯，黄埔系骨干将领、陆军二级上将。）旧居，建于民国时期。新中国成立后，该处房屋由浙江省委接管。1953 年 12 月 28 日至 1954 年 3 月 14 日，毛泽东主席率领宪法起草小组在西子湖畔历时 77 天，起草了新中国第一部宪法草案[①]，这里也因此成为新中国制度建设的历史地标，现为“五四宪法”历史资料陈列馆北山街馆。

陈列馆由序厅，复原陈列区和主题陈列区三个部分组成，主要讲述了“五四宪法”从起草、讨论、通过到实施的全过程，是一处记录着新中国宪法诞生光辉历程的重要历史场所。其中序厅中央摆放着一尊汉白玉毛主席坐像，两侧点缀着郁郁葱葱的植物，营造出一种庄严而神圣的氛围；而复原陈列区由会议室、会客室、办公室和休息室四部分组成，每个房间都按当年的原貌进行复原，让人仿佛能够亲身参与到那段历史的进程中；最后的主题陈列区，通过大量的历史文物、照片和文献资料，全面展现了“五四宪法”从起草、讨论、通过到实施的全过程，这部分空间设计巧妙，将山体、树木、建筑等外景引入展览，使历史文物建筑与展览融为一体。

陈列馆主体建筑位于高台之上，高两层并带有阁楼，青砖砌筑，深灰色洋瓦坡屋顶，显得古朴而典雅。门窗设计风格隽永，透露出深厚的历史底蕴。二楼宽敞的阳台上，栏杆雕刻着精致的花纹，为整个建筑增添了一抹细腻的艺术气息。总建筑面积 756 平方米，占地面积约 3000 平方米。步入前院，绿树成荫，与建筑相映成趣，营造出一种庄重而宁静的氛围。

建筑群内平房与主楼相连，内有房间十余间，当年毛泽东主席便在此办公。房间内保留着许多当年原物，如办公桌、椅子和书架等，使人仿佛穿越时空，亲身感受那段制定宪法的峥嵘岁月。

总之，“五四宪法”历史资料陈列馆的建筑空间不仅是对历史的尊重和传承，更是对法治精神的弘扬和宣扬。它以独特的建筑风格和丰富的历史内涵，吸引着无数游客前来参观学习，共同感受那段制定宪法的光辉历程。

参观指南

建筑室外和室内展厅及放映室部分可供参观。建筑室外周二至周日 9:00-16:30 开放，周一闭馆（法定节假日除外）。

公交 7/27/277 路 / 西湖外环线等至［岳坟］站。

---

① 王幸芳：《五四宪法与杭州西湖——访五四宪法历史资料陈列馆》：DOI:10.16639/j.cnki.cn33-1361/d.2021.z1.008.

陈列馆主体建筑东楼实景照片
吴家瑞 摄

陈列馆前院及入口实景照片
吴家瑞 摄

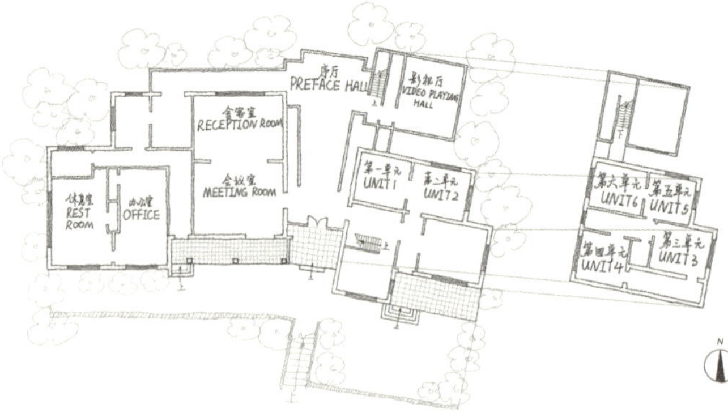

陈列馆一层、二层平面示意图
吴家瑞 绘

51 浙江图书馆旧址孤山馆舍

建筑名称：浙江图书馆旧址孤山馆舍
建筑地点：浙江省杭州市西湖区孤山路 28 号
建成年代：始建于 1903 年
保护等级：全国第八批（2019）重点文物保护单位
建筑规模：34902 平方米

吴家瑞 摄

建筑名称：浙江图书馆旧址孤山馆舍（本书编号：51）
建筑地点：浙江省杭州市西湖区孤山路 28 号
建成年代：始建于 1903 年
保护等级：全国第八批（2019）重点文物保护单位
建筑规模：34902 平方米

沿着孤山路向西，经过中山公园大门和光华复旦牌坊，在楼外楼宴会厅中间路段稍向内凹进的围墙内，有一扇对开的铁艺大门，透过大门栏杆，可以看到一处宽敞的庭院，背后隐约可见两栋西式洋楼，一红一白。庭院大门上有多块铭牌，右侧竖立着一块刻有金字的汉白玉石碑，这就是孤山路 28 号——浙江图书馆旧址。

在浙江图书馆旧址内，有三座清末民初时期建造的西式建筑，分别是位于孤山南麓的“红楼”“白楼”，以及孤山南坡的“青白山居”。

红楼

红楼最初是清政府时期权贵阶层的宴请场所，现在是国家级的古籍修复中心。

红楼为面宽五间、进深四间的二层砖木结构建筑，歇山式屋顶铺着橙红色的平瓦；一楼和二楼四周有外廊环绕，水磨石地面，红砖叠砌的券拱门洞。门拱上方和墙柱之间都有精美的雕花，建筑主体用青砖砌筑，中间镶嵌拼花图案。红楼正面朝南，外廊有七个券拱门洞，中间堂屋为两扇对开双门，东北角外廊内设有转角木楼梯连通一、二楼。

白楼

1912 年白楼落成，于 1913 年 3 月 25 日正式开放。伴随白楼建成使用，文澜阁所藏《四库全书》也转移到白楼储藏。

白楼位于红楼东侧，与之形成对称及补充。白楼样式简洁，占地较大，面宽十四间，进深十间。白楼的平面因为两侧凸出中间凹进，呈倒置的“凹”字形。[①]

青白山居

青白山居又称杨虎楼，位于孤山南坡之上，是一座中西合璧近代式样别墅。青白山居同样采用歇山式屋顶，铺墨绿色琉璃瓦；屋脊部分由水泥浇筑，灰白色，线条分明；屋檐下是传统的中式雕梁画栋、斗拱飞椽。建筑四角的四个房间都向外凸出半间，建筑的平面结构犹如两竖短中间横粗的字母“H”。[②]

青白山居虽然位于孤山南坡之上，但周围被高大的树木围绕，与四周绿叶同色，山麓之前还有楼外楼的建筑及高墙遮挡，所以无论是远眺还是近观，都很难注意到这座建筑。

参观指南

周二至周六 9:00–17:30 开放。
公交 WE1314/118/27/7 路至 [西泠桥] 站或 [新新饭店] 站。

---

① 正在杭州 . 北山街民国建筑介绍专辑（四十二）孤山路 28 号——浙江图书馆旧址（上）[J/OL]. 2023-11-30/2024-06-01.
② 正在杭州 . 北山街民国建筑介绍专辑（四十三）孤山路 28 号——浙江图书馆旧址（下）[J/OL].2023-12-2/2024-06-01.

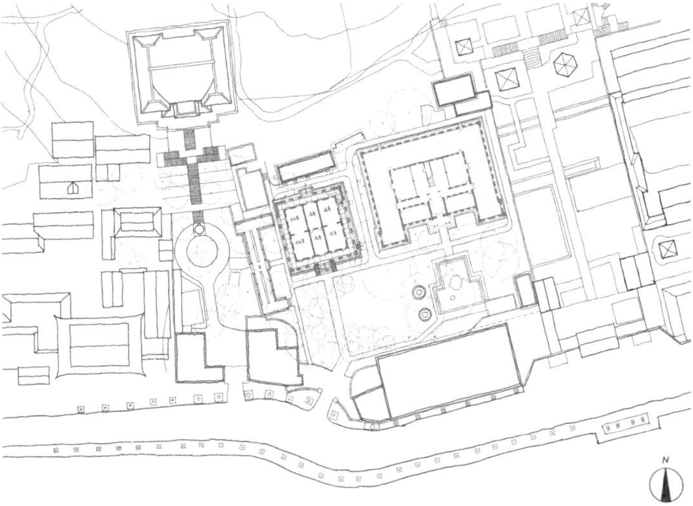

浙江图书馆旧址孤山馆舍总平面示意图
吴家瑞 绘

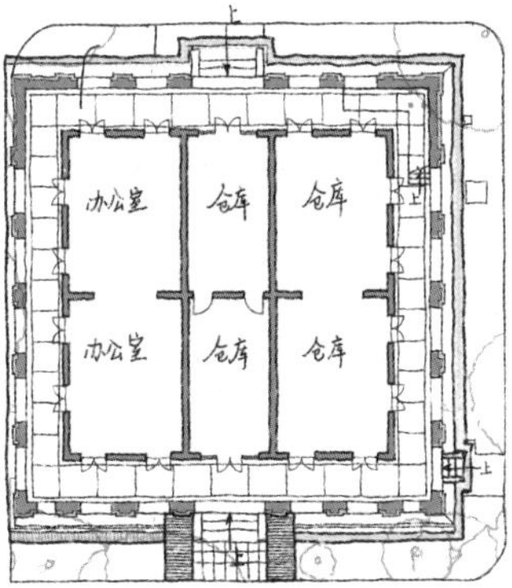

红楼一层平面示意图
吴家瑞 绘

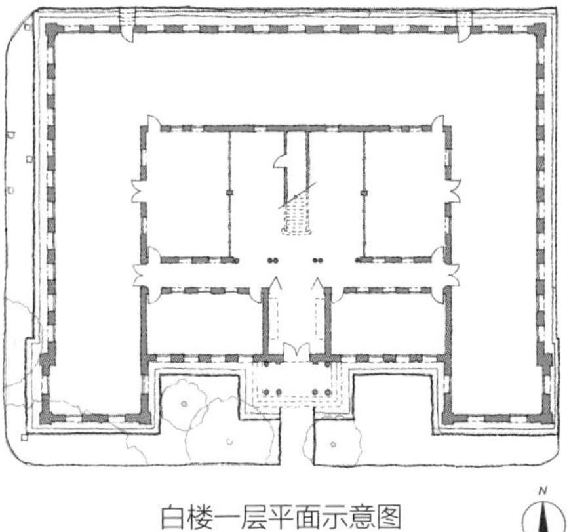

白楼一层平面示意图
吴家瑞 绘

红楼东北角实景照片
吴家瑞　摄

白楼西南角实景照片
吴家瑞　摄

红楼西立面示意图
吴家瑞　绘

红楼南立面示意图
吴家瑞　绘

52 西泠印社

建筑名称：西泠印社
建筑地点：浙江省杭州市西湖区孤山路 31 号
建成年代：始建于 1904 年，1913 年建设完全
保护等级：全国第五批（2001）重点文物保护单位
建筑规模：1750 平方米

章涵　摄

建筑名称：西泠印社（本书编号：52）
建筑地点：浙江省杭州市西湖区孤山路 31 号
建成年代：始建于 1904 年，1913 年建设完全
保护等级：全国第五批（2001）重点文物保护单位
建筑规模：1750 平方米

在金石研究鼎盛时期，浙派篆刻家们集合起来，以“保存金石，研究印学，兼及书画”为宗旨，在杭州西湖孤山买地并创社，于清光绪三十年（1904）开始建设，希望能将中国国粹发扬光大。社址邻近孤山南麓西泠桥畔，故取名“西泠印社”。1913 年，疏浚印泉，以“保存金石，研究印学”为宗旨，探讨六书，研求篆刻。同年，近代金石书画界泰斗吴昌硕出任西泠印社首任社长，盛名之下，海内外印人云集，入社者均为精擅篆刻、书画、鉴赏、考古、文字等的专家。经百年传承，西泠印社融诗、书、画、印于一体，成为我国研究金石篆刻历史最悠久、影响最广大的学术团体，在国际印学界拥有极为崇高的学术地位，有“天下第一名社”之声誉。①

西泠印社依山而建，大致可以分为山下、山腰、山顶三层台地，加上后山形成四大景区，总占地面积约 7000 平方米。入口园门面对西湖，与湖体形成一个整体，将湖中景色纳入园中，景色相互渗透，使得西泠印社成为西湖上的一颗明珠。入口部分中式风格明显，西侧粉墙黛瓦，东侧一座月形门，一扇红漆双开木门。门洞的上方是沙孟海（沙孟海，西泠印社第四任社长、书法家、篆刻家。）先生题写的“西泠印社”。

整个西泠印社园林之巧，诗韵隽永，被称为“湖山最胜”，原有“石交亭”“宝印山房”、印社藏书处“福连精舍”等建筑，现均不存。亭阁内嵌有清代印人画像石刻及印学大师丁敬的墨迹石刻，岩壁上存有众多名家的摩崖题记。还建有“汉三老石室”，室内保存的东汉“三老讳字忌日碑”和历代碑刻，有重要历史价值。

西泠印社的建筑包括柏堂、竹阁、仰贤亭、四照阁、题襟馆、观乐楼、还朴精庐、华严经塔等，各依地势而建，参差错落，整体可以分为四组。因由社员们先后出资建造，故各自相对独立，并没有形成传统建筑的一体化格局，但每组建筑群都依山而建，错落有致，其间有印泉、闲泉和潜泉，幽雅清静，展现出一幅既融入自然，又各具特色的建筑群绘画，被誉为“占湖山之胜，撷金石之华”（出自陈振濂，书法教育、篆刻创作家。）。

参观指南

每日 8：30–16：30 免费开放。
地铁 1 号线至［凤起路］站或公交 7 路至［岳庙］站或公交 WE1314（白堤方向）至［西泠桥］站。

---

① 正在杭州．北山街民国建筑介绍专辑（四十四）孤山路 31 号——西泠印社．2023-12-2/2024-06-01.

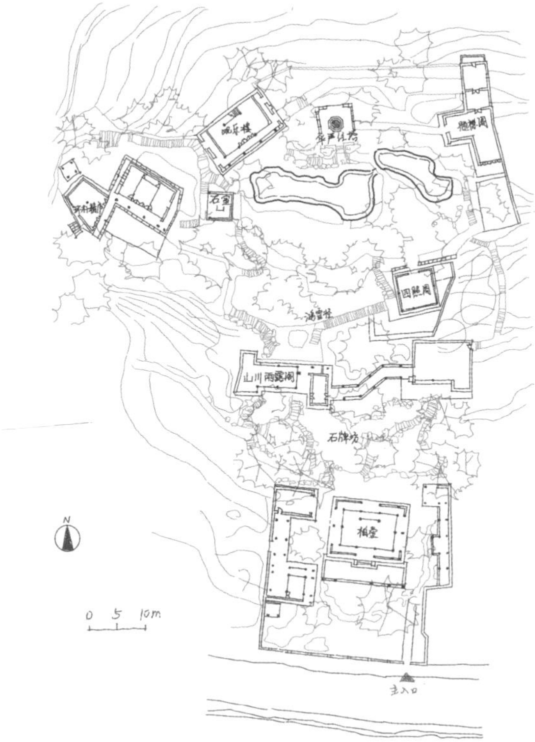

西泠印社平面示意图

章涵　绘

题襟阁实景照片

章涵　摄

华严经塔实景照片

章涵　摄

53 穗庐

建筑名称：穗庐
建筑地点：浙江省杭州市西湖区北山街 94 号
建成年代：1921-1925
保护等级：杭州市第一批（2004）历史建筑
建筑规模：1346 平方米

徐贤得 摄

建筑名称：穗庐（本书编号：53）
建筑地点：浙江省杭州市西湖区北山街 94 号
建成年代：1921–1925
保护等级：杭州市第一批（2004）历史建筑
建筑规模：1346 平方米

穗庐（又称鲍庄）位于北山街西段 94 号，环境僻静清幽。建筑群由九间房组成，依山而建，集住宅、祠堂（现已毁）、坟庄为一体。根据建筑群中建筑分布及平台组织，穗庐可分为山下庭院、山间台地、山上平台和山上坟庄四个部分，由台阶及步道连接成为整体。

山下庭院有宅邸大门、庭院入口牌坊、厅堂、偏房、水井及沿山挡土墙与建筑围合形成的庭院。山间台地依山势分为上下两层，下层台地面积较小，现与山下庭院中的厅堂露台有路径相连（为当代加建），台地东侧沿上山台阶侧布置有一座四角方亭；**山上平台**面积较大，有 550 平方米左右，现存南北两列平房，平台上东南侧有一座八角亭，向南回看西湖，可一览“玉带晴虹”的景色，景观视野良好。**山上坟庄**目前仅留有步道、五座坟墩，以及墓园与宝石山连接处刻有“乌石峯”的拱门。

穗庐的主体建筑主要布置在山下庭院之中。入宅邸大门左转，通过写有“穗庐”的牌坊后进入庭院之内。庭院由西南方呈“L”形布局的厅堂、偏房建筑与东北侧的挡土墙围合而成。

庭院东北侧有一口水井，依照居民口述历史记载[①]，该井是业主为浇灌院中植物而特意凿设。

由于厅堂左尽间与偏房直接相连，因此厅堂在外观上呈现为二层三开间的建筑（二层为加建）。建筑当心间向后退形成门厅，二层露台向外部分悬挑，形成良好的立面构图。作为原先穗庐的正厅，建筑原有砖石结构部分目前保存完整，而门窗及部分内饰为修复时新做。

穗庐在建筑整体布局上颇有特点。有别于北山街沿街的大多数建筑，穗庐并不将建筑所有形象与建筑内的所有景观全部聚焦于西湖，反而是特别谨慎地向自然打开，整个建筑群唯有在山间平台这一处才能望见西湖。这固然有建筑所在地形限制的原因，但更重要的是其蕴含的自然观念与审美造诣：若是每日面对山水，则山水之美为之褪色；若有所收敛地、小心地经营景观，并借有限的场地创造内部精致小景，与外部大好河山形成对比，才能创造历久弥新的人居环境之美。

参观指南

入口暂时关闭，不对外开放。

公交 277/27/7 路至［岳坟］站。也可结合宝石山游览路线，自乌石峰下山参观穗庐。

---

① 杭州市规划和自然资源局 . 杭州北山街改造五座民国旧坟去留 [EB/OL].(2004-07-29)[2021-11-15]. http://ghzy.hangzhou.gov.cn/art/2004/7/29/art_1228962612_40245218.html.

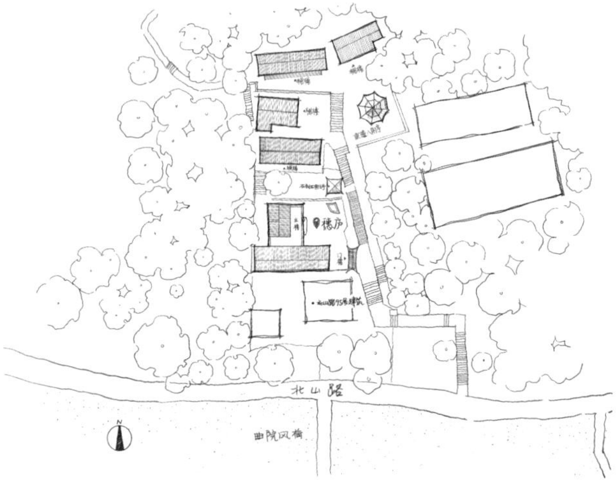

穗庐总平面示意图

顾昕熠　绘

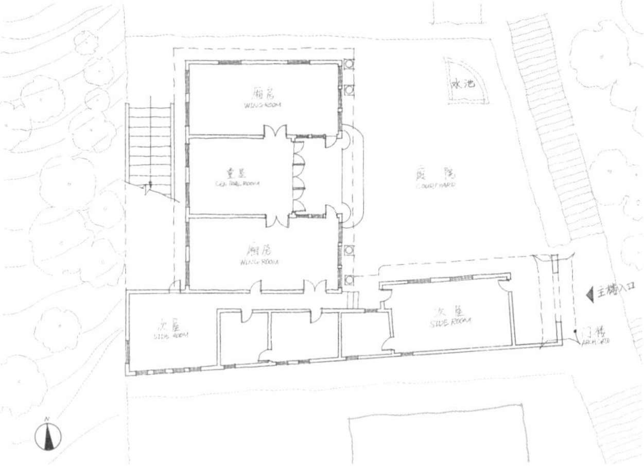

主楼一层平面示意图

顾昕熠　绘

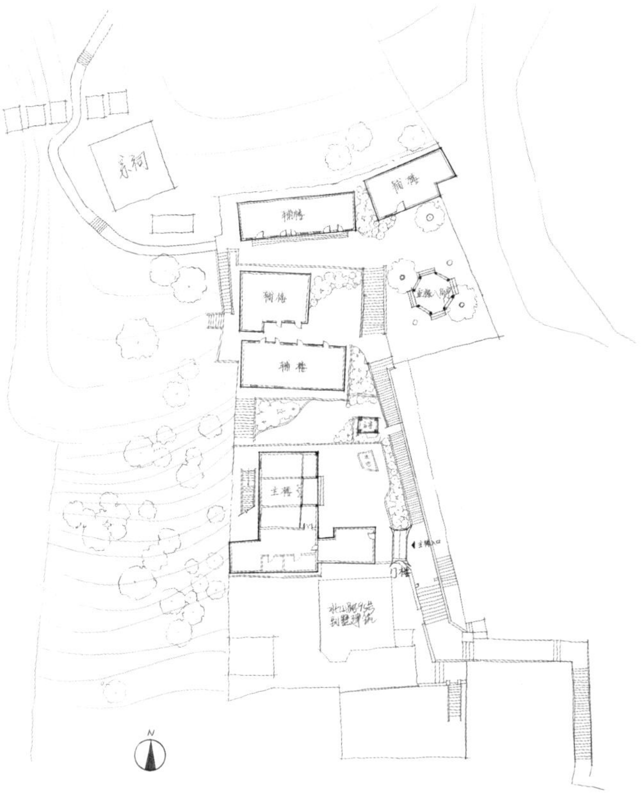

一层平面示意图

顾昕熠 绘

54 龚文千自宅

建筑名称：龚文千自宅
建筑地点：浙江省杭州市西湖区北山街 97 号
建成年代：设计始于 1947 年
保护等级：杭州市第二批（2005）历史建筑
建筑规模：约 200 平方米

顾昕熠 摄

建筑名称：龚文千自宅（本书编号：54）
建筑地点：浙江省杭州市西湖区北山街 97 号
建成年代：设计始于 1947 年
保护等级：杭州市第二批（2005）历史建筑
建筑规模：约 200 平方米

北山街 97 号，建筑设计始于 1947 年，最初为“新中国纺织机械之父”李升伯于抗战胜利后为了在杭州筹备工厂回迁事宜与建立纺织机械制造研发中心而安排其女婿——建筑师龚文千——在北山街择地并设计的住所。新中国成立前夕，李升伯为了在美国“对华贸易禁令”生效前将纺织母机运回国内，亲赴香港购置与运输机器，后为了偿还购机的巨额债务直到 1979 年才再次回国[①]，这使得建筑的业主由李升伯转变为龚文千，并且住宅的设计任务也由李升伯的工作住所转变为龚文千一家人的家庭住宅，故后续设计与建造也随之调整。

对于建筑师龚文千而言，建筑设计过程面临诸多问题：在设计初期如何利用山麓地势与北山街的环境创造李升伯所期望的“观西湖之清幽，乃退身之阶也”的人居环境[②]，且随着建筑功能转变，如何适应家庭生活需求；如何在体现公共性的岳坟街道与私密性的家庭住宅之间寻求平衡；如何在当时“反抗现存因袭的建筑样式”[③]观念下塑造新的建筑并使之仍然能够与北山街上的建成环境保持和谐等。

因此建筑师在设计上不仅关注建筑自身，还对周围自然 - 城市环境予以了考量。建筑师把场地环境和建筑同步考虑，建筑主立面与建筑主入口直接面向北山街，二层朝向杨公堤做横长向转角窗并部分扭转建筑体量，形成面向苏堤的宽敞露台，其下顺应升高的地势与露台朝向，形成生活庭院。同时，客厅朝向苏堤的落地窗与支撑砖墙也兼顾了形态与建造，造就了小青瓦长短坡坡屋顶统一形体下富有韵律变化的立面。内部空间中，一层的家庭起居空间与二层的两间居室外，在层间沿楼梯设置了两个亭子间，分别为主人的书房与儿女的卧室，在有限的空间中创造了较为舒适的家庭生活场景。

尽管北山街 97 号别墅相较街道上其他建筑建成时间稍晚，建筑样式也有较大差异，但仍能保持彼此之间的和谐关系，一方面可能缘于北山街宝石山山麓一侧的住宅在处理自然环境与利用景观时相似的观念与手法，另一方面也源自建筑从形态到建造以及材料选择的因地制宜，使其自然地成了北山街的一部分。虽然建筑周边城市环境在过去的近 80 年间发生了许多变化，原先北山街端头的清幽去处如今成为北山街与曙光路、西湖与城市交界的热闹之地，但建筑依旧适应着当代街道，甚至成为北山街西端的标志场所，可谓历久弥新。

参观指南

建筑一楼是栖霞岭党群服务中心，二楼是私宅。可沿街或沿建筑旁登山小径拾级而上，从山间平台观赏建筑形态。
公交 7/277 路 / 西湖外环线至 [岳坟] 站。

---

① 龚玉和：《李升伯传》，浙江工商大学出版社，2015，第 113-126，141-142 页 .
② 龚玉和：《李升伯传》，浙江工商大学出版社，2015，第 117 页 .
③ 周宇辉：《郑祖良生平及其作品研究》，博士学位论文，华南理工大学，2011，第 26-31 页 .

龚文千自宅总平面示意图
顾昕熠 绘

龚文千自宅南面实景照片
徐贤得 摄

龚文千自宅南立面示意图
顾昕熠 绘

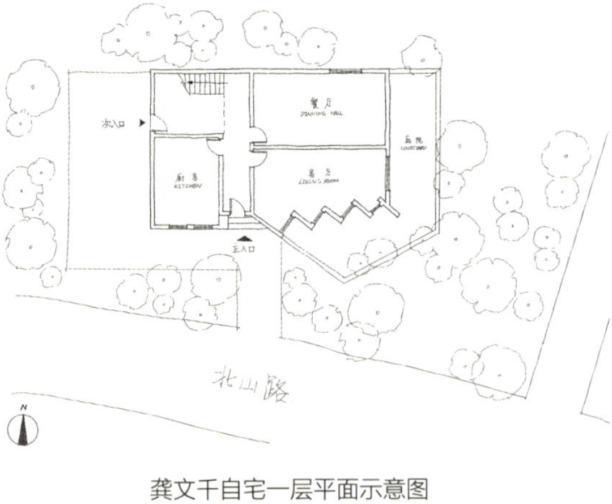

龚文千自宅一层平面示意图
顾昕熠 绘

消失的清旗营

东至湖滨路，西至中山中路，北至庆春路为界，南至解放路

吴嘉乐、朱宇杰、冯晨凯、吴李炀

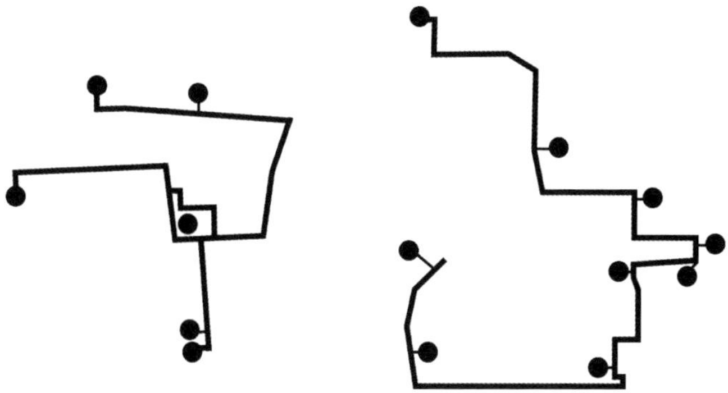

湖滨紧邻杭州中心市区，是城区走向西湖的大门，它作为接纳游人的“城市客厅”，西面临湖，东面靠城，既得观景之利，又聚城市之气，拥有独特的地理位置，成为人们来杭州游玩的必到之地。

本节主题清旗营区域，地处湖滨，原本被称为“旗下营”或者“旗营”，是满清政府最先在汉人地区设置的三个八旗驻防营之一，建营时间 1650 年冬，消亡时间 1911 年 11 月 6 日，盘踞杭州最好山水近 261 年。因为八旗官兵在驻防营城内按旗居住，每旗所居街巷的口子上，本旗旗帜高高飘扬，所以杭城百姓就把猎猎彩旗飘扬之下的那块地方称为“旗下营”或“旗营”，再后来连“营”字也省掉了，直呼“旗下”。①

过去西湖对城市并不直接开放，两者中间还隔着一堵城墙，阻断着城市和西湖的连接，这就是古时人们说的“三面云山一面城”（“一面城”指的就是城墙）。

辛亥革命后，民国政府以“拆撤旗营”为契机，将杭城西面城墙打开，创造了西湖与城区直接相邻并置的条件。利用这个机会，地方政府对原本旗营区域的路网进行了修改，并在此处建立了“新市场”。②1912 年 7 月 22 日，中华民国政府正式开始拆除杭州古城墙运动，拆除钱塘门至涌金门地段的城墙，建设湖滨公园。③

新市场的开辟，使得西湖风景与商业结合在一起，形成了一个集旅游、购物、住宿、餐饮等功能为一体的综合商业区。从新市场对杭州商业的促进作用来看，围绕西湖风景的旅游业快速发展，打下了杭州作为观光旅游城市的基础。1915 年后，市面上涌现了许多关于西湖的导游书，新市场是游客的必经之路。西湖的独特风格不仅吸引着国内的游客，也吸引了大量的海外游客。1920 年，杭州外国游客的数量仅为 1211 人，1936 年则多达 10419 人。④

线路一：从浙江省高等法院旧址向东出发，临近湖滨步行街漫游前行，商业氛围浓厚，可以感受杭州近现代商业发展模式及建筑变迁。路线总长 2.3 千米，预计步行时间 38 分钟。

线路二：出发点为蕲王路 8 号，整体先向东南前进。整条路线能反观杭州市近现代经济发展和历史文化沿革的背景对比，反映杭州商人活动的同时，见证近现代杭州建筑的发展历程和完整保护。路线总长 4.9 千米，预计步行时间 81 分钟。

---

① 阮毅成：《三句不离本杭》，杭州出版社，2001.

② 毛燕武：《民国杭州市政建设》，杭州出版社，2011.

③ 同②.

④ 闫佳钰：《试论民国前期（1912–1936）杭州主要城市商业区的形成、特征与影响》，博士学位论文，浙江大学，2021.

55 浙江省高等法院旧址
The High People's Court of ZheJiang Province Historical Site
56 马寅初纪念馆
Ma Yinchu Memoria
58–61 思鑫坊建筑群
Sixinfang Buildings
63 韩国独立运动旧址
Korean Independence Movement Historical Site
57 学士坊
Xueshifang
62 五福里
Wufuli
西湖
West Lake
庆
春
平
海
解
放

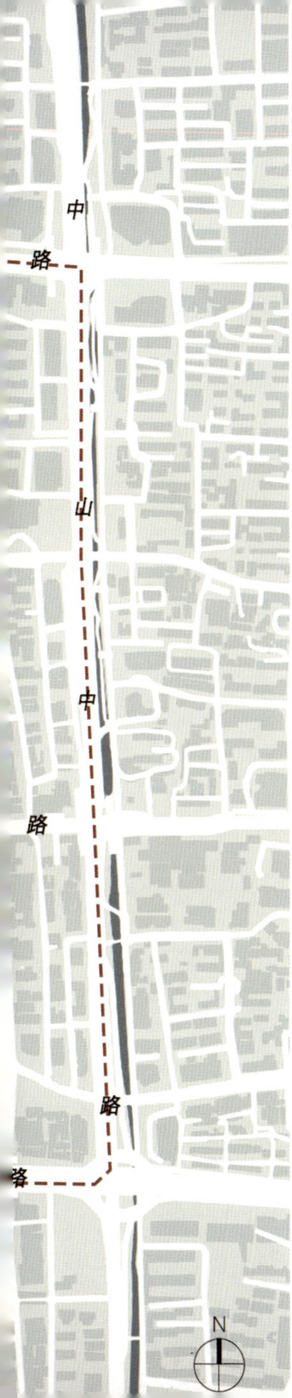

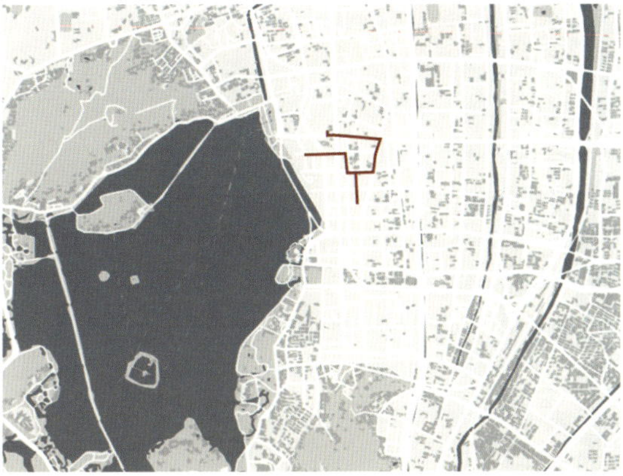

原清旗营区域参观线路一示意图

55 浙江省高等法院旧址
The High People's Court of ZheJiang Province Historical Site
浙江省杭州市拱墅区庆春路 258 号

56 马寅初纪念馆
Ma Yinchu Memorial
浙江省杭州市拱墅区庆春路 210 号

57 学士坊 *Xueshifang*
浙江省杭州市上城区学士路 3 号

58–61 思鑫坊建筑群
Sixinfang Buildings
浙江省杭州市上城区孝女路 1 号，学士路 1–30 号，菩提寺路 2 号

62 五福里 *Wufuli*
浙江省杭州市上城区板桥路

63 韩国独立运动旧址
Korean Independence Movement Historical Site
浙江省杭州市上城区长生路 53–55 号

- 全国重点文物保护单位 *National key protection units*
- 市县级文物保护单位 *Municipal key protection units*
- 省级文物保护单位 *Provincial key protection units*
- 建筑考察路线 *Building Inspection Route*

55 浙江省高等法院旧址

建筑名称：浙江省高等法院旧址
建筑地点：浙江省杭州市拱墅区庆春路 258 号
建成年代：始建于清宣统元年（1909）
保护等级：浙江省第五批（2005）文物保护单位
建筑规模：约 474 平方米

冯晨凯 摄

建筑名称：浙江省高等法院旧址（本书编号：55）
建筑地点：浙江省杭州市拱墅区庆春路 258 号
建成年代：始建于清宣统元年（1909）
保护等级：浙江省第五批（2005）文物保护单位
建筑规模：约 474 平方米

浙江省高等法院与杭县地方法院旧址，位于杭州市庆春路 258 号，现为杭州城市建设陈列馆，管理使用单位为杭州市城市建设档案馆。因建筑外立面为红色清水墙，俗称“红楼”。这幢颇具历史积淀的中西风格结合建筑始建于清宣统元年（1909），是目前杭城仅存的旧司法机构遗存建筑。清宣统二年（1910），浙江高等审判厅及高等检察厅、杭州地方审判厅及地方检察厅成立，办公地点设在这里。

浙江省高等法院成立于民国十九年（1930），杭县地方法院成立于民国十六年（1927）以后，其前身分别为设立于清宣统二年（1910）的浙江高等审判厅及高等检察厅、杭州地方审判厅及地方检察厅。上述司法机构自成立之日起，同在法院路（清旧名臬司前）办公，即现在延安路和庆春路交叉口的西北侧。民国二十六年（1937）12 月，侵华日军侵占杭州，浙江省高等法院及杭县地方法院随政府迁移后方。1945 年抗战胜利后，浙江省高等法院及杭县地方法院迁回杭州，办公地点仍在法院路原址。民国三十五年（1946）10 月，杭县地方法院改称为杭州地方法院。①

1949 年 5 月杭州解放后，浙江省高等法院及杭州地方法院被中国人民解放军华东军区杭州市军事管制委员会接管。此后，人民政府建立起人民民主专政的司法机关。1951 年，法院旧址划归浙江医学院军区医院（现浙江大学医学院）使用至今。现存旧址建筑，为浙江省杭县地方法院法庭。②

旧址建筑外观采用西方古典主义建筑美学原则，重视立面构图和装饰。结构采用砖墙承重，具有典型的中国近代建筑特征。

参观指南

红楼目前对外开放，周一闭馆。

地铁 1 号线 /3 号线到 [凤起路] 站或公交 236/49 路至 [小车桥] 站。

---

①【红色记忆】浙江省高等法院及杭县地方法院旧址，https://z.hangzhou.com.cn/2019/hsjywspzj/|content/content_7314804.htm.

② 同①.

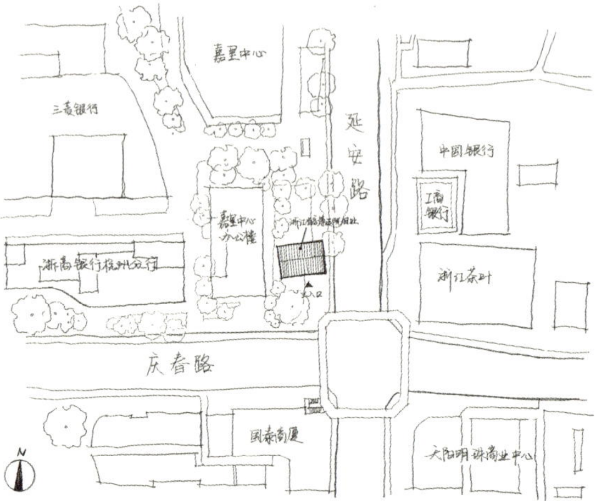

浙江省高等法院旧址总平面示意图

吴李炀 绘

浙江省高等法院旧址实景照片

朱宇杰、冯晨凯 摄

56 马寅初纪念馆

建筑名称：马寅初纪念馆
建筑地点：浙江省杭州市拱墅区庆春路 210 号
建成年代：始建于清末民初
保护等级：全国第六批（2006）重点文物保护单位
建筑规模：约 486.2 平方米

冯晨凯 摄

建筑名称：马寅初纪念馆（本书编号：56）
建筑地点：浙江省杭州市拱墅区庆春路 210 号
建成年代：始建于清末民初
保护等级：全国第六批（2006）重点文物保护单位
建筑规模：约 486.2 平方米

马寅初纪念馆（马寅初旧居），位于杭州市庆春路 210 号，是第六批全国重点文物保护单位。主楼建于清末，共三层，建筑面积约 486 平方米，为中西合璧式近代砖木花园别墅建筑，三楼阳台正南墙上方镌刻着“竹屋”二字，故此幢小楼亦称“竹屋”。竹屋是马寅初于 1936 年购买的住宅，1936–1937 年夏，他曾在此居住。1945 年抗战胜利后的一段时间及 1949 年 8 月至 1951 年，马寅初任浙江大学校长期间，也曾在竹屋居住。马寅初的部分经济学论著和演讲稿在竹屋撰写而成。

2004 年，马寅初纪念馆正式向社会公众免费开放。修缮后的旧居基本保持了原貌，现一楼和二楼辟为展厅，并恢复了马老的书房和卧室。馆内展出了马老各个时期的照片、史料、著作及手迹，分为“负笈西洋”“民族卫士”“共商国是”“一代宗师”“人口宏论”“坚持真理”“光耀人间”等 10 个专题，展示马老绚丽人生。展厅陈列的书桌、书柜、台灯、高凳和躺椅、轮椅及陈列的衣帽等，均为马寅初生前使用的原物。①

马寅初（1882.6.24–1982.5.10），字元善，中国当代经济学家、教育学家、人口学家，浙江嵊州人。马寅初自幼聪颖，刻苦攻读，曾留学美国，获博士学位。学成回国后，拒绝军阀、政客的拉拢，毅然到北京大学任经济学教授，致力于教学与科研，著书立说，抨击时弊，成为“五四运动”前夕就享誉很高的教授。他曾担任原南京政府立法委员，新中国成立后，历任中央财经委员会副主任、华东军政委员会副主任、重庆大学商学院院长兼教授、南京大学教授、北京交通大学教授、北京大学校长、浙江大学校长等职。他潜心考察研究，发表高质量论文四十多篇，其中《新人口论》是一篇卓有见地的不朽之作。

1957 年，因发表“新人口论”方面的学说，马寅初被打成右派，在党的十一届三中全会后得以平反。他一生专著颇丰，特别对中国的经济、教育、人口等方面有很大的贡献，有当代“中国人口学第一人”之誉。

参观指南

开放，周一闭馆。
地铁 1 号线 /3 号线至 [凤起路] 站或公交 236/49 路至 [小车桥] 站。

---

①【红色记忆】马寅初纪念馆（马寅初旧居）吴阳杰，https://z.hangzhou.com.cn/2019/hsjywspzj/content/content_7302558.htm.

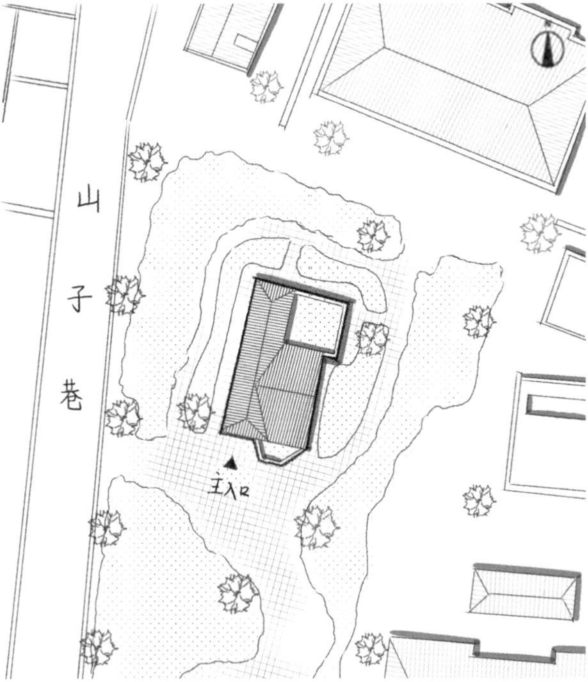

马寅初纪念馆总平面示意图

吴李炀 绘

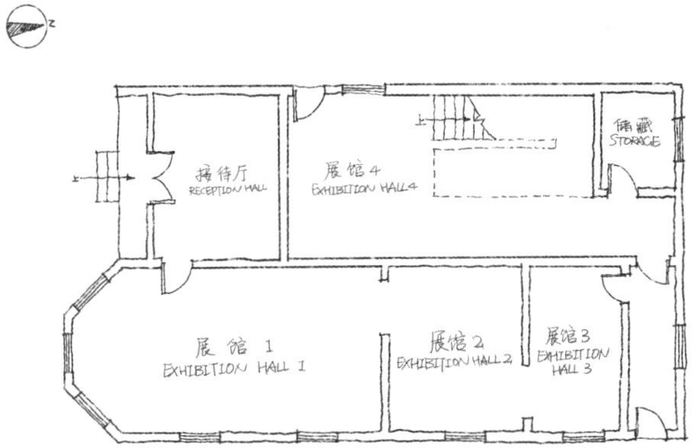

马寅初纪念馆一层平面示意图

吴李炀 绘

57 学士坊

建筑名称：学士坊
建筑地点：浙江省杭州市上城区学士路 3 号
建成年代：始建于 20 世纪 30 年代
保护等级：杭州市第一批（2004）文物保护单位
建筑规模：约 300 平方米

朱宇杰 摄

建筑名称：学士坊（本书编号：57）
建筑地点：浙江省杭州市上城区学士路 3 号（现杭州国医馆）
建成年代：始建于 20 世纪 30 年代
保护等级：杭州市第一批（2004）文物保护单位
建筑规模：约 300 平方米

直通西湖的学士路，原为清旗营内道路，民国时拆旗营建路，以江学士桥得名——明工部侍郎江晓居此，称江学士。江学士家族在明代五世相继出七名进士，为杭州的名门望族，相传其宅为宋韩蕲王旧第。学士路东段邻近浣纱路，上城区湖滨街道学士路 3、4 号之间，坐落有一处叫作学士坊的花园洋房院落，现保留东侧两幢。

其中一座名为“红楼”，主人原是湖州富商陈氏家族中的女眷。该屋主人还在西边购买了 1.53 亩（1019.9 平方米）土地，建起了更为西式的法国式小楼四幢成一坊，名曰“学士坊”。1935 年落成的学士坊，建有围墙门楼，门楼的水泥立柱上镌刻有“学士坊”三字，每幢小楼建筑面积近 300 平方米，各有一座小花园。[①] 四幢别墅分别建于 20 世纪 30 年代和 40 年代，按季节分别被命名为春、夏、秋、冬。

新中国成立以后，1950 年 6 月，政府将此花园洋房，连同里面的设施用具，一并调拨给杭州市级机关幼儿园使用。学士坊中四幢别墅现已拆除西侧两幢，仅留东侧两幢作为杭州市第一人民医院办公用地。[②]

这四幢别墅材质相同，均为砖木结构，青灰色调，拉毛外墙（通过甩水泥、用铲刀划、涂刷乳胶漆或者高压水射流冲刷使墙面变得粗糙。），烟囱突出于坡屋顶屋面之上，阳台宽阔，承接着落地式的小格钢窗，柚木打蜡地板一尘不染，室内木制拐角楼梯曲折而上，花饰围墙隔断尘嚣，高大乔木掩映楼台。每幢建筑木门上的铜质信箱有“LETTERS”字样，一派法式情调弥漫。即便是风格高度统一的外观，也有着丰富的变化：有的设计了老虎窗，有的却没有；有的设计了露台，有的设计成连廊式的阳台；有的单独成幢，有的设有裙楼……从这些设计差异也可以看出，不同幢有着不同的功能设置：有的适合家族聚会，开阔大气；有的适合友人小聚，娴静优雅；有的适合公务会议，庄重隐秘；有的适合娱乐休闲，活泼大方。再配合硕大的院落以及繁茂的花木，与其说这是一处私人的别墅宅邸，倒不如说是一个微型的多功能综合体。

解放后的学士坊曾是名人荟萃之地，浙江省文联主席宋云彬、著名教育家俞子夷、著名教育作家陈学昭等先后居住于此。[③]

参观指南

仅建筑室外可供参观。

地铁 1 号线至［龙翔桥］站或公交 103/111/113/49/68/8/801/92/208/251/270/295 路至［市一医院］站。

---

① 吴阳杰．足不出户逛杭州 · 第九期——悬壶济世的国医药馆 [EB/OL].https://z.hangzhou.com.cn/2020/rwwhql/content/content_7756814.htm, 20200616.

② 杭州市历史建筑保护管理中心．http://z1.singdo.org/libao/house.php?house_id=42.

③ 詹程开．这两处老洋房，如今都很亲民　身处繁华闹市，老树发出新枝 [EB/OL]. https://zjnews.zjol.com.cn/zjnews/hznews/202004/t20200421_11896784.shtml, 20200421.

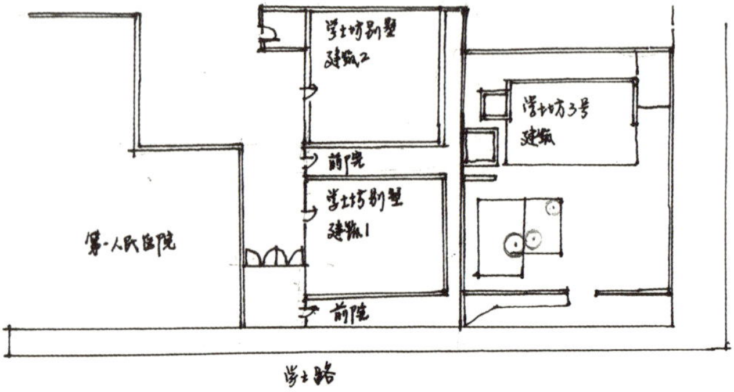

学士坊三号民居总平面示意图

吴嘉乐 绘

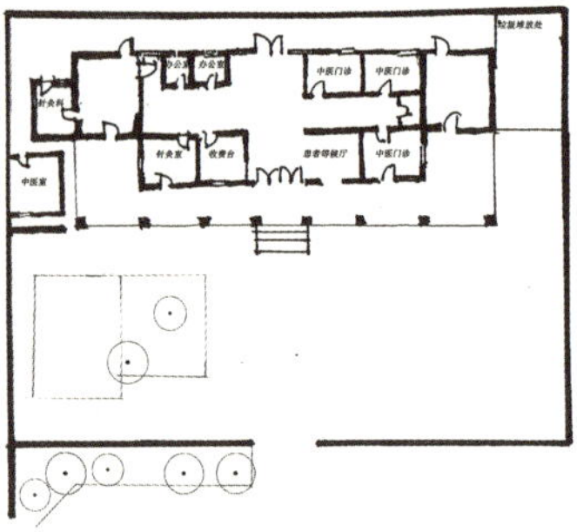

学士坊三号民居一层平面示意图

吴嘉乐 绘

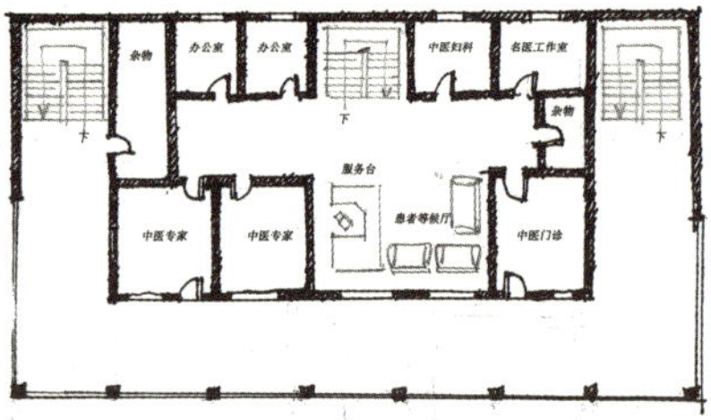

学士坊三号民居二层平面示意图

吴嘉乐 绘

学士坊院实景照片

吴嘉乐 摄

58 思鑫坊

建筑名称：思鑫坊
建筑地点：浙江省杭州市上城区孝女路 1 号、学士路 1-30 号、菩提寺路 2 号
建成年代：始建于 20 世纪 20 年代
保护等级：杭州市第三批（2007）文物保护单位
建筑规模：占地面积约 3590 平方米

朱宇杰 摄

建筑名称：思鑫坊（本书编号：58）
建筑地点：浙江省杭州市上城区孝女路 1 号、学士路 1–30 号、菩提寺路 2 号
建成年代：始建于 20 世纪 20 年代
保护等级：杭州市第三批（2007）文物保护单位
建筑规模：占地面积约 3590 平方米

思鑫坊地处繁华的湖滨商圈一角，南起学士路中段，北至承德里；西起菩提寺路南段，东至孝女路。清为旗营镶黄旗坊福昌巷，民国初陈鑫公在此建房，称思鑫坊[①]。

思鑫坊所处的位置从隋朝开始就位于城市中，是一处隐于高楼之间的老街区，周围繁华、喧闹，人来车往，来到这里，却仿佛突然进入了一个安详、寂静、闲适的天地。这里的青砖黑瓦、雕花门楣，尤其是乌漆木门上的铜质门环，都在告诉你，一切景物都存在于百年之前，又经历了漫长岁月的风吹雨打、磨砺熏烤。思鑫坊，推开任何一扇门，脚下的每一段路，都隐藏着丰厚的历史。

在思鑫坊西、南两侧均有一砖砌拱券门洞作为入口，并以不同的空间序列分别形成公共与私密的空间。位于入口的总弄，即思鑫坊直弄，将弄外的街道隔离，形成内部私密空间。但相对于弄堂里的居住者来说，这一空间反而成为外部公共空间，起着交谈、交通的作用。

与总弄交错的便是私密性更强的支弄。支弄由前后 48 个单元围合而成，每个单元便是居民的住所，面阔 3.5 米，进深 18 米，无论大小还是规格、样式都极度统一。[②] 支弄往东是尽端，体现着中国传统居住文化的封闭性与内向性。每个单元内有小天井，后为二层清水墙砖楼房，虽然弄堂的私密性与紧凑性对日照有一定影响，但建筑二楼均设有露台，用于晾晒，满足居民的日常需求。思鑫坊与相邻的另一弄堂“承德里”同为 20 世纪 20 年代建造，同样是砖木结构石库门里弄式住宅。石库门最早起源于 19 世纪中叶。当时太平军东征，上海老城内的居民和江浙难民大批涌入租界，居住问题凸显，于是一种脱胎于传统四合院，但占地面积较小、专供出租使用的两层建筑应运而生，成为石库门的雏形。思鑫坊与承德里建筑样式极度统一，同样是清水墙砖的二层楼房。

思鑫坊的当代使用是一直在探讨的问题。经过改造后，思鑫坊希望依托区块的文化底蕴，在保持原房产权关系不变、形态结构不变、街坊风貌不变的前提下，突出文化展示、交流、休闲购物、餐饮娱乐等功能，使之成为杭州西湖边独有的文化秀场[③]。

参观指南

仅建筑室外可供参观。

地铁 1 号线至 [龙翔桥] 站或公交 103/111/113/49/68/8/801/92/208/251/270/295S 路至 [市一医院] 站。

---

① 贾奕明：《杭州思鑫坊建筑艺术及其保护》，《美术教育研究》2021 年第 4 期：72-73.
② 张倩如，彭程雯，马军山：《杭州市思鑫坊历史街区保护与更新重点及难点》，《山西建筑》2014 年第 13 期（总 40 期）：9-11.
③ 林正秋，龚玉和：《杭州思鑫坊前世今生与保护利用思考——兼论杭州艺术之都建设》，《创意城市学刊》2020 年第 3 期：184-190.

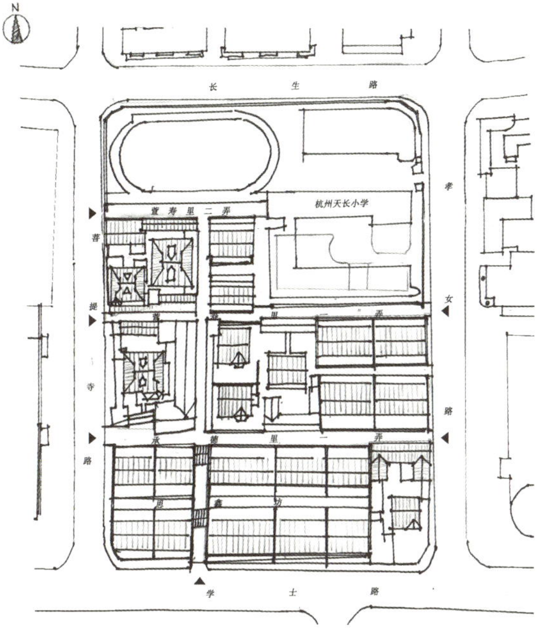

思鑫坊总平面示意图

吴嘉乐 绘

思鑫坊实景照片

吴嘉乐 摄

59 寒柯堂

建筑名称：寒柯堂
建筑地点：浙江省杭州市上城区萱寿里一弄 13-16 号
建成年代：始建于 20 世纪 30 年代
保护等级：杭州市第三批（2007）文物保护单位
建筑规模：约 570 平方米

朱宇杰 摄

建筑名称: 寒柯堂（本书编号: 59）
建筑地点: 浙江省杭州市上城区萱寿里二弄 13–16 号
建成年代: 始建于 20 世纪 30 年代
保护等级: 杭州市第三批（2007）文物保护单位
建筑规模: 约 570 平方米

寒柯堂又名成乐堂，位于思鑫坊萱寿里二弄 13–16 号。建筑原主人为著名书画家余绍宋，1931 年建成此楼。现主人为余绍宋后人。西侧为宋孟年（先后担任浙江省高等法院推事、首席检查官等职）故居列贤堂，两家同砌一堵院墙，共用一块界碑。此宅为仿英式的别墅，砖木结构，两层三开间，屋面有老虎窗。外立面有落地井字格长玻璃窗，地面为带花纹的水磨石地面。总建筑面积 570 余平方米，占地面积 180 平方米左右。

思鑫坊片区是民国时期石库门式里弄建筑群，独具特色。整个建筑群采用“总弄—直弄—入户”的空间组织方式: 南北向的思鑫坊直弄为总弄，连接东西向各支弄，为坊内居民主要的公共活动空间。

寒柯堂主人余绍宋，字越园，早年曾用樾园、粤采、觉庵、觉道人、映碧主人等别名，49 岁后更号寒柯。余绍宋祖籍浙江龙游，清嘉庆年间，因故乡龙游遭遇兵火，余绍宋的曾祖父余恩荣举家迁移至衢州化龙巷定居。1883 年农历十月初六，余绍宋诞生于此。①24 岁时，他与马叙伦同赴日本政法大学留学。

清宣统二年（1910）余绍宋回国，在北京、上海、衢州、杭州多地辗转工作生活。民国元年（1912），他就任浙江公立法政专门学校教务主任兼教习，翌年赴北京，先后任众议院秘书、司法部参事，次长、代理总长、高等文官惩戒委员会委员、修订法律馆顾问、北京美术学校校长、北京师范大学教授、北京法政大学教授、司法储材馆教务长等职。1930 年，余绍宋用自己的“稿酬”买下了杭州菩提寺路旁的一处空地，建起了自己的别墅——寒柯堂。

目前寒柯堂整体保存较好，仍有人居住，但空调室外机及简易雨棚的设置影响了建筑的立面景观，同时建筑周边搭建较多，对思鑫坊整体面貌有一定影响。

参观指南

建筑仅室外可供参观。
地铁 1 号线至 [龙翔桥] 站或公交 103/111/113/49/68/8/801/92/208/251/270/295 路至 [市一医院] 站。

---

① 刘平平:《余绍宋与民国〈龙游县志〉》,《中国地方志》2009 年第 5 期: 52-53.

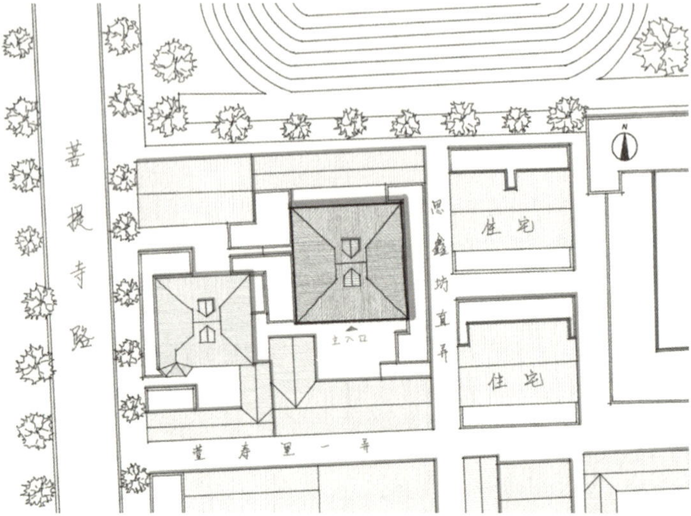

寒柯堂总平面示意图
朱宇杰 绘

寒柯堂南立面示意图
朱宇杰 绘

思鑫坊直弄走向寒柯堂实景照片
吴嘉乐 摄

周边辅助用房实景照片
吴嘉乐 摄

60 承德里

建筑名称：承德里
建筑地点：浙江省杭州市上城区孝女路 1-7 号附近
建成年代：始建于 20 世纪 30 年代
保护等级：杭州市第三批（2007）文物保护单位
建筑规模：约 120 平方米（每户）

朱宇杰 摄

建筑名称：承德里（本书编号：60）
建筑地点：浙江省杭州市上城区孝女路 1–7 号附近
建成年代：始建于 20 世纪 30 年代
保护等级：杭州市第三批（2007）文物保护单位
建筑规模：约 120 平方米（每户）

承德里属于典型的石库门式民国住宅建筑群，是目前各地少有的保存完好的民国风貌控保建筑（控保建筑，指有保护价值但未被认定为文物保护单位的老建筑。）遗迹。承德里位于杭州湖滨区块，在思鑫坊之北、萱寿里以南。思鑫坊直弄自南向北串联起思鑫坊、承德里、萱寿里。[①] 承德里所在街区的道路——长生路、菩提寺路、学士路和孝女路，均为单行道路。长生路和学士路北侧沿街多商铺，地铁站、公交站分布在西侧、南侧道路。街道尺度偏紧凑，公共空间稍显局促。

承德里为清水砖墙砖木结构、坡屋顶二层建筑组成的建筑群，建筑两侧的封火山墙上有精美的环形浮雕花饰，西式窗套上有圆形花卉浮雕装饰。从杭州市历史街区保护规划的资料来看，目前承德里建筑群的住宅中，常住住户超一半，租户也较多。承德里建筑及其设施虽老旧，但区位优越，交通、生活便利，且街区生活方式和生活记忆已深入大部分常住居民心中，因此居民大多颇为眷恋。[②]

承德里与其北侧的萱寿里地块，原为清旗营北部镶黄旗坊福昌巷。清顺治年间，湖滨一带圈起 1400 多亩（约 93 万平方米）土地，用于驻防兵营，即旗营。民国初年时，原在湖滨一带的旗营被拆，后重筑路，开商店，孝女路、菩提寺路、学士路、长生路等周边的道路都建于此阶段。在改造过程中，首次引入新的开发模式，由政府整合、规划土地后公开出售，由私人购地开发。自此，现有历史街区的基本格局形成，道路和楼宅的排布十分规整，各地块、楼群错落有致，其里弄空间组织呈鱼骨式。这些建筑格局保留至今，承德里以及整个思鑫坊也保留着原先的历史格局。

参观指南

建筑仅室外可供参观。

地铁 1 号线至［龙翔桥］站或公交 103/111/113/49/68/8/801/92/208/251/270/295 路至［市一医院］站。

---

① 孟蕾：百年思鑫坊 . 杭州（周刊）2016 年第 6 期：52-53.

② 颜君如 . 思鑫坊：在城市改造提升中涅槃　百年建筑群风华重现 [EB/OL]. https://z.hangzhou.com.cn/2019/cmlsjz/content/content_7268460.htm, 20190918.

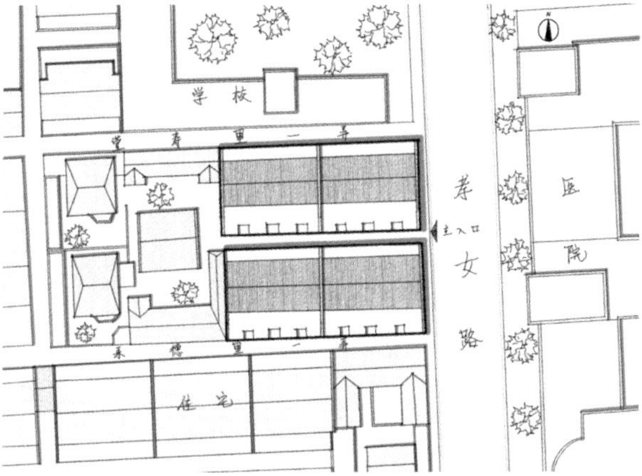

承德里总平面示意图

朱宇杰 绘

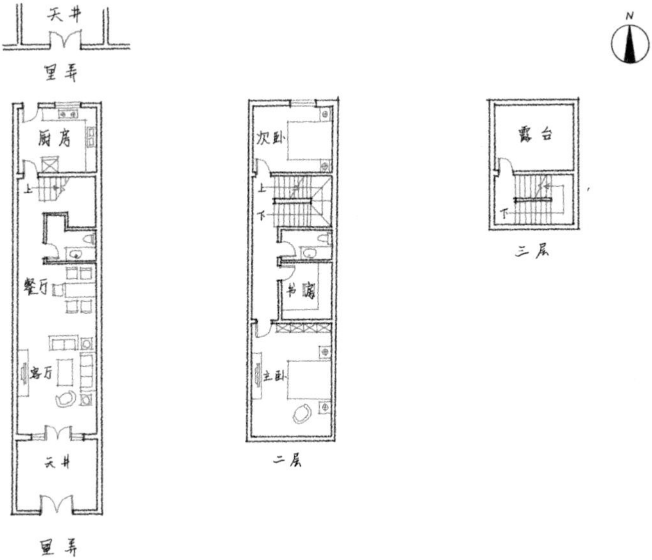

承德里各层平面示意图

朱宇杰 绘

61 萱寿里二弄

建筑名称：萱寿里二弄
建筑地点：浙江省杭州市上城区孝女路 1-7 号附近
建成年代：始建于 20 世纪 30 年代
保护等级：杭州市第四批（2008）文物保护单位

朱宇杰 摄

建筑名称：萱寿里二弄（本书编号：61）
建筑地点：浙江省杭州市上城区孝女路 1–7 号附近
建成年代：始建于 20 世纪 30 年代
保护等级：杭州市第四批（2008）文物保护单位
建筑规模：约 120 平方米（每户）

萱寿里建筑群位于思鑫坊历史街区，紧邻多个历史名人故居，但处于历史建筑群边缘，与北侧学校接壤。萱寿里建筑以石库门式为主。经过不断完善，这种建筑发展为由天井、客堂、厢房、灶披间、亭子间和晒台等组成的功能齐全的住宅模式；每户入口有一石门框，黑漆大门上一对铜门环，外墙上有西式雕花图案，建筑材质以青砖、黑瓦为主，形成冷色调，建筑布局采用联排式，数幢或数十幢为一排列，构成分弄，又以数条分弄组成大弄。①

萱寿里得名于余绍宋。在余绍宋建起自己的别墅寒柯堂之后，由于寒柯堂附近还有不少空地，国民党将军何柱国等名人也来此买地盖房。不久，这里就形成了里弄，但是却没有里弄名称。当时，杭州市的建设部门请居住于此的余绍宋拟定里弄名称，恰逢余绍宋母亲大寿之年，于是余绍宋便起名"萱寿里"。这一名称沿用至今，甚至还延伸出"萱寿里一弄""萱寿里二弄"等新的里弄名称。②

建筑改造与修复一直是近些年萱寿里的重要主题。这里现为几个主体为二层的砖木结构居民类石库门建筑群，建筑整体保存较好，局部有破损，入口处石库门砖雕独具特色。

参观指南

建筑仅室外可供参观。

地铁 1 号线至［龙翔桥］站或公交 103/111/113/49/68/8/801/92/208/251/270/295 路至［市一医院］站。

---

① 贾奕明：《杭州思鑫坊建筑艺术及其保护》，《美术教育研究》2021 年第 4 期：72-73.

② 王勇则．梁启超和余绍宋饮冰室谈艺为欢［EB/OL］.(2011-03-18)，https://www.chinanews.com.cn/cul/2011/03-18/2916341.shtml.

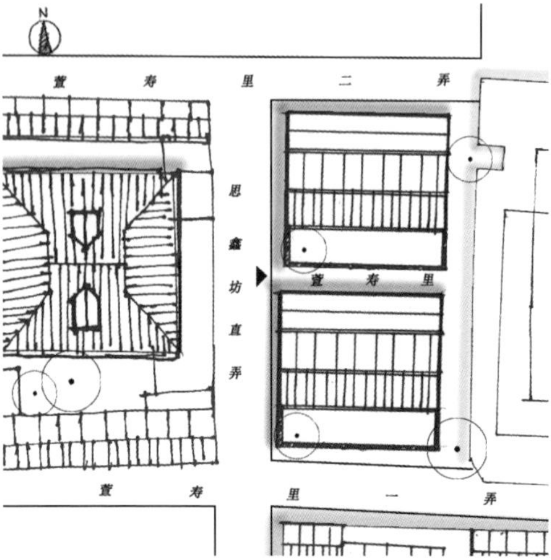

萱寿里二弄总平面示意图
吴嘉乐　绘

萱寿里二弄实景照片
吴嘉乐　摄

萱寿里建筑实景照片
吴嘉乐　摄

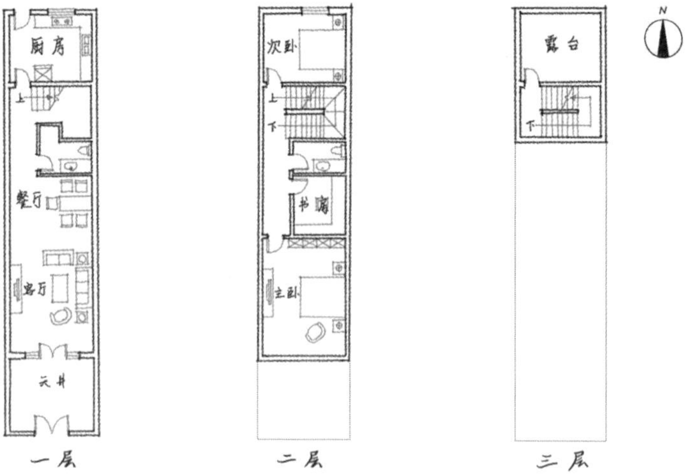

萱寿里各层平面示意图
朱宇杰　绘

62 五福里

建筑名称：五福里
建筑地点：浙江省杭州市上城区板桥路
建成年代：始建于 20 世纪 20 年代
保护等级：杭州市第二批（2005）文物保护单位
建筑规模：约 1980 平方米

朱宇杰 摄

建筑名称: 五福里（本书编号: 62）
建筑地点: 浙江省杭州市上城区板桥路
建成年代: 始建于 20 世纪 20 年代
保护等级: 杭州市第二批（2005）文物保护单位
建筑规模: 约 1980 平方米

五福里位于板桥路与吴山路之间，始建于 20 世纪 20 年代，分为 1 弄、2 弄、3 弄，是以砖木结构为主的住宅建筑群。长长的弄堂隔着两排里弄石库门房屋，呈现为中西合璧近代式样的公寓住宅。

房子共有两排，每排十一个石库门单元，单幢建筑均为两层高并带天井晒台，东、西、北墙均用刻有营造厂名字的青砖实砌，水泥勾缝；朝南部分楼上采用木板隔墙，红木格窗扇，楼下用落地门窗；每层均用红漆地板；东侧山墙上，有两座铸铁栅栏的精巧小阳台，实用又具有装饰意义。

这类住宅，既受到西式建筑影响，也有中式合院式民居的影子，在杭州，它是区别于花园洋房和老式墙门并介于两者之间的一种常见的“中产阶级”住宅。[①] 五福里现已被列为市级建筑文物保护单位，各历史建筑的立面、结构体系、基本平面布局和有特色的内部装饰不得改变，在保护好的前提下，可以继续被作为日常住宅使用。

参观指南

对外开放。

地铁 1 号线 /3 号线至 [龙翔桥] 站或公交 236/49 路至 [井亭桥] 站。

---

① 五福里建筑群杭州市文物遗产与历史建筑保护中心，http://www.singdo.org/libao/luelan_disp.php?luelan_id=71.

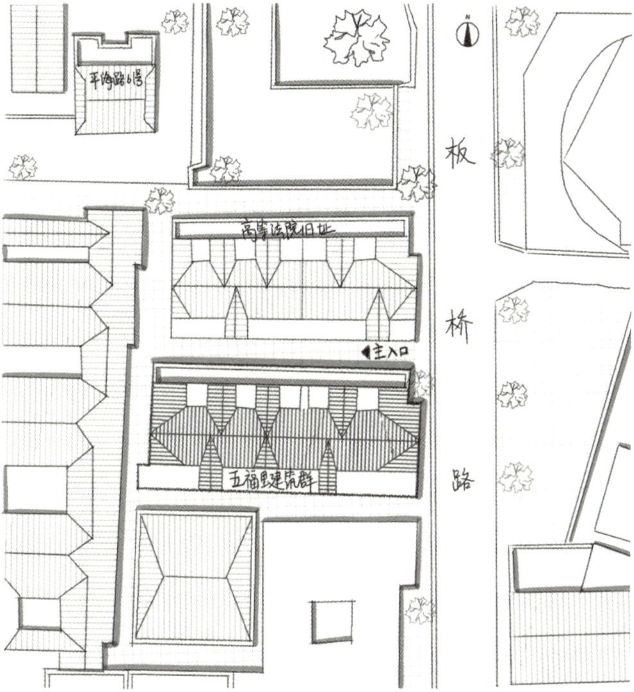

五福里总平面示意图

吴李炀 绘

五福里建筑实景照片

朱宇杰、冯晨凯 摄

63 韩国独立运动旧址

建筑名称：韩国独立运动旧址

建筑地点：浙江省杭州市上城区长生路 53–55 号

建成年代：始建于 1919 年

保护等级：浙江省第六批（2011）文物保护单位

建筑规模：约 336 平方米

冯晨凯 摄

建筑名称：韩国独立运动旧址（本书编号：63）
建筑地点：浙江省杭州市上城区长生路 53–55 号
建成年代：始建于 1919 年
保护等级：浙江省第六批（2011）文物保护单位
建筑规模：约 336 平方米

2007 年，韩国独立运动湖边村旧址被开辟为大韩民国临时政府杭州旧址纪念馆，纪念馆位于杭州市上城区长生路 53–55 号，现为浙江省省级文物保护单位。纪念馆分为三个展厅，复原了 20 世纪 30 年代旧貌，向参观者展示 70 多年前中韩人民并肩战斗的历史篇章。①

1910 年，日本吞并韩国。韩国民主革命志士流亡中国，积极开展反日复国运动。1919 年，流亡志士在上海成立大韩民国临时政府。1932 年 4 月 29 日，朝鲜抗日义士尹奉吉在上海虹口公园投掷炸弹，炸死日本上海派遣军总司令白川义则大将等要员，震惊世界。此后在日寇大肆搜捕下，韩国临时政府的成员们得到中国进步人士的帮助，辗转来到浙江杭州、嘉兴，继续开展斗争。韩临时政府在杭州的活动地点约有 9 处，现已明确位置的有 3 处，其中湖边村 23 号是 1932 年 5 月时韩国临时政府办公处，板桥路五福里 2 弄 2 号则是 1934 年时韩国临时政府办公处，思鑫坊 41–42 号曾作为当时韩国独立党部。这三处建筑均为民国时期典型的石库门里弄式民居。

在这些普通民居点从事革命活动，有利于掩藏身份。当时的临时政府领导人金九就住在龙翔桥思鑫坊，他的办公室长兼外交部次长闵弼镐住在龙翔桥棋星里，以做生意为掩护，秘密开展革命工作。② 在杭州的三年时间里，韩国临时政府召开国务会议，发行独立党机关报，保存了抗日力量，由小到大成长为国际反法西斯阵营中的重要一员。他们的抗日复国斗争得到了杭州人民的同情、支持和帮助。

参观指南

开放。

地铁 1 号线 /3 号线至［龙翔桥］站或公交 236/49 路至［小车桥］站。

---

① 戚永晔 . 湖边村：中韩两国互助与友好的象征 - 访杭州“大韩民国临时政府旧址纪念馆”[J]. 文化交流，2015(11):31-34.DOI:10.3969/j.issn.1004-1036.2015.11.013.

② “红色记忆”韩国独立运动旧址（杭州）吴阳杰，https://z.hangzhou.com.cn/2019/hsjywspzj/content/content_7264226.htm.

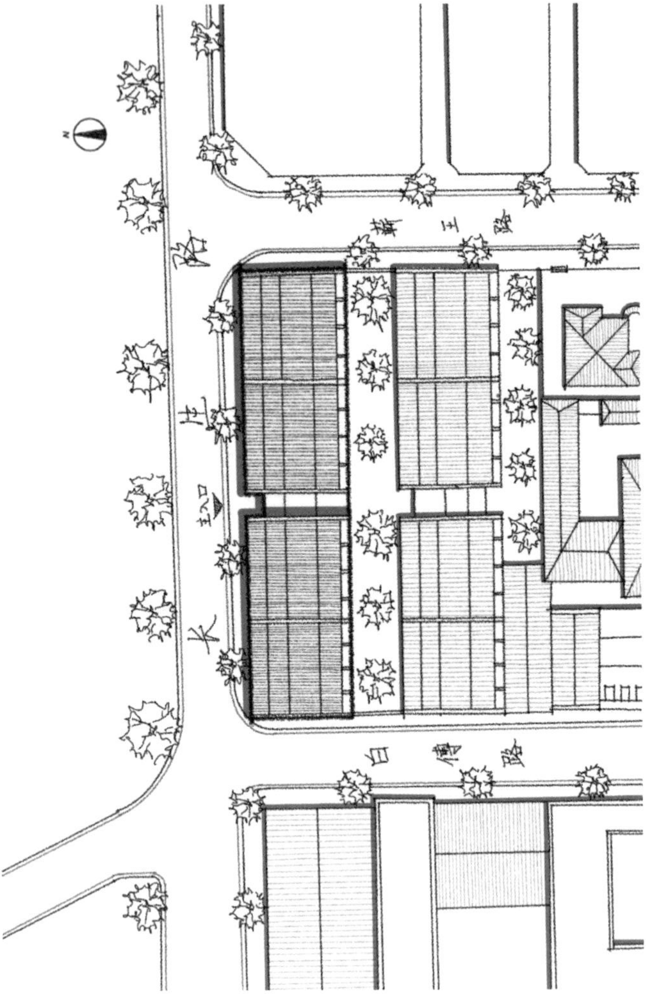

韩国独立运动旧址总平面示意图
朱宇杰 绘

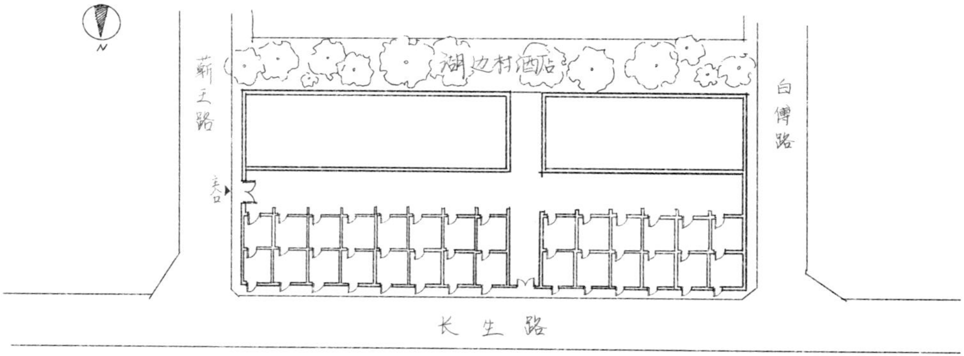

韩国独立运动旧址一层平面示意图
顾昕熠 绘

庆
春
64 蕲王路 18 号别墅
Villa No. 18 Qiwang Road
65 清泰第二旅馆
Qingtai Second Ho
Historical Site
西湖
West Lake
73 三三医院旧址
Sansan Hospital
Historical Site
平
海
72 澄庐
Chenglu
69 基督教青年会所旧址
YMCA Historical Site
71 澄心堂
Cheng Xin Church
70 丁家花园
Ding's Garden
解
放

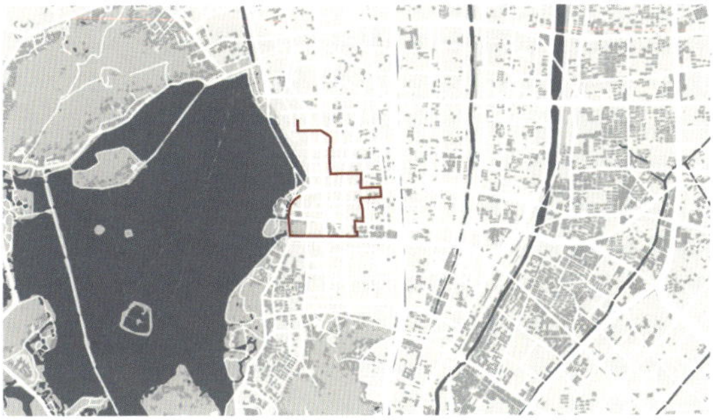

原清旗营区域参观线路二示意图

64 蕲王路 18 号别墅
Villa No. 18 Qiwang Road
浙江省杭州市上城区蕲王路 18 号

65 清泰第二旅馆旧址
Qingtai Second Hotel Historical Site
浙江省杭州市上城区仁和路 22 号

66 浙江省电话局旧址
Zhejiang Telephone Bureau Historical Site
浙江省杭州市上城区惠兴路 10 号

67 凤凰寺
FengHuang Mosque
浙江省杭州市上城区中山中路 227 号

68 东平巷徐宅
Dongping Lane Xu House
浙江省杭州市上城区湖滨街道东平巷 2 号

69 基督教青年会所旧址
YMCA Historical Site
浙江省杭州市上城区青年路 27 号

★ 全国重点文物保护单位
National key protection units

▲ 省级文物保护单位
Provincial key protection units

○ 市县级文物保护单位
Municipal key protection units

建筑考察路线
Building Inspection Route

70 丁家花园
Ding's Garden
浙江省杭州市上城区西湖大道 216 号

71 澄心堂
Cheng Xin Church
浙江省杭州市上城区南山路 238-1 号

72 澄庐 *Chenglu*
浙江省杭州市上城区南山路 189 号

73 三三医院旧址
Sansan Hospital Historical Site
浙江省杭州市上城区柳营路 6 号

64 蕲王路 18 号别墅

建筑名称：蕲王路 18 号别墅
建筑地点：浙江省杭州市上城区蕲王路 18 号
建成年代：始建于 1938 年
保护等级：杭州市第八批（2021）文物保护单位
建筑规模：413 平方米

朱宇杰 摄

建筑名称：蕲王路18号别墅（本书编号：64）
建筑地点：浙江省杭州市上城区蕲王路18号
建成年代：始建于1938年
保护等级：杭州市第八批（2021）文物保护单位
建筑规模：413平方米

蕲王路18号别墅坐落于湖边邨历史街区，紧邻西湖，地理位置优越，是独立式西洋别墅建筑，包括主体建筑、辅房和花园。主体建筑坐北朝南，为二层砖木结构，使用清水砖墙，外立面为水泥拉毛装饰，底层有“金鸡独立”式的柱廊，二层挑出弧形阳台，小格木窗，灰幔屋顶（涂有灰浆的墙体顶部部分，即墙体与屋顶结合的位置。）。该建筑造型别致，为中西合璧的近代建筑式样。其与蕲王路16号建筑因为材质一样，风格一致，楼层、房间、造型、花园样式也相同，所以称为“姐妹楼”。[①] 姐妹楼建造完毕后，正值抗战时期，房子多次易主。在新中国成立后，由省级机关收购作为干部宿舍，现作为民居使用。

湖边邨历史街区是旧时清代杭州城驻防营内的正红旗坊，民国初年，修马路、拆营房、拆城墙城门，随后湖边邨、劝业里街坊相继形成，湖边邨因邻近西湖而得名。[②] 这一街区的空间序列层次丰富，从路巷到弄再到户内，有序地划分出公共空间（道路）、半公共空间（总弄）、半私密空间（支弄）和私密空间（户内），这些不同层次的空间呈树枝状组织方式展开。[③] 街区内建筑以近代的石库门建筑为主，是当时杭州规模最大、最西式的百多幢标准“弄堂房”，成为民国时期的典型民居。街区建筑多为二到三层，局部有四到五层，楼顶有平台，二楼有带栏杆的阳台，楼角有亭子间，楼下后门连着厨房。

参观指南

现为民居，不可参观。
地铁1号线至[龙翔桥]站或公交7/10/16/25/27/45/49/103/186路/西湖地铁接驳7线/西湖外环线至[小车桥]站。

---

① 杭州市政协：《民国杭州历史遗存》，杭州出版社，2011.
② 吴俊：《基于社区营造的杭州湖边邨历史街区保护与更新研究》，博士学位论文，浙江大学，2016，第52页.
③ 任树强，徐雷，王卡：《杭州湖边邨历史街区的空间特征及场所精神》，《建筑与文化》2010年第12期：84-85.

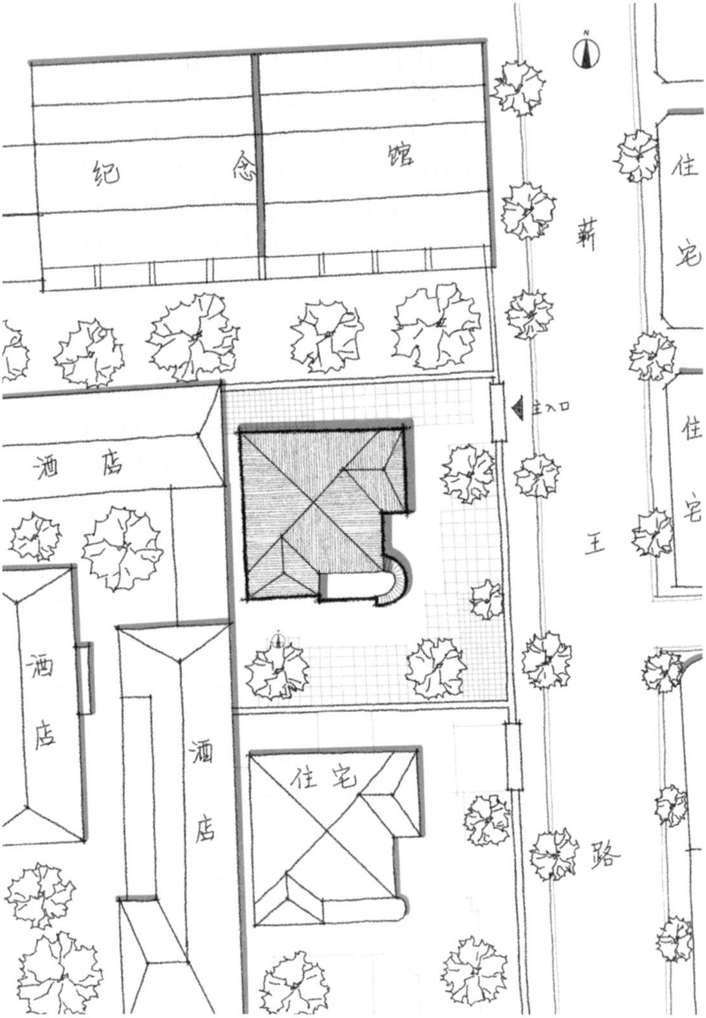

蕲王路 18 号别墅总平面示意图

朱宇杰 绘

65 清泰第二旅馆旧址

建筑名称：清泰第二旅馆旧址
建筑地点：浙江省杭州市上城区仁和路 22 号
建成年代：始建于 1933 年
保护等级：浙江省第五批（2005）文物保护单位
建筑规模：2700 平方米

朱宇杰 摄

建筑名称: 清泰第二旅馆旧址
（本书编号: 65）
建筑地点: 浙江省杭州市上城区仁和路 22 号
建成年代: 始建于 1933 年
保护等级: 浙江省第五批（2005）文物保护单位
建筑规模: 2700 平方米

清泰第二旅馆建造于民国二十二年（1933），其前身是由张恂伯等合伙开设于清宣统二年（1910）、位于城站下羊市街的杭州清泰第二旅馆，现位于杭州市上城区湖滨街道仁和路 22 号（地铁龙翔桥站附近）。

清泰第二旅馆是杭州最早的商业性旅馆之一，也是杭州为数不多留存较为完整的民国时期旅馆建筑。① 建筑为砖木结构，共有两层，平面呈长方形，南北长，东西短，共四进，每两进之间，上下两层之间都设走廊并互相连通，形成走马式回廊。内部采用深红色的木柱和黑瓦黄墙，让人以为穿越进了民国旅馆。清泰第二旅馆作为民国时期杭州市较为著名的饭店，是研究民国旅馆建筑的佳例，其旧址作为民国时期杭州旅馆业的实物遗存，沿用至今，总体布局未有大的改动。

清泰第二旅馆经历过多次迁址以及改名，曾于民国二年（1913）迁至湖滨延龄路（现延安路），民国二十一年（1932）5 月 15 日至 16 日，韩国临时政府在此旅馆秘密召开过国务会议，民国二十二年（1933）迁移到仁和路 44 号（现仁和路 22 号），并改名新泰旅馆，后改称新泰饭店。之后很多知名人士，如邵力子（中国近现代著名爱国民主人士）、沙千里（七君子之一、原全国政协委员）、沈雁冰（笔名茅盾，中国现代作家、小说家、文学评论家、文化活动家、社会活动家，中国科学院学部委员。）等均曾于此出入。20 世纪 60 年代，旅馆改称群英旅馆，后改名为群英饭店，并沿用至今。

清泰第二旅馆曾经空置多年，房屋老旧，无法提供使用功能，但在 2005 年被公布为浙江省第五批文物保护单位后，杭州市政府为了同时满足文物保护和城市现代化发展，便对它进行了保护性修复与改造，让建筑重新能够使用，如今则变成了汉庭快捷酒店。在改造过程中，需要每间客房都有卫生间，但由于房子采用砖木结构，二楼无法用水泥进行抬高，如若方法不当，有可能产生漏水，导致地板腐烂，维修部门最终采取整体式卫生间，做到防水的同时也不会对墙面造成损伤。另外在第一进的天井上加装玻璃顶棚，可遮风挡雨并保护建筑内的楼板、栏杆等部件。②

参观指南

除客房内部外均可参观。

地铁 1 号线至 [龙翔桥] 站或公交 8/35/38/49/68/92/102/113/183/275/290/305/525 路至 [井亭桥] 站。

---

① 雷利娟:《民国时期杭州近代旅游业研究》，博士学位论文，杭州师范大学，2011，第 36-37 页 .
② 黄莺，林云龙:《清泰第二旅馆——西湖边的庭院深深》,《钱江晚报》2016 年 6 月 11 日: A0004 版 .

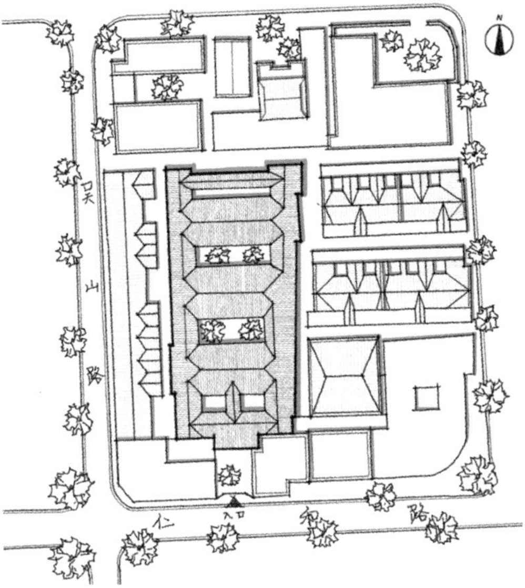

清泰第二旅馆旧址总平面示意图

朱宇杰　绘

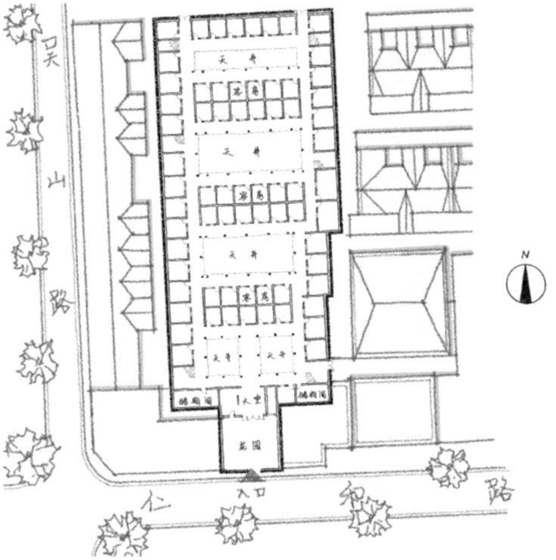

清泰第二旅馆旧址一层平面示意图

朱宇杰　绘

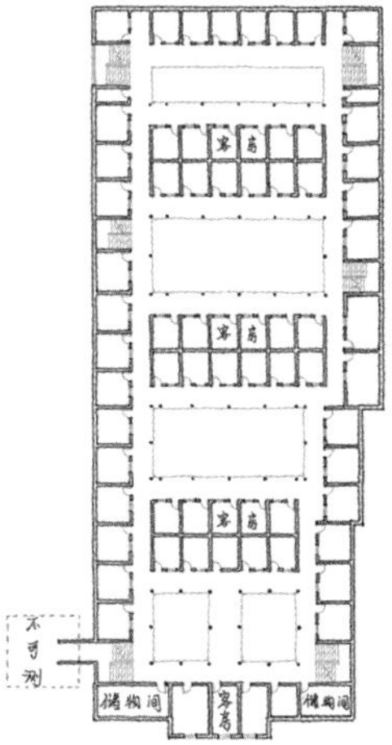

清泰第二旅馆旧址二层平面示意图

朱宇杰　绘

66 浙江省电话局旧址

建筑名称：浙江省电话局旧址
建筑地点：浙江省杭州市上城区惠兴路 10 号
建成年代：始建于 1929 年
保护等级：杭州市第一批（2004）文物保护单位
建筑规模：约 1857 平方米

朱宇杰 摄

建筑名称: 浙江省电话局旧址（本书编号: 66）
建筑地点: 浙江省杭州市上城区惠兴路 10 号
建成年代: 始建于 1929 年
保护等级: 杭州市第一批（2004）文物保护单位
建筑规模: 约 1857 平方米

浙江省电话局旧址，位于南宋皇城遗址范围内的惠兴路 10 号，建于 20 世纪 30 年代，有一大一小两幢楼房。小楼只有两层，用青砖堆砌而成，建筑面积 110 多平方米；大楼则为四层七开间钢筋混凝土结构的多层办公建筑，结构完整，建筑面积 1747 平方米，有房间 74.5 间[①]。大楼由英国建筑师设计，采用现代主义建筑风格，手法严谨，立面风格简洁大气，壁柱排列整齐，有强烈的秩序感，屋顶檐下的山花、盾徽、瓔珞等雕饰精致和谐，整体风格大气又不失细节，精致又典雅。

作为当时杭州不多见的大型钢筋混凝土结构建筑，浙江省电话局大厦充分发挥了钢筋混凝土结构粗犷豪迈的特点：外立面壁柱从地面延伸至屋顶，并且在水平方向上划分出了 7 个开间，与其他建筑外立面形成鲜明对比，突出表现了大楼的高大雄伟，内部一层层高高达 4 米多，各层窗户整齐又具有变化，有的有窗檐，有的则没有，窗框大小、纹饰也各不相同，正大门更是精致大方，具有典型的英伦风格[②]。

浙江省电话局大楼的建成，离不开当时的浙江省电话局局长李熙谋 [李熙谋（1896–1975），字振吾，浙江嘉善人。历任浙江大学教授兼工学院院长，暨南大学教授，交通大学教授兼教务长，浙江省电话局局长，上海市教育局副局长、局长] 的贡献。1929 年 12 月，杭州商办电话公司业务下滑，难以继续维持。按国民政府交通部指令，浙江省长途电话局出资 33.68 万元接收了商办电话公司。由此，长途电话、市内电话管理机构趋于统一，更名为浙江省电话局，随即在惠兴路中段兴建大厦，并安装自动交换机。据当时的《申报》记载："1929 年 12 月 9 日，电话局址勘定，省电话局局长李熙谋，因该局亟须组织成立，已勘定惠兴路崔家巷、钱线巷附近空地，克期施工建筑，经费 16 万余元。"[③]1930 年 6 月，惠兴路大厦最终落成，浙江省电话局由原来的将军路迁入新址，门牌为惠兴路 24 号。岁月变迁，曾经的惠兴路 24 号变成了现在的惠兴路 10 号，但大楼的端庄、开放却一直没有改变。

如今大楼已经改造成"杭州电信陈列馆"，整个展厅分为电报厅和电话厅两大部分，展出了从 1883 年到 2003 年杭州电信业发展过程中的若干实物和史料。

参观指南

不定时开放。

地铁 1 号线至 [定安路] 站或公交 42/49/71/92/96/183/308/7280/8251 路至 [官巷口] 站。

---

① 名城杭州微信公众号——"浙江省电话局旧址：历史深处的回响".

② 朱晓青，傅嘉言，孙姣姣：《西方风格对浙江近代建筑样式演进的影响思辨》，《建筑与文化》2014 年第 9 期：96-98.

③ 同①.

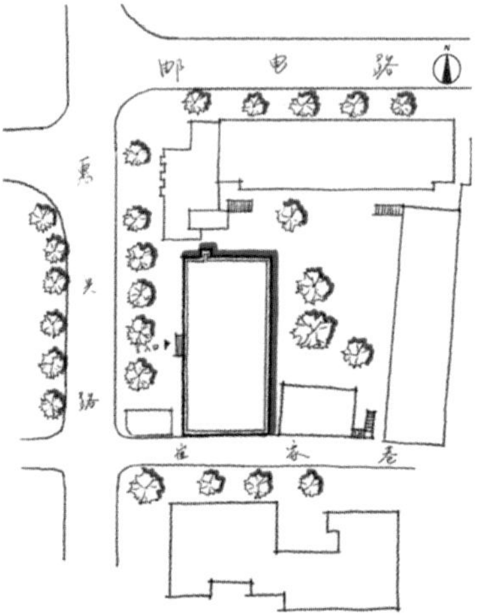

浙江省电话局旧址总平面示意图

朱宇杰 绘

浙江省电话局旧址一层平面示意图

朱宇杰 绘

浙江省电话局旧址西立面示意图

朱宇杰 绘

67 凤凰寺

建筑名称：凤凰寺

建筑地点：浙江省杭州市上城区中山中路 227 号

建成年代：始建于唐朝（618），于元代（1281）重修

保护等级：全国第五批（2001）重点文物保护单位

建筑规模：2600 平方米

朱宇杰 摄

建筑名称：凤凰寺（本书编号：67）
建筑地点：浙江省杭州市上城区中山中路 227 号
建成年代：始建于唐朝（618），于元代（1281）重修
保护等级：全国第五批（2001）重点文物保护单位
建筑规模：2600 平方米

凤凰寺历史悠久，始建于唐朝，宋朝时被毁，重建于元，后来经明、清各代整修扩建，最终形成凤凰寺的建筑群规模。寺院原规模宏阔，整个建筑群形似凤凰，从空中俯瞰，望月楼为凤头，长廊为凤脖，礼拜大殿为凤身，两口古井为凤目，南北两侧建筑为凤翼，后花园竹林为凤尾，故名凤凰寺。它曾名礼拜寺、真教寺回回堂，与广州狮子寺、泉州麒麟寺、扬州仙鹤寺并称为我国东南沿海四大清真古寺，在东南亚伊斯兰国家，乃至整个世界都享有很高的声誉，是不可多得的阿拉伯和中国传统建筑风格融合的珍贵历史文物古迹（注：来自凤凰寺内的介绍展板）。

寺内主要建筑布置在东西向中轴线上，前有门厅，中间是礼堂，最后为礼拜大殿。礼堂与大殿之间有廊屋相通，依旧保持着古代工字殿的形制。轴线两侧是教长室、浴室、办公室以及殡仪室等附属建筑。门厅是座魁伟的阿拉伯式建筑，砖砌结构，狭长形，上挂书“凤凰寺”三个金字的红底牌匾，下为拱券门洞。进门后原来有座三重檐的中国式楼阁，名为“望月楼”，有长廊与礼堂相连，为清代建筑，如今已不存在。门厅后是 1953 年在旧址上新建的大礼堂[①]，其外观模仿阿拉伯清真寺式样，正中为一座高耸的花瓣形拱门，拱门两侧有一对象征性的小塔楼耸立。礼拜大殿位于寺院最后，为寺内主要建筑，室内用坚厚的大拱券分隔成三大间，继承了西亚清真寺的古老传统。大殿通体皆为砖构，采用我国传统的无梁殿做法。大殿最主要的特点是其上方的三个半球形穹顶（中间直径 8 米，左边直径 7.2 米，右边直径 6.8 米[②]），上起攒尖瓦顶三座，中间为八角重檐，两侧为六角重檐，在外观上达到了宗教建筑所追求的高耸向上效果。

凤凰寺自明清重修扩建至今已百年，其间经历了城市近代化、道路修整等，不断受到影响。1929 年，江墅路进行拓宽，将凤凰寺的围墙、寺门、望月楼拆除；1927–1929 年，后市街进行改造，使原本紧贴道路的后窑殿遭到拆让，后窑殿西侧外墙遭到切削，自此后窑殿失去原来的对称布局，也使得穹顶变得大小不一；2008–2009 年，在中山中路综合保护和有机更新工程中，对寺门、望月楼、穿堂进行了复原[③]；等等。经过近现代一系列改建重修，凤凰寺虽面积不如清末时期，但部分建筑恢复历史面貌，建筑风格稍趋统一。

参观指南

周六至周四 9:00–17:00 开放，建筑室外以及内部部分区域可供参观。
地铁 1 号线至 [定安路] 站或公交 7/40/188/520 路至 [三元坊] 站。

---

① 杨新平：《杭州凤凰寺的建筑特色》，《古建园林技术》1987 年第 3 期：35-37.
② 杨新平：《杭州凤凰寺的建筑艺术》，《中国穆斯林》1982 年第 3 期：30-31.
③ 余思奇：《清末以来杭州凤凰寺建筑的嬗变 (1907–2009)》，《建筑学报》2023 年第 S1 期：108-114.

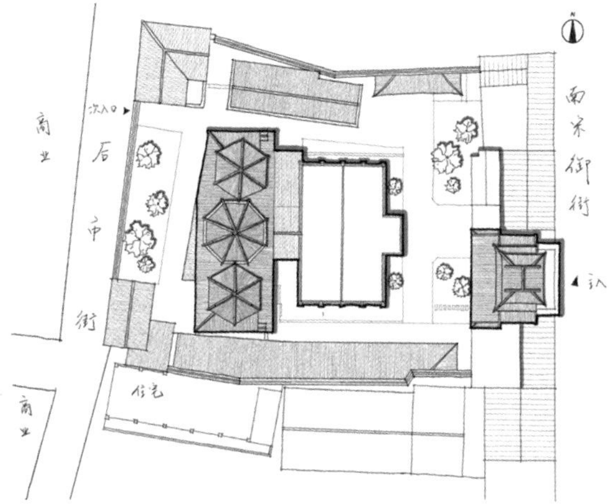

凤凰寺总平面示意图

朱宇杰 绘

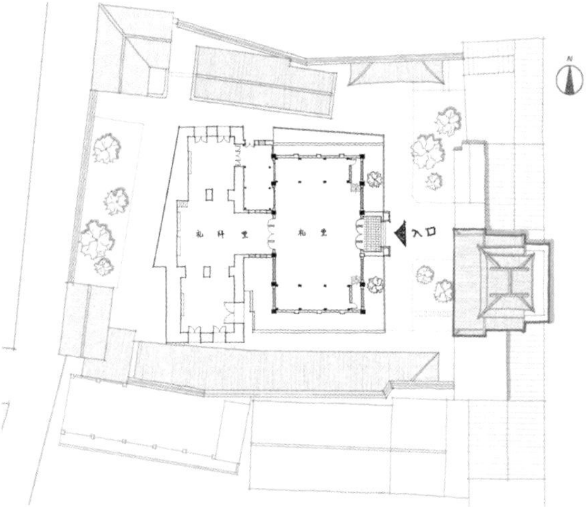

凤凰寺一层平面示意图

朱宇杰 绘

68 东平巷徐宅

建筑名称：东平巷徐宅

建筑地点：浙江省杭州市上城区东平巷 2 号

建成年代：建造于 20 世纪 20-30 年代

保护等级：杭州市第三批（2007）历史建筑

建筑规模：约 630 平方米

冯晨凯 摄

建筑名称：东平巷徐宅（本书编号：68）
建筑地点：浙江省杭州市上城区东平巷 2 号
建成年代：建造于 20 世纪 20–30 年代
保护等级：杭州市第三批（2007）历史建筑
建筑规模：约 630 平方米

东平巷南宋时称秀义坊，又称下百戏巷。唐天宝十五年（756），张巡、许远率军抵御安禄山军队进攻，弹尽粮绝，二将皆亡。张巡后被朝廷封为东平王，巷改名东平巷，1966 年改名东方巷，1981 年恢复旧名东平巷。

东平巷 2 号亦称“徐宅”，是一处建造于 20 世纪 20–30 年代的砖木结构合院式老宅，主要由砖墙承重，上部采用木质屋架，是典型的中西合璧近代式样建筑，2007 年被杭州市政府列入第三批历史建筑。

徐宅平面呈“回”字形，主体建筑清水砖墙，共两进，分布于一条东西向轴线上。该宅院在总体布局上采取中国传统合院式布局，建筑细部装饰具有明显的西式风格，体现了民国时期的总体风尚。所属东平巷分布着大大小小不少中西合璧近代式样的砖木结构合院式民居，其布局均以天井（内院）为中心，与前后两进房及两侧的厢房围合成合院。按照围合方式的不同，又可以分为三合院和四合院。[①]

1995 年的火灾，使得东平巷 2 号及毗邻的 1 号建筑二楼部分被烧毁。由于各种原因，灾后重建一直得不到实施。2014 年，修缮重新启动，至该年年底完成。

现徐宅仅存主入口的西式雕花门楣及与 3 号相邻的封火墙。3 号为合院式传统结构民居，院内建筑部分特色构件保存完好，如牛腿、挂落、梁、木玻门和二楼檐廊的栏杆。主入口设于建筑的东北部，为西式石库门，以壁柱承托横枋，其上立向上突起的矩形门匾及半圆形山花，两侧饰卷涡，门匾中刻有“1933”字样，具有西式巴洛克建筑意味。[②]

参观指南

现为民居不可参观。
地铁 1 号线至 [定安路] 站或公交 42/49/71/92/96/183 路至 [吴山广场华光巷] 站。

---

① 祝云：《浙闽传统灰砖合院式民居空间形态比较研究》，博士学位论文，华侨大学，2007，第 29 页 .
② 杭州市上城区统一战线：https://m.the paper.cn/baijiahao_12598115 品韵上城 ④⑤ 没想到，这座建筑竟然是西式巴洛克建筑风格？[J] 上城区住房和城市建设局编辑部办公室 2021-05-09.

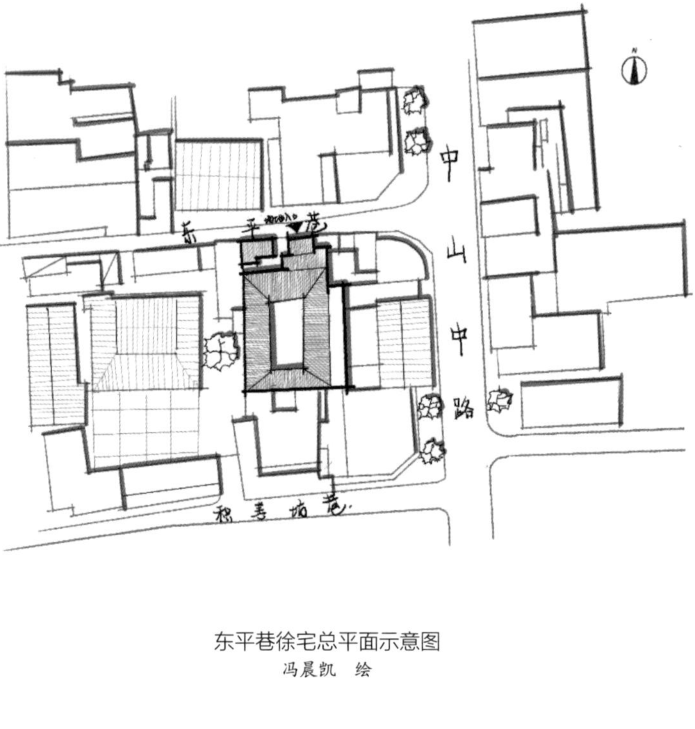

东平巷徐宅总平面示意图

冯晨凯　绘

69 基督教青年会会所旧址

建筑名称：基督教青年会会所旧址

建筑地点：浙江省杭州市上城区青年路 27 号

建成年代：始建于 1919 年

保护等级：浙江省第四批（1997）文物保护单位

建筑规模：4484.38 平方米

朱宇杰 摄

建筑名称：基督教青年会会所旧址（本书编号：69）
建筑地点：浙江省杭州市上城区青年路 27 号
建成年代：始建于 1919 年
保护等级：浙江省第四批（1997）文物保护单位
建筑规模：4484.38 平方米

基督教青年会（Young Men's Christian Association，简称 YMCA），1844 年最早创立于英国，1886 年传入中国。1911 年，美国人鲍乃德（Eugene Epperson Barneyy）来到杭州，成立了杭州基督教青年会。1913 年，杭州基督教青年会临时董事部成立，以张葆卿干事为董事部主任，并向政府申请建造会所的用地。1914 年，杭会成立由张葆卿为会长、鲍乃德等 10 人为干事的正式董事部，标志杭州基督教青年会正式成立。①

基督教青年会会所旧址由坐西向东的主楼和东南角的钟水塔（钟楼）组成，主要由建筑师何士（Hurry Hussey，加拿大籍青年会建筑师）设计。

基督教青年会会所旧址始建于 1919 年，并于 1920 年正式启用。会所主体建筑为砖混结构西式楼房，占地 600 平方米，原共计三层，一楼为接待室、阅读室、图书室、游戏室、办公室、浴室等，二楼为演讲厅、教室、食堂等，三楼为宿舍。现已加建到四层，功能为礼堂和屋顶花园，并且在西北角建有 200 平方米的边厢，均严格按照当时的防火标准建造。② 建筑总耗资 10 万余元，全部为美国实业家葛士佩捐助。

基督教青年会会所旧址主体建筑主要以清水红砖为外立面饰面装饰，色彩明亮，立面上使用连续的券柱式和砖券窗，具有强烈的几何特征，增强了立面的秩序感。③ 会所主体建筑的外立面呈现出中轴对称的特性，突出了其作为宗教性质建筑的神圣感，但拱券尺度较小，中和了其严肃的特性，使得会所又比较亲人。

在会所主体建筑的东南角有一座钟水塔（钟楼），主要是为了纪念谢洪赉而建造。④ 它始建于 1920 年，并于 1921 年落成。钟塔建成后，成为杭州全城计时标准。钟水平面为方形，整个塔由青砖砌成，塔楼下开拱券式大门作为会所入口，塔壁四面均置标准报时钟，时钟为重达 1200 千克的铁质大钟，由美国波士顿公司铸造，为前干事米德的母亲捐助。楼顶设蓄水池，为会所内外供水，是杭州最早的自来水。这座钟楼今为杭州仅存的民国时期钟楼。

参观指南

建筑室外和室内一楼部分可供参观。

地铁 1 号线至 [定安路] 站或公交 42/49/92/96 快 /183/305/305 快线 /8251 路至 [官巷口] 站。

---

① 刘志方：《民国时期的杭州基督教青年会》，《杭州文博》2011 年第 2 期：110.

② Annual Report Letter of Eugene E. Barnett，General Secretary, Young Men's Christian Association, Hangchow, China, for the year ending Sept. 30, 1919.

③ 董文菁，张婧怡，王昕：《具有精神特质的城市公共空间营造模式及历史变迁初探——以杭州近代基督教青年会会所建筑为例》，《建筑与文化》2022 年第 5 期：96-98.

④ 刘志方：《民国时期的杭州基督教青年会》，《杭州文博》2011 年第 2 期：110-111.

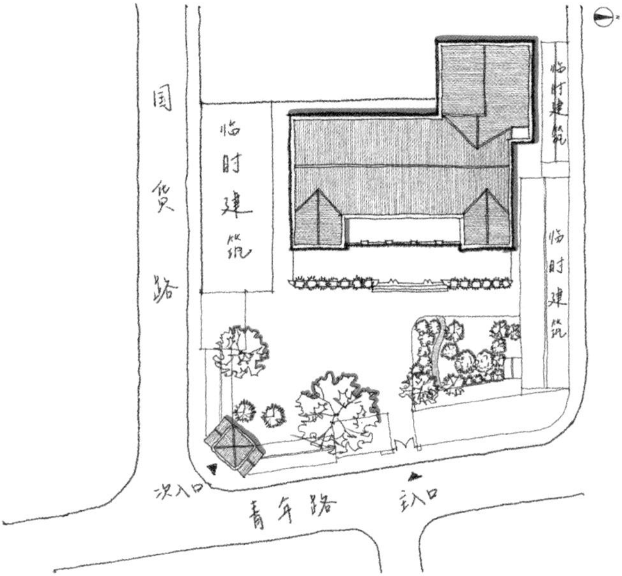

基督教青年会会所旧址总平面图

朱宇杰 绘

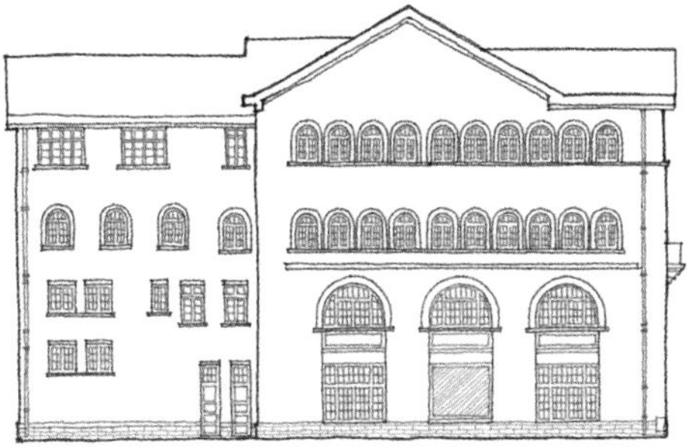

基督教青年会会所旧址东立面示意图

朱宇杰 绘

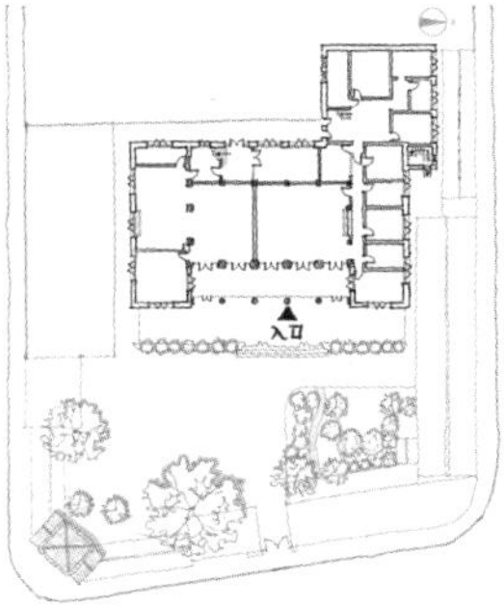

基督教青年会会所旧址一层平面示意图

朱宇杰 绘

70 丁家花园

建筑名称：丁家花园
建筑地点：浙江省杭州市上城区西湖大道 216 号
建成年代：始建于 1935 年
保护等级：浙江省第七批（2017）文物保护单位
建筑规模：2182 平方米（加花园面积）

冯晨凯 摄

建筑名称：丁家花园（本书编号：70）
建筑地点：浙江省杭州市上城区西湖大道 216 号
建成年代：始建于 1935 年
保护等级：浙江省第七批（2017）文物保护单位
建筑规模：2182 平方米（加花园面积）

丁家花园系南宋石榴园遗址，清乾隆年间为山东盐远使丁阶所得后改成现名。20 世纪二三十年代，这里成为浙江近代史上著名的吴兴陈氏的宅第。吴兴陈氏即陈其业、陈其美、陈其采三兄弟，以及陈其业的儿子陈果夫、陈立夫兄弟（浙江陈氏的历史渊源：吴兴郡陈氏。吴兴原为浙江湖州一个小县，依山傍水，位置极佳。陈其采，字蔼士，浙江湖州人）。他们均为浙江近代史上的著名人物，尤其是陈其业三兄弟，都为中国近代革命做出了一定的贡献。而陈其采在担任民国浙江省府委员兼财政厅长、中国银行杭州分行副行长等职时，就以此为别墅。他隐退后，一直居于此，以吃斋念佛度日，并改花园名为度心香馆，但习惯上仍称之为“丁家花园”。[1]

丁家花园园内主体建筑建于民国二十四年（1935）前后，为并联式近代中西融合样式的别墅，占地面积约 457.1 平方米，总建筑面积为 941.91 平方米。整个建筑坐北朝南，由东西两幢小楼组成，二层有走廊连通。东楼为主楼，带阁楼，设南、北两出入口。入口处设水泥素面科林斯柱（科林斯柱式，源于古希腊，是古典建筑的一种柱式。装饰性更强，但是在古希腊应用并不广泛）。西楼为辅楼，较东楼往北缩进 0.95 米。

现存花园总面积约 1700 平方米，园西南有一约半亩大的水池，池旁立假山、奇石。假山旁有株树龄达 400 余年的珊瑚朴树，整个院落清静幽雅[2]。该园是杭州城区现存极为罕见的具有典型江南园林风格的私家花国，园内理水叠山，一派小桥流水风韵。相传，丁家花园的后花园池塘，曾经是引西湖水注入而成，但历经岁月长河的冲刷，已是一片迟暮景象。在市、区各级相关职能部门的支持下，上城区绿化办经查阅资料、现场勘察及咨询相关居民，在保持原状的基础上进行修复，于 2001 年 10 月 20 日西博会开幕式前夕正式对外开放。

如今丁家花园被分为别墅区域和花园两大部分。别墅区通过奎垣巷进入参观，内部区域大部分更改为办公空间且不对外开放。现存花园区域与别墅区由铁栅栏分隔，通过西湖大道辅路进入，成为城市沿街景观的一部分。

参观指南

沿街花园可自由参观，与住宅用地隔离，建筑室内一楼部分可供参观。

地铁 1 号线至 [定安路] 站或公交 108 路至 [比胜庙巷] 站或 201 路至 [惠兴中学] 站。

---

① 园区内资料文献．

② 名城杭州微信公众号——“丁家花园”．

丁家花园总平面示意图

冯晨凯 绘

丁家花园实景照片

朱宇杰、冯晨凯 摄

71 澄心堂

建筑名称：澄心堂

建筑地点：浙江省杭州市上城区南山路 238-1 号

建成年代：始建于 1935 年

保护等级：杭州市第八批（2021）历史建筑

建筑规模：196 平方米

冯晨凯 摄

建筑名称：澄心堂（本书编号：71）
建筑地点：浙江省杭州市上城区南山路 238-1 号
建成年代：始建于 1935 年
保护等级：杭州市第八批（2021）历史建筑
建筑规模：196 平方米

近代以来，随着杭州城市的发展，西湖别墅建筑如雨后春笋般涌现，其中以北山街、南山路、湖滨路的别墅建筑群最具代表性。在西风东渐的大背景下，由于别墅的设计、施工与业主的文化修养、历史背景各不相同，出现了传统、近代中西结合、西式共存等不同的建筑方式，侧面体现了当时别墅建筑设计的不同趋向。①

澄心堂高两层，为砖木结构，清水砖墙，坡屋顶。建筑入口为西式石库，二层临街设阳台，临街窗户皆用西式窗套。建筑外观清新雅致，无过多装饰，建筑角落立有“澄心堂界”碑石。该建筑为民国时期的别墅建筑，时代特征明显。

杭州近代民居建筑整体风格更自由随意、民间化，主动吸收与探索外来文化。其中细部装饰设计表现得尤为明显，主要体现在门窗、柱式、栏杆、通风口以及墙面局部的装饰上，呈现出中西结合或西式为主的细部装饰设计特征。

民国时期，陈果夫曾居住在澄心堂别墅。由于位处西湖周边，澄心堂规模尺度与西湖风景相得益彰，空间布局多保留中国传统建筑模式，形成了“源于自然，高于自然，融于自然，重塑自然”的建筑特点。

参观指南

不对外开放。

地铁 1 号线至 [定安路] 站或公交 42/102 路至 [涌金门] 站或 102/108 路至 [直紫城巷] 站。

---

① 郜惠鑫，宋文龙：《杭州西湖近代别墅建筑的细部装饰特色分析》，《建筑与文化》2023 年第 7 期：203-205；DOI:10.19875/j.cnki.jzywh. 2023.07.063.

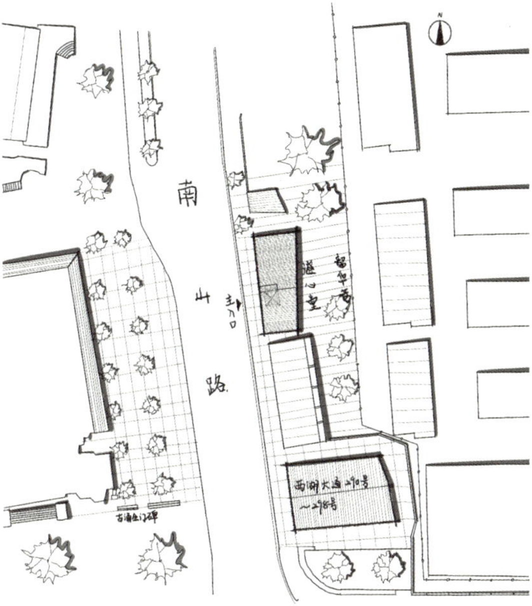

澄心堂总平面示意图

冯晨凯 绘

澄心堂立面实景照片

朱宇杰、冯晨凯 摄

72 澄庐

建筑名称：澄庐
建筑地点：浙江省杭州市上城区南山路 189 号
建成年代：始建于 1928 年
保护等级：浙江省第五批（2005）文物保护单位
建筑规模：约 250 平方米

朱宇杰 摄

建筑名称：澄庐（本书编号：72）
建筑地点：浙江省杭州市上城区南山路 189 号
建成年代：始建于 1928 年
保护等级：浙江省第五批（2005）文物保护单位
建筑规模：约 250 平方米

澄庐邻西湖而筑，始建于民国年间，是清末官员、买办商人盛宣怀的第四子、中国第一家钢铁联合企业——汉冶萍公司总经理盛恩颐的别墅，后成为蒋介石在杭州的行辕。蒋介石和宋美龄“旅行结婚”的第一站就是西湖澄庐。1937 年年初，蒋介石因“西安事变”受腰伤来此居住疗养。1937 年春天，蒋经国从苏联归来，由沪抵杭后，也到澄庐拜见了其父亲。

澄庐不仅是蒋宋的行辕别墅，更见证了国共第二次合作“西湖会谈”谈判。1936 年 12 月 12 日，西安事变骤发，杭州澄庐作为谈判地点，促成了“国共第二次合作”，初步融洽了两党关系，具有划时代的意义。

这座建于 1928 年的西式别墅，由门庭、主楼、外廊及庭院组成，西侧还有一个精致的花园，欧式石柱至今犹存。修缮之后，建筑整体格局基本保存，但庭院已不存在。纵观澄庐，主楼上下三层，左右三开间，建筑面积 250 平方米。楼内共有大小房间 36 间，客厅、餐厅、厢房等，各种设施一应俱全。原先汽车可直抵别墅内门的廊棚。拾级而上，左右楼梯均以汉白玉构建。楼梯半道平台铸有一铜质喷水小鹿并筑有鱼池一方，现已改为假山。楼内的各项设施一应俱全，装修精致。仅窗饰一项，就有纱窗、百叶窗、玻璃窗三层。二楼走廊贯穿南北。步入南端的大阳台，山湖美景一览无余。远处，孤山峙立，苏、白两堤似带，近旁，芳草绿茵，湖滨长廊蜿蜒，“三面云山一面城”，仿佛缀成了一个偌大的花环。

别墅庭院也相当宽敞，西侧有一精致花园，欧式石柱至今犹存；东南侧有一欧式大草坪，绿树成荫，繁花似锦。整个院子用花砖砖墙围护，绵延百米。蒋氏夫妇对这个与庐山“美庐”、上海“爱庐”齐名的居所十分喜欢，常来常往。①

澄庐现为省级文物保护单位。2001 年 7 月，澄庐作为杭州市老干部活动中心进行了改造。工作人员张黎介绍：“这里每天早上 8 点开始对离休干部开放，下午 5 点左右关门。”活动室的负责人薛秋江说：“这里差不多 1998 年前后开始整改成老年活动室，但是因为这里之前有办公机关入驻过，许多当年的家具已不知道去向。”（新中国成立以后，澄庐曾被作为幼儿园。改革开放后，又先后作为杭州市经济发展研究中心、市司法局的办公场所。2005 年被列为浙江省文物保护单位。）

除了二楼的杭州市老干部活动中心活动室，澄庐一楼还开设了咖啡馆，对外营业服务。

参观指南

一层对外开放商业服务。二层不对外开放。
地铁 1 号线至 [龙翔桥] 站或公交 42/102 路至 [涌金门] 站或 102/108 路至 [直紫城巷] 站。

---

① 张建庭，仲向平：《西湖别墅》，杭州出版社，2005.

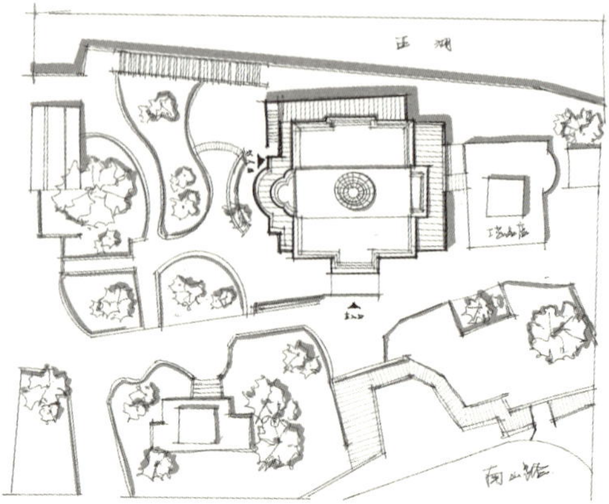

澄庐总平面示意图
冯晨凯 绘

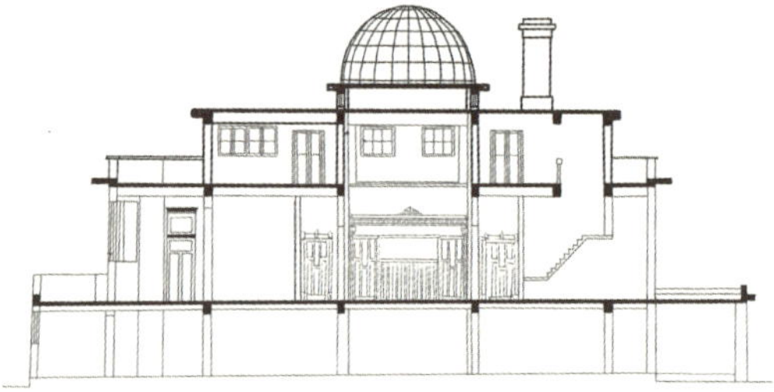

澄庐剖面示意图
冯晨凯 绘

澄庐实景照片
朱宇杰、冯晨凯 摄

73 三三医院旧址

建筑名称：三三医院旧址
建筑地点：浙江省杭州市上城区柳营路 6 号
建成年代：始建于 1922 年
保护等级：杭州市第五批（2010）历史建筑
建筑规模：220 平方米

朱宇杰 摄

建筑名称: 三三医院旧址（本书编号: 73）
建筑地点: 浙江省杭州市上城区柳营路 6 号
建成年代: 始建于 1922 年
保护等级: 杭州市第五批（2010）历史建筑
建筑规模: 220 平方米

三三医院旧址位于浙江省杭州市上城区湖滨街道涌金门社区，柳营路与南山路转角处。该医院创办人为早期光复会同盟会会员裘吉生。[①] 辛亥革命后，裘吉生弃政从医，1921 年，在十五奎巷创立三三医社，出版《三三医报》。次年，医院迁入现址，既有中医内外科，也有西医内科与妇产科。作为中国最早的中西医联合医院之一，三三医院拥有病房十七间，病床三十几张，医院的中西医药房甚至可以代为病人煎中药，药材炮制和煎熬汤药特别考究，深受病家欢迎。

对于三三医院的名字，裘吉生先生的儿子裘诗路曾经做过解释:

1.《礼记》中记载:“医不三世，不服其药。”三世，指的是黄帝针灸、神农本草、素女脉诀。意思是，行医必须熟读中医经典。

2.《左传 · 定公十三年》写道，“三折肱为良医”。肱，就是手臂。意思是，断臂几次才能懂得医治断臂的方法，引申为在失败中汲取经验，阅历多了，才能造诣精深。

3. 知名书贾王松泉先生在《民国杭州藏书家》的“裘庆元”（裘吉生名庆元，字吉生，以字行，浙江绍兴人。）一节中说，“三三医院”有纪念秋瑾之意，因其遇难于光绪三十三年。

该建筑群充分考虑地形因素，呈“U”字形分布。主楼副楼基本为二层砖结构，主楼位于柳营巷 6 号，在拐角处三层设角楼，临街挑阳台，入口处带门廊，门廊两侧采用陶立克柱式（陶立克柱式是一种没有柱础的圆柱，直接置于阶座上，由鼓形石料一个挨一个垒起来的古希腊柱。）立柱，为近代中西合璧式医院建筑，柳营巷一侧墙面有一排西式壁柱，现做酒吧使用。

西侧副楼南山路 266 号民居是三三医院的附属建筑，由南北两组天井式院落组成，占地约 423 平方米，为民国时期典型的里弄式住宅。此处原称崇仁里，1949 年以前曾设立美亚保险公司。入口为一拱券门，上为过街楼的形式，中为通道，两侧为格局、形制完全相同的两座天井式民居，均设石库门入口。过道尽头有一栋二层楼房，将南北两侧楼屋相连。黄楼屋顶有一只空灵的仙鹤单脚独立。

这是一座有故事有记忆的楼宇。裘吉生凭借黄楼悬壶济世，惠泽众生；黄楼则因裘吉生而名闻遐迩，熠熠生辉。黄楼拥有自己的故事、三三医院拥有自己的病人，每个人都有属于自己的世界。在浓荫蔽日的南山路上，黄楼是我们走进裘吉生大爱世界的入口。[②]

参观指南

主楼一层改为爵士俱乐部等商铺，对外开放。副楼现作为瑞湖假日酒店。建筑室外和室内一楼部分可供参观。

地铁 1 号线至 [龙翔桥] 站或公交 42/102 路至 [涌金门] 站或 102/108 路至 [直紫城巷] 站。

---

① 名城杭州微信公众号——“三三医院”.

② 晚潮 |《黄楼故事: 名人裘吉生和三三医院》,《钱江晚报》2022 年 8 月 3 日 .

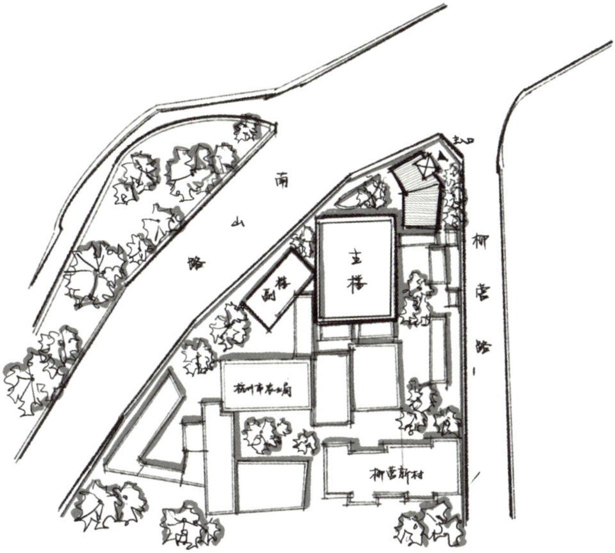

三三医院旧址总平面示意图

冯晨凯 绘

三三医院旧址实景照片

朱宇杰、冯晨凯 摄

城中线

沿中山中路和小营，北至庆春路，南至河坊

丁金铭　何鑫翔　程羽然　许　诚

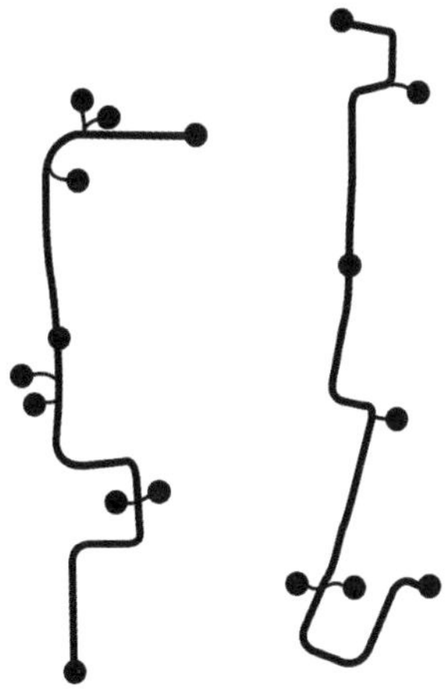

杭州城自建成以来，虽然几经变迁，但一直保持了主城区被城墙环绕的城市形态。[①]随着沪杭铁路通车以及辛亥革命时期旧有城墙被拆除，城站及西湖湖滨一带迅速发展成为杭州市的新商业区，城中地区（北至庆春路，南至河坊街，西至中山中路，东临东河）进入了高速发展阶段。“民国之初，首先拆卸旗营。斯时旗人之有力者，早已相率他去，而贫困者多……所有营房，大部拆毁，建筑马路，改造民廛商店，名之曰新市场。至于各城门，亦逐渐拆卸。最先拆卸者，为涌金、钱塘、清波三门。西湖之美不似昔时之屏于城外，杭人谓西湖搬进城也。”[②]根据这段记载可知，1911 年后在原旗营地区进行了一次名为“新市场”的城市改造建设。新市场建设与西段城墙拆除，使得原位于城外的西湖被“搬进城”，杭州城市整体格局随之发生巨变，土地利用重新进行划分，此时城中地区的各类建筑发展也进入了一个崭新的层面。

该区域内有多处不同类型特点的近代建筑，如以传统方式建造的独栋住宅三昧庵巷 8 号住宅、积善坊章宅等；以华洋杂处方式建造的西河下 1 号住宅、云阁堂等建筑；亦有因受到上海里弄住宅建筑影响而兴起的石库门住宅，如源茂里、四维里等。而在公共建筑方面，比较典型的是一些银行建筑类型，如浙江兴业银行、浙江实业银行旧址，以及宗教建筑思澄堂。其中浙江兴业银行是近代建筑师沈理源在杭州已知的唯一一幢建筑作品。

中国有些城市如上海、天津等，近代时期有租界，租界区内有大量不同风格与类型的西式建筑，大部分设计由外国人担当，投资方也多为外国人，当地居民被迫接受这些外来建筑在其生活中植根的事实。[③]而杭州虽然在近代设立过日租界（杭州日租界是近代中国 5 个在华日租界之一，也是杭州唯一的租界），但对近代杭州城市及建筑的影响不大，因此杭州的近代建筑发展显得更为“自由”和“缓慢”：一方面，杭州传统建筑的发展并不拘泥于地方建筑文化的禁锢，而是对外来建筑文化进行主动吸收及适应；另一方面，西方建筑也并未强行介入，而是在吸收中国传统建筑元素方面做出了努力与探索。这两者发展的结果就形成了杭州中西合璧特点的近代建筑。

---

① 傅舒兰:《杭州风景城市的形成史：西湖与城市的形态关系演进过程研究》，东南大学出版社，2015，第 60 页．

② 钟毓龙:《说杭州》，载王国平主编《西湖文献集成》（第 11 册），杭州出版社，2010，第 174 页．

③ 章臻颖:《杭州近代建筑史及其建筑风格初解》，博士学位论文，浙江大学，2007，第 5 页．

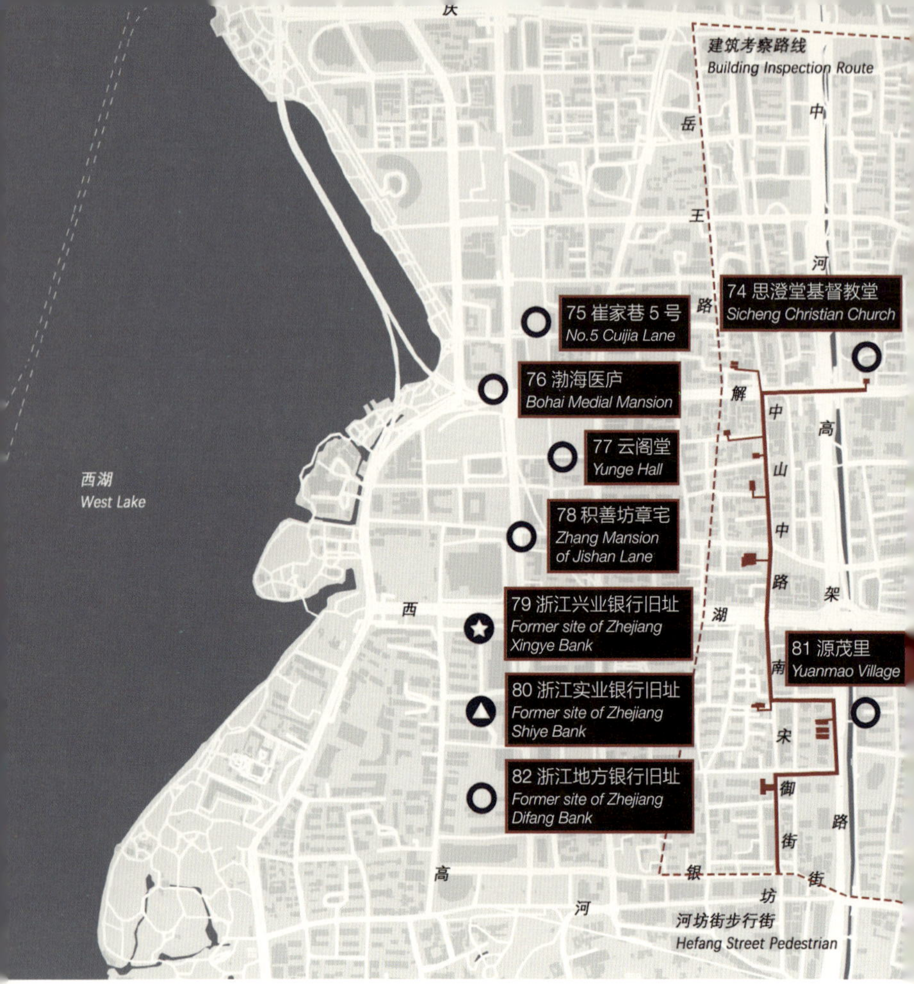

全国重点文物保护单位
National key protection units

市县级文物保护单位
Municipal key protection units

省级文物保护单位
Provincial key protection units

建筑考察路线
Building Inspection Route

本条线路的出发点为思澄堂基督教堂，一路向南，主要覆盖中山中路沿线，整条路线参观的建筑与杭州的名人故事以及近现代商业发展有关。线路总长 1.6 千米，预计步行时间 20 分钟，沿线的建筑有：

74 思澄堂基督教堂
Sicheng Christian Church
浙江省杭州市上城区解放路 132 号

75 崔家巷 5 号
No.5 Cuijia Lane
浙江省杭州市上城区崔家巷 5 号

城中参观线路一示意图

76 渤海医庐 *Bohai Medial Mansion*
浙江省杭州市上城区东平巷 7–10 号

77 云阁堂 *Yunge Hall*
浙江省杭州市上城区积善坊巷 8 号

78 积善坊章宅
Zhang Mansion of Jishan Lane
浙江省杭州市上城区积善坊巷 3、5 号

79 浙江兴业银行旧址
Former site of Zhejiang Xingye Bank
浙江省杭州市上城区中山中路 261 号

80 浙江实业银行旧址
Former site of Zhejiang Shiye Bank
浙江省杭州市上城区中山中路 193-3 号

81 源茂里 *Yuanmao Village*
浙江省杭州市上城区涌金立交桥惠民苑小区东侧

82 浙江地方银行旧址
Former site of Zhejiang Difang Bank
浙江省杭州市上城区中山中路 149 号

74 思澄堂基督教堂

建筑名称：思澄堂基督教堂
建筑地点：浙江省杭州市上城区解放路 132 号
建成年代：始建于 1927 年
保护等级：杭州市第五批（2013）文物保护单位
建筑规模：1100 平方米

程羽然 摄

建筑名称：思澄堂基督教堂（本书编号：74）
建筑地点：浙江省杭州市上城区解放路 132 号
建成年代：始建于 1927 年
保护等级：杭州市第五批（2013）文物保护单位
建筑规模：1100 平方米

思澄堂位于解放路 132 号，丰乐桥东北角，是杭州基督教最早最大的一座教堂。① 思澄堂在建筑型制上并不属于纯正的“哥特式”教堂，而是汲取了本土建筑元素，兼具西方教会建筑和中国传统建筑特点，形成西方教堂建筑中国化的地方样本。

建筑为三层砖木结构，平面为拉丁十字（拉丁十字：西方教堂的一种型制，平面布局成一个竖道长于横道的十字形）。原入口处有一座钟楼，后因解放路拓宽而拆除；教堂入口两侧的塔楼高度在本土化过程中降低，在双塔与建筑入口之间加了水平腰檐，与建筑主体的檐口线持平，使整个教堂显现出水平感。建筑主入口没有采用这类建筑惯用的透视门（透视门：哥特式教堂墙垣厚，门窗开洞深，故常将大门两侧墙体由门框向外逐步凿成一排排锯齿形装饰，形成透视感，俗称透视门），而是采用中式硬山抱厦作为入口；也没有使用彩色玻璃窗，而是采用中国园林的支摘窗，再以中式花格进行装饰。② 建筑外墙整体采用清水砖墙实砌，室内以进口洋松木做梁，底层地面为水磨石铺地，二至三层地面铺设木地板。

思澄堂的传教历史可以追溯到 1858 年③，当时美国北长老会中国传道士张澄斋等前来布道。1864 年，美传教士葛宁与张澄斋再次来杭，租用皮市巷一处五开间楼房作为礼拜堂。1871 年，教会购得丰乐桥直街官巷口一所房屋共四进，后三进改造成洋房做牧师住宅，最前一进改为礼拜堂。后信徒人数增加，新堂于 1924 年动工兴建，至 1927 年建成，共耗资大洋 6 万余元，起名“思澄堂”以纪念张澄斋牧师，并于 1930 年复活节首次使用。④

1937 年底，抗日战争爆发，杭州沦陷，思澄堂成为难民收容所。至 1941 年 12 月，教会教产教堂全部被日军侵占。1945 年抗战胜利后，思澄堂重回信徒手中。1958 年 9 月，杭州教会开始实行联合礼拜，思澄堂是五个保留堂之一。1966 年 8 月，思澄堂被红卫兵占领，教会活动停止，“文革”期间还一度成为杭州图书馆馆藏图书库。1981 年 8 月 30 日，思澄堂收回部分堂产并举行复堂典礼。1983 年 3 月，思澄堂教会出资 10 万元，由陈氏兄弟主持维修。1984 年 10 月，浙江省两会在此地筹建浙江神学院直至 2000 年。今天，思澄堂的西南角尚有“万世磐石”大理石基石镶嵌于青砖墙体之中，默默见证着思澄堂的历史。

参观指南

建筑全部区域均可参观。
地铁 5 号线至 [万安桥] 站或公交 49/96/115/283 路至 [浙医二院] 站。

---

① 基督教会思澄堂官网，sichengtang.com.
② 章臻颖：《杭州近代建筑史及其建筑风格初解》，博士学位论文，浙江大学，2007，第 67-68 页 .
③ 同②，第 66 页 .
④ 仲向平：《杭州老房子》，中国美术学院出版社，2003，第 87-88 页 .

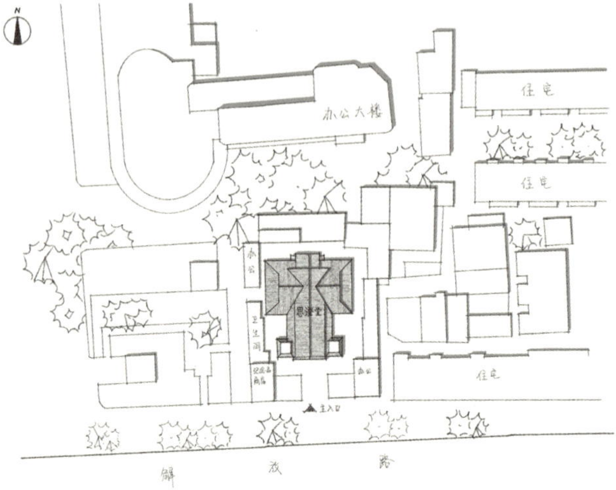

思澄堂基督教堂总平面示意图
程羽然　绘

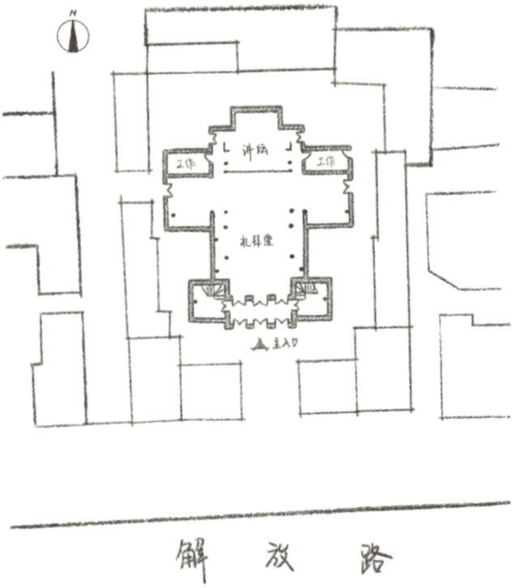

思澄堂基督教堂一层平面示意图
程羽然　绘

思澄堂基督教堂外立面一角实景照片
程羽然　摄

75 崔家巷 5 号

建筑名称：崔家巷 5 号
建筑地点：浙江省杭州市上城区崔家巷 5 号
建成年代：始建于 20 世纪 20 年代
保护等级：杭州市第一批（2004）历史建筑
建筑规模：407 平方米

何鑫翔 摄

建筑名称: 崔家巷 5 号(本书编号: 75)
建筑地点: 浙江省杭州市上城区崔家巷 5 号
建成年代: 始建于 20 世纪 20 年代
保护等级: 杭州市第一批(2004)历史建筑
建筑规模: 407 平方米

毛凤翔为杭州祥符桥人,长期钻研中医,自成一家,主诊内科,尤擅伤寒。据《浙北医学史略》记载:"毛凤翔,字贞所,嘉兴人,精医。"[①] 而崔家巷 5 号,就是毛医生当时的诊所兼住宅,大门门楣上写有"毛凤翔诊所"五个大字。在 1946 年 1 月出版的《杭州指南》一书中,"崔家巷毛凤翔"名列著名医师队伍。

崔家巷,西起惠兴路,东至中山中路,中途向南折至解放路。南宋理宗朝右丞相兼枢密使崔与之居于此地。后崔与之被封为土地神,便在此建崔相公祠,巷由此得名。清代称崔佳巷,民国时复称崔家巷。[②] 民国时期,该区域位于杭州市中心,住在这里的不少是大人物。

崔家巷 5 号建于 20 世纪 20 年代,是两进四合院中式民居,均高二层,为常见的内部木构架加外围护砖墙结构。建筑有前后两个庭院,前院接近方形,后院为横长形;前院左右为厢房,正中是上覆传统坡屋顶的主屋,木结构。主屋的二层阳台设中式红色木质栏杆;院门所在的门楼二层为大晒台,饰有西式水泥瓶状栏杆。此楼原是毛凤翔与人合建,占地 7 分(约 427 平方米),总建筑面积达 624 平方米,有房 16 间。房子建好后,分为东西两半,一幢两家,两家各占一边,所以至今崔家巷 5 号与西邻 6 号(崔家巷 6 号现为民居用途)的庭院、房屋以及设施、材料全都一样。毛家就是"毛凤翔诊所",挂牌营业。1952 年,毛凤翔因病逝世,毛凤翔诊所停业。[③]

解放初期,建筑收归国有,漫长岁月中,曾经历多次破坏。较大的一次发生在"文革"期间,包括门窗、挂落、栏杆、扶手、雕刻在内的许多构件被强行破坏,此后还经历了火灾、人为破坏、结构老化等事件,使得老宅的面貌发生了较大改变。至 20 世纪八九十年代,整个宅子变成一个容纳 8 户人家的大院。西侧 6 号院平面布局和结构体系均发生了较大变化;5 号院则对原有建筑形态有所保留,但也有部分加建,为 4 户居民所共用。2007 年,上城区建设局曾对崔家巷 5 号进行修缮养护,包括屋面翻修、墙体粉刷、电线序化、门窗整修等。2013 年,毛氏后人毛姓夫妇搬走。现 5 号院内共 6 户住户,大多为浙江省中医院职工子女。[④]

参观指南

现为民用居住住宅。建筑外围可参观。

地铁 1 号线至[定安路]站或公交 42/49/71/92/96/183 路至[官巷口]站。

---

① 陆文彬等:《浙北医学史略》,全国中医学会浙江省嘉兴地区分会会议论文,嘉兴,1981,第 56 页.
② 杭州网,www.hangzhou.com.cn.
③ 澎湃网,https://m.thepaper.cn/baijiahao_9163687.
④ 谢冰:《杭州旧城区传统民居内部空间形态特征及其更新策略研究》,博士学位论文,浙江大学,2015,第 28 页.

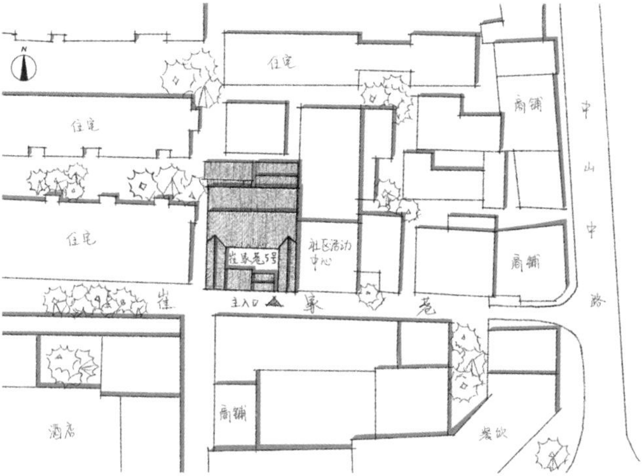

崔家巷 5 号建筑总平面示意图

程羽然 绘

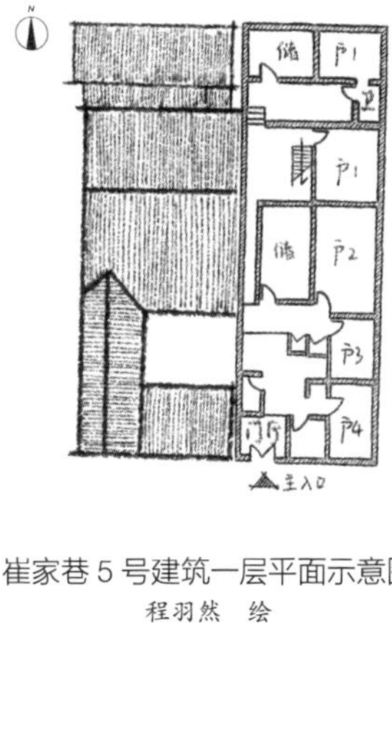

崔家巷 5 号建筑一层平面示意图

程羽然 绘

崔家巷 5 号建筑入口南立面实景照片

程羽然 摄

76 渤海医庐

建筑名称：渤海医庐
建筑地点：浙江省杭州市上城区东平巷 7–10 号
建成年代：始建于 20 世纪 20 年代
保护等级：杭州市第三批（2007）历史建筑
建筑规模：约 1040 平方米

丁金铭 摄

建筑名称：渤海医庐（本书编号：76）
建筑地点：浙江省杭州市上城区东平巷 7–10 号
建成年代：始建于 20 世纪 20 年代
保护等级：杭州市第三批（2007）历史建筑
建筑规模：约 1040 平方米

渤海医庐位于杭州上城区东平巷内，为妇科专家裘笑梅（裘笑梅，浙江省人民代表，市政协委员，被评为“国家级名老中医”。她在妇科疑难杂病上有独到的见解和创新的治疗，被人称为“华夏奇指，人间观音”）的旧居，也称“漱梅医庐”，为一排三个独立石库门的两层砖木结构庭院式楼房[①]，是杭州重要的商住两用建筑。刚建成时，渤海医庐为裘笑梅的诊所，因为其医术高明，这里曾接待无数病人。从 1945 年起，渤海医庐由私人住宅变为多人住宅，裘笑梅则一直居住在中间的一个独立石库门中，直至 2000 年 5 月 15 日去世，享年 91 岁。

沿东平巷自西向东，首先映入眼帘的是一面清水砖山墙，墙角刻有“三槐堂王界”的字样，这里便是渤海医庐西侧的边界。继续向东即可到达建筑主入口，主入口立有两根方形门柱，门柱上设有略微外挑的门檐，门檐与横枋之间有“渤海医庐”匾额。南立面其余开间均为清水砖外墙，每一开间均设一樘两开平窗，二层立面形制与一层基本相同，但由于后期的加建改造，部分开间已失去原本样貌。

渤海医庐建筑主体分布于一条南北向的轴线上，共设有三进院落，均坐北朝南。第一进紧邻东平巷，平面呈矩形，面阔六间，为二层的砖木结构。自主入口和过廊进入大门后，是一方不足 10 平方米的天井，北侧即为第二进院落，南面设有院墙。主楼坐北朝南，平面呈矩形，面阔三间，其中，一层前部是正厅，曾是裘笑梅的诊治之处，后部是膳室，上层为卧室及书房。屋顶为两坡顶，覆小青瓦。实地观察可以发现，一层的明间与东、西次间之间用稍矮的院墙相隔，使第二进被分为三个小院落。第三进平面同样为矩形，面阔三间，进深一间。

时至今日，渤海医庐主体房屋结构依然完好，室内的天花、线脚、木地板、木楼梯、木雕扶手、玻璃落地门窗也保持原貌。[②] 除部分房屋空置废弃外，医庐内现仍有居民居住。南面对外部分开起了私营商铺，面向东平巷呈现开放包容的姿态。

参观指南

主楼目前不对外界开放，其余公共区域可供参观。

地铁 1 号线至 [定安路] 站或公交 42/49/71/92/96/K155/183 路至 [官巷口] 站。

---

① 杭州市第三批历史建筑保护规划图则，http://z1.singdo.org/libao/luelan_disp.php?luelan_id=184.
② 仲向平：《杭州老房子》，中国美术学院出版社，2003，第 214 页 .

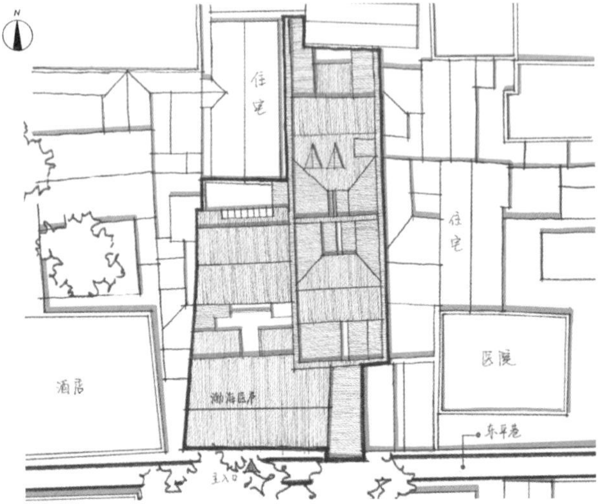

渤海医庐总平面示意图
丁金铭 绘

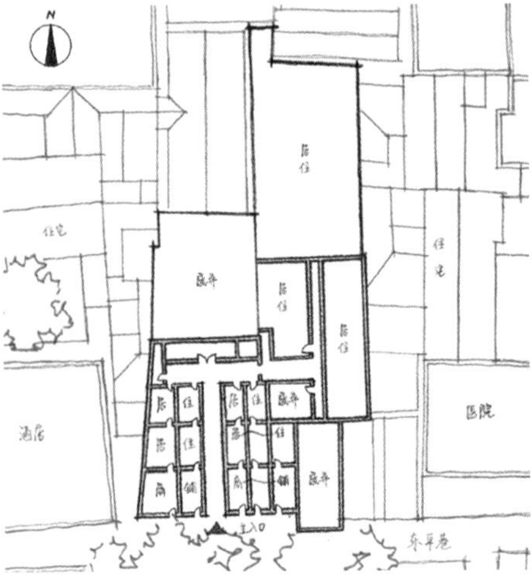

渤海医庐一层平面示意图
丁金铭 绘

渤海医庐现状实景照片
丁金铭 摄

77 云阁堂

建筑名称：云阁堂
建筑地点：浙江省杭州市上城区积善坊巷 8 号
建成年代：始建于 20 世纪 20 年代
保护等级：杭州市第三批（2007）历史建筑
建筑规模：约 2010 平方米

丁金铭 摄

建筑名称：云阁堂（本书编号：77）
建筑地点：浙江省杭州市上城区积善坊巷 8 号
建成年代：始建于 20 世纪 20 年代
保护等级：杭州市第三批（2007）历史建筑
建筑规模：约 2010 平方米

云阁堂原是涌金门“二我轩”照相馆（“二我轩”是杭州老字号照相馆，创建于清光绪年间。它也是杭州最早使用“电光照”技术的照相馆，专门从事黑白人像拍摄与人物写生绘画。）老板余寅初的住宅，后转卖给浙江兴业银行蒋抑卮的儿子蒋赓声。[①]1945 年，话剧、京剧主编、鸳鸯蝴蝶派作家许廑父［许廑父（1891–1953），名与澄，字弃疾，又字一厂，别署颜五郎，萧山浦沿许家里村人。抗战时期任浙江省茶叶运销处主任、浙江省建设厅厅长秘书等职。］租住该处的 3 间房屋，此后成为云阁堂的二房东，并于此创办《浙江商报》。

云阁堂主体建筑为二层三开间的中西式楼房，带露台和阁楼。[②] 南面主入口临积善坊巷，北侧临东平巷 3 号。建筑以高耸的院墙围合，在南院墙的东侧开辟石库门作为院落的入口，并在东侧墙角刻有“云阁堂余”四字。从入口大门进入后，第一进空间即为天井院落，院落内主体建筑坐北朝南，平面呈矩形，面阔三间，共二层，入院口设立台基，屋顶为两坡顶并覆有小青瓦。建筑主体结构为砖木结构，在建材的选择上根据不同的部位及结构的受力情况，将水泥、石料及木材混合运用，带有较明显的时代特点。

云阁堂具有传统的中式平面布局，设有门厅、天井，室内同样有典型的中式传统结构和装饰元素；而外立面则用水泥山花、铸铁栏杆、浮雕等元素加以修饰，檐廊地坪材质为带花纹的水磨石，西北间的双跑木楼梯上有大镂空雕花、鹤颈弯扶手，具有明显的西式风格。整体而言，云阁堂属于杭州近代“折衷主义”建筑中的“中西折衷主义”类型（“中西折衷主义”指的是以中国传统建筑为主体，在此基础上局部加上西式建筑元素的建筑形式，多应用于早期石库门里弄住宅），反映了传统合院住宅向近代转型的历史脉络。

云阁堂现状变化较大，住户根据居住需要，对庭院及室内空间进行了重新划分，仅保留了基本的合院布局。积善坊巷本身不宽，云阁堂与南侧积善坊章宅隔路相望、南北呼应，对外均为白色高耸院墙，立面简洁纯粹，与周边其他建筑截然不同。漫步于此，能感受到独特的历史氛围。

参观指南

现为私人住所，不对外开放。
地铁 1 号线至［定安路］站或公交 42/49/71/92/96/k155 路至［官巷口］站。

---

①《续写〈民国通俗演义〉的报人许廑父》，《萧山日报》，2022 年 6 月 11 日 .
② 杭州市第三批历史建筑保护规划图则，http://z1.singdo.org/libao/luelan_disp.php?luelan_id=183.

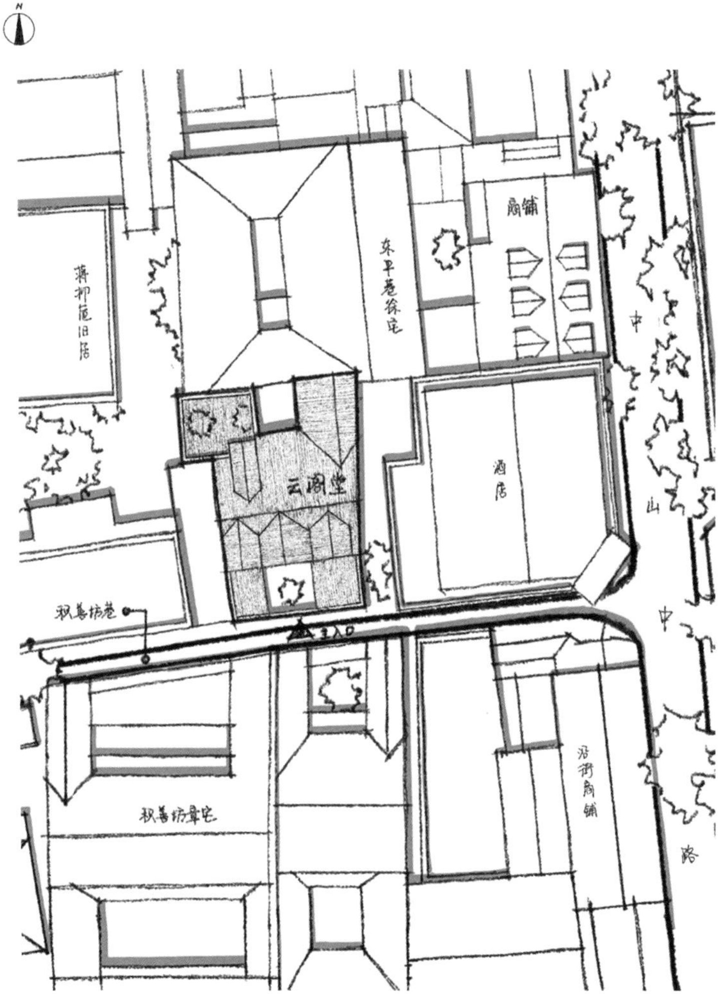

云阁堂总平面示意图

丁金铭 绘

78 积善坊章宅

建筑名称：积善坊章宅
建筑地点：浙江省杭州市上城区积善坊巷 3、5 号
建成年代：始建于清同治九年（1870）
保护等级：杭州市第三批（2007）历史建筑
建筑规模：约 760 平方米

何鑫翔 摄

建筑名称：积善坊章宅（本书编号：78）
建筑地点：浙江省杭州市上城区积善坊巷 3、5 号
建成年代：始建于清同治九年（1870）
保护等级：杭州市第三批（2007）历史建筑
建筑规模：约 760 平方米

积善坊章宅位于积善坊巷，该巷在南宋时称为“上百戏巷”，百戏杂艺聚集于此，现存有众多名人故居。章宅始建于清同治九年（1870），原户主为章乐山，因走仕途而积有厚禄，便在积善坊巷置地建房。解放后，章宅收归公有，作为公房出租给住户使用，每幢建筑内均住有多户居民，前后天井内也加建多处用房以满足住户居住需要。据当时的租户介绍，当年 40 多平方米的房间，租下来每个月要花 5 斗米。①

章宅为近代合院式民居建筑，整体东西向宽约 35 米，南北向最宽处约 31.4 米，最窄处约 25 米。主体可分为东西两部分，西面为积善坊巷 5 号，入口朝北，面向积善坊巷；东面为积善坊巷 3 号，入口朝东，需从积善坊巷转入一条小弄进入。从场地与城市道路的关系来看，3 号的可达性比 5 号稍弱。从平面布局来看，二者均沿南北向轴线分布，但也存在差异：3 号南北各有天井，由东外墙进入，正厅居中，为三开间二层的木结构小楼；北侧合院东西厢房均为两层，楼梯位于东厢房；南侧合院东西厢房为一层，通过南边走廊连接。5 号南北同样各有天井，厅堂居中，为三开间二层小楼；北侧合院除东西厢房外，北侧靠外墙处设有一排房间；南侧合院除东西厢房外，正厅与天井紧邻形成外廊。3 号和 5 号之间通过封火墙隔断，仅在北侧留一小门通行。

建筑最外层用纯粹白墙围合，仅有入口门洞，并在主入口设置条石门槛。内部围合方式较为丰富，主要有白色砖墙、木隔断、塑料板等。建筑内部特色构件保存较为完好，硬挑头［硬挑头：一种古建筑构件，通过斜的撑拱（俗称牛腿）来支撑，主要用于增强建筑的美观和结构稳定性］、挂落、檐口的木梁及厢房的木门上都有雕花②，连廊的牛腿及挂落则具有典型的杭州清式民居特征，呈现灵活多样、中西混杂的特点。

章宅现无人居住，且不对外开放，但内部院落有修整的痕迹，不至于荒芜破败。曾经住户熙攘的老宅，现已濒临废弃，如何让这类历史建筑焕发新活力，成为相关学者研究的课题。

参观指南

不对外开放。
地铁 1 号线至［定安路］站或公交 42/49/71/92/96/k155/183 路至［官巷口］站。

---

①《中山路上老坊巷，带你回溯千年》，《人民日报》，2009 年 9 月 16 日．
② 杭州市第三批历史建筑保护规划图则，http://z1.singdo.org/libao/luelan_disp.php?luelan_id=182.

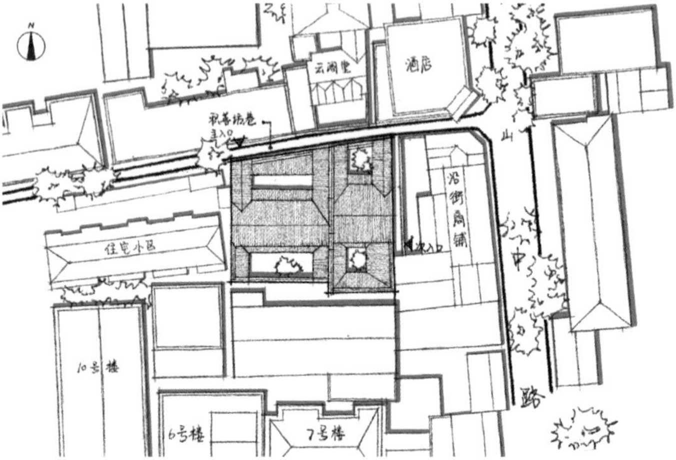

积善坊章宅总平面示意图

丁金铭 绘

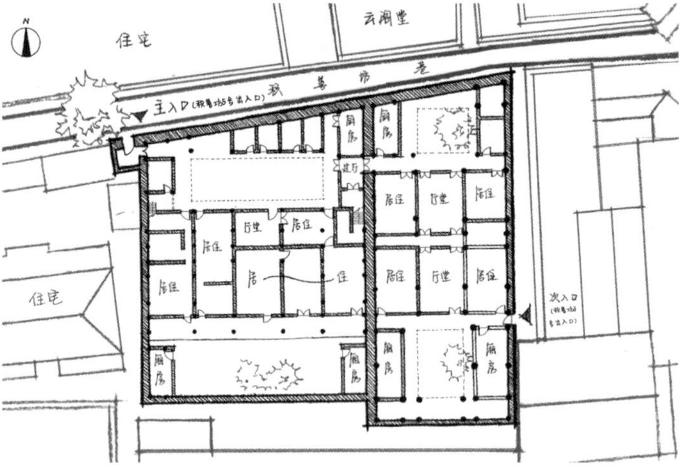

积善坊章宅一层平面示意图

丁金铭 绘

79 浙江兴业银行旧址

建筑名称：浙江兴业银行旧址
建筑地点：浙江省杭州市上城区中山中路 261 号
建成年代：始建于 1923 年
保护等级：全国第七批（2013）重点文物保护单位
建筑规模：3487.42 平方米

何鑫翔 摄

建筑名称: 浙江兴业银行旧址（本书编号: 79）
建筑地点: 浙江省杭州市上城区中山中路 261 号
建成年代: 始建于 1923 年
保护等级: 全国第七批（2013）重点文物保护单位
建筑规模: 3487.42 平方米

原浙江兴业银行杭州分行由被誉为近代“银行建筑师”的沈理源设计。大楼始建于 1923 年，一经落成，就成为杭州老城的标志性建筑，是民国北洋政府时期全国最大的一家商业银行，与浙江实业银行和上海商业储蓄并称为全国商业银行中影响最大的“南三行”。①

银行位于开元路之南与中山中路以西夹角形成的略呈方形的基地中，坐西朝东，中部是建筑的主要出入口。建筑主体为钢筋混凝土结构，地上建筑东西两侧为三层，其余两层，设有地下室。一层为营业及办公用房；二层提供住宿与阅览，现为办公用房及接待室；三层原用作藏书、健身与娱乐，现为行长室、会议室等办公用房；地下室为金库。全楼原有大小房间 78 间。

建筑外立面采用横三段、纵五段的西方古典方式构图，入口台阶两边弧形石鼓上为爱奥尼双柱式门楼。整座建筑以苏州金山花岗岩贴面，首层的贴面石材之间留宽而深的缝；二、三层亦为花岗岩，但留缝细而浅；门窗屋檐下都用石膏雕花装饰，细节精致；内部营业大厅、办公室等用材和装修则更为考究，楼板、墙面饰板等处选用红木、紫檀、黄杨、柚木、红松等七种高等木料，大部分是从蒋海筹、蒋抑卮（蒋抑卮: 浙江兴业银行创办人之一）父子居住的胡雪岩旧居中购得；另外有大理石、缸砖、人造石以及瓷砖等材料做台阶、过道及地坪等；营业大厅及其他房间采用石膏雕花吊顶；底层大堂内部通过爱奥尼柱子进行空间划分，二层的柱子变为方柱；所有房间和外立面的窗台、拱券、窗楣、阳台、栏杆、檐口、牛腿、铁栅等细部花饰做工精细，变化丰富，力求达到富丽堂皇的装饰效果。

与原建筑相比，现状一、二层大厅顶部，屋顶平台，一、二层外立面柱子及屋面等部分经过了修改：原建筑一、二层大厅通高，通高屋顶是两个三角形并列，现在改为弧形；屋顶平台走廊部分加了玻璃顶；一、二层外立面柱子经过加粗；屋面经过整修，去除了老虎窗。

参观指南

建筑室外和室内公共营业厅部分可供参观。
地铁 1 号线至 [定安路] 站或公交 71/108/190 路至 [羊坝头] 站。

---

① 源自银行内部资料.

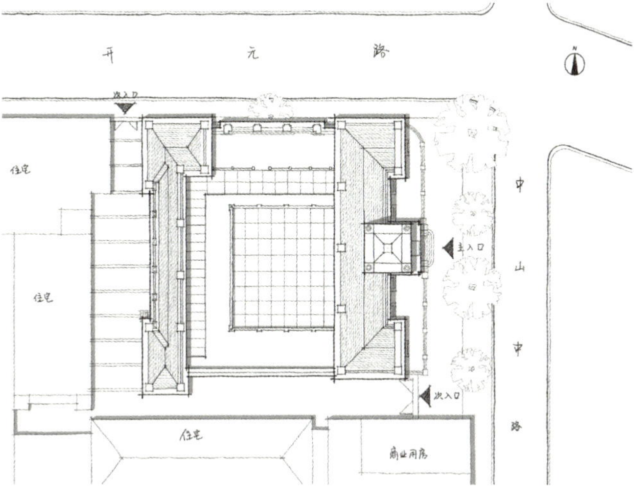

浙江兴业银行旧址总平面示意图
何鑫翔 绘

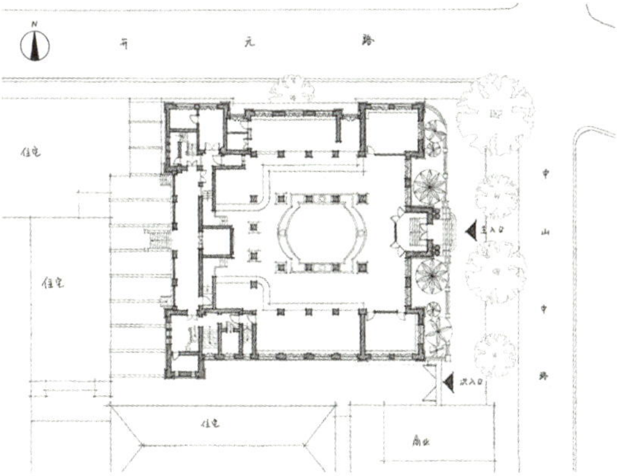

浙江兴业银行旧址一层平面示意图
何鑫翔 绘

浙江兴业银行旧址细部
实景照片
何鑫翔 摄

80 浙江实业银行旧址

建筑名称：浙江实业银行旧址
建筑地点：浙江省杭州市上城区中山中路 193-3 号
建成年代：1925 年
保护等级：浙江省第七批（2017）文物保护单位
建筑规模：610 平方米

何鑫翔 摄

建筑名称：浙江实业银行旧址（本书编号：80）
建筑地点：浙江省杭州市上城区中山中路 193-3 号
建成年代：1925 年
保护等级：浙江省第七批（2017）文物保护单位
建筑规模：610 平方米

浙江实业银行旧址前身为清光绪末年成立的浙江官银号，后改名为浙江银行、浙江地方实业银行。作为“南三行”之一，浙江实业银行属于中国最早的一批商业银行①，它们的出现颠覆了传统钱庄的运营模式。浙江实业银行曾参与过我国第一座公铁两用的钱江大桥的建设，在江浙财团中拥有举足轻重的地位。

大楼为三层带地下室，仿西洋文艺复兴风格建筑，整齐统一、讲求条理性。立面采用以罗马柱式为比例的古典主义风格，横纵三段式构图，造型简洁、结构坚固，是中山中路近代金融建筑的优秀代表。

浙江实业银行位于中山中路以西与甘泽坊巷以北转角较长方形的基地中，坐西朝东。临中山中路一侧立面狭窄，临甘泽坊巷立面则较长较宏大，这与商业街建筑正立面窄、进深大的特点相契合。转角呈圆形，为街角提供了友好的退让空间。地上建筑由东面三层主楼及西面二层辅楼两部分组成。主楼地下室设置金库、门卫及配套卧室，一层为营业及办公用房，而二、三层均为办公用房。

主楼建筑外墙面饰有仿花岗岩刷石，主入口朝东设置呈龛形，两边柱间开窗，左右开间对称，一层窗户外加设铸铁花窗。南立面九间整体处理与东立面相似，正中有一厚重的地库大门（现已封堵）；窗户采用长方形钢窗，窗槛等细部有丰富的水泥花饰。北立面靠近相邻建筑，处理简洁，仅在水泥面层上划分出水平线条。西立面处理方式与北立面相似。辅楼位于主楼西侧，为二层砖木结构建筑，通过围墙与东侧主楼相连。

浙江实业银行成立于民国十二年（1923）。其前身为官商合办的浙江银行，后官商股份分离，商股成立浙江实业银行，总行设于上海；抗日战争期间，杭州分行撤退至上海；1946 年，杭州复业；1948 年，易名为浙江第一商业银行；现产权属于省机关事务管理局。

浙江实业银行旧址曾一直作为办公建筑使用，经常的保养与维护使得整体建筑结构稳定，外观保持最初的风格。现今内部暂未开放参观。

参观指南

建筑室内现阶段不开放。建筑室外可供参观。

地铁 1 号线至［定安路］站或公交 13/66/71 路至［涌金立交］。

---

① 银行刊物编辑部：《近代银行业的“南三北四”之二　创新求变“南三行”》，《中国银行业》2014 年第 5 期：103-106.DOI:10.16677/j.cnki.10-1167/f.2014.05.024:3.

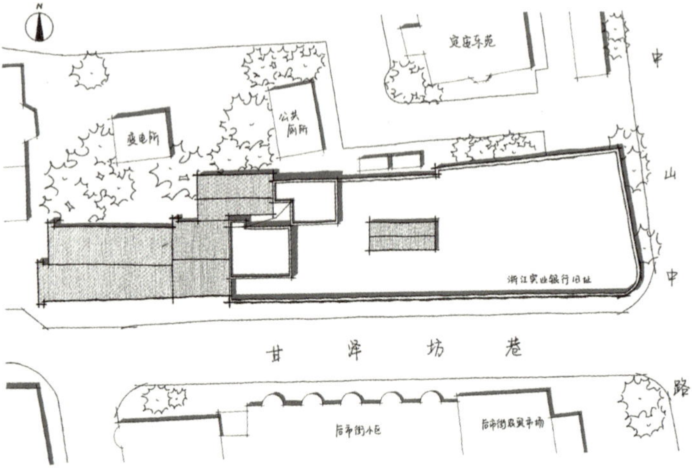

浙江实业银行旧址总平面示意图
何鑫翔　绘

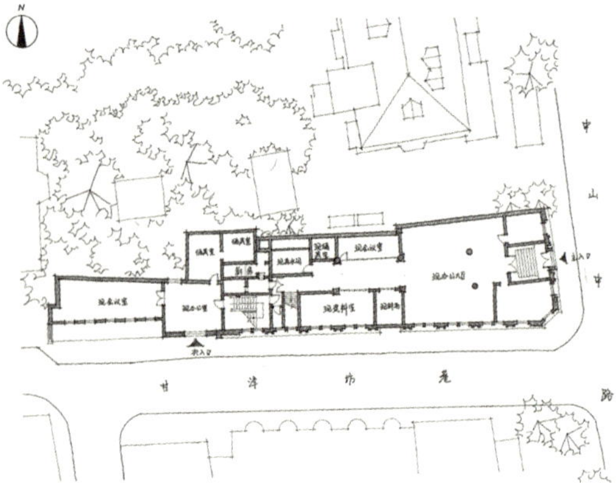

浙江实业银行旧址一层平面示意图
何鑫翔　绘

浙江实业银行旧址外观
实景照片
何鑫翔　摄

81 源茂里

建筑名称：源茂里
建筑地点：浙江省杭州市上城区涌金立交桥惠民苑小区东侧
建成年代：20 世纪 30 年代
保护等级：杭州市第一批（2004）历史建筑
建筑规模：1790 平方米

何鑫翔 摄

建筑名称：源茂里（本书编号：81）
建筑地点：浙江省杭州市上城区涌金立交桥惠民苑小区东侧
建成年代：20 世纪 30 年代
保护等级：杭州市第一批（2004）历史建筑
建筑规模：1790 平方米

源茂里由上海商人沈源茂于 20 世纪 30 年代投资建造，由上海某营造厂承建，内部分称源茂里一弄、二弄及三弄，是较为典型的杭州近现代三幢并联式石库门清水砖建筑。①

建筑群位于西湖商圈东侧，西侧毗邻南宋御街。场地西倚光复路，东靠中河路，南北皆临惠民苑小区。基地整体呈长方形，建筑群形体呈东西向布局，建筑群西侧开三门，作为建筑群的主要出入口，门后分别连接三个巷弄。建筑群内每户入口朝南开口。源茂里共有石库门单元 20 余个，最初为一个单元一户人家，后发展成如今三幢建筑共居住 80 余户，一个石库门单元内平均住了 4 户人家。所有建筑作为居住功能使用，这使得建筑整体外观呈现出丰富的生活迹象。

中西建筑风格的碰撞在源茂里尤为明显。建筑整体外观采用高档条石和清水石砖叠砌，花岗石或宁波红石所筑的西式门框与配有铜质吊环的中式乌漆大门，风格华洋杂处，气势端庄肃穆。其他诸如联排式的住宅格局和扶梯、柱头、栏杆、门窗、横楣等细节装饰多采用西洋纹饰，而合院式单元结构与门框、墙檐上的主要装饰，如门匾、门楣、砖雕、刻字等，又是中国传统民居建筑风格的延续和发展。②

相较于外观和门楼保存较好的情况，源茂里内部的陈设由于年代久远及缺乏管理，构件霉烂、违章改建的现象较多。每户单元内部布局总体沿袭源茂里最初的格局，除东头的一户为转角放大式平面外，其余平面基本都为经典的一字形。每户朝南，“前院后巷”式，一层平面由巷道进入天井再到客厅及厨房，朝南的天井有较好的光照环境（目前天井大多被改造为室内阳光房或有顶的半开放小庭院）。入户处庭院的二层改动较多，主要用作卧室及生活卫生间，朝南一侧原立面为清水砖叠砌，现更换为木板墙面，朝北面多加装电缆防盗窗及空调外机等设备。三层为夹层空间，对应为室外阳台，用于晾晒及绿植栽种。

参观指南

现为住宅，建筑外围和里弄庭院公共部分可供参观。

地铁 1 号线至［定安路］站或公交 13/66/71 路至［涌金立交］或 13/66 路至［铁佛寺桥］站。

① 仲向平：《杭州老房子》，中国美术学院出版社，2003，第 214、135 页 .
② 同①，第 214、136 页 .

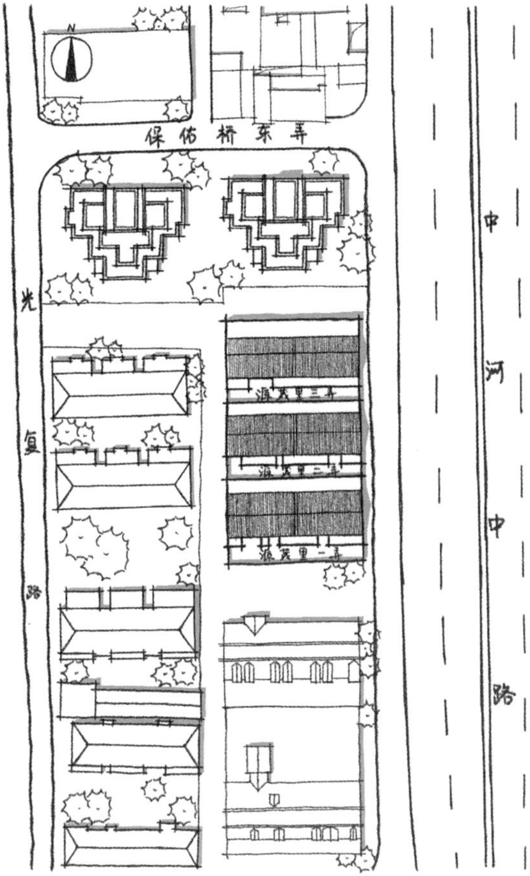

源茂里总平面示意图
何鑫翔 绘

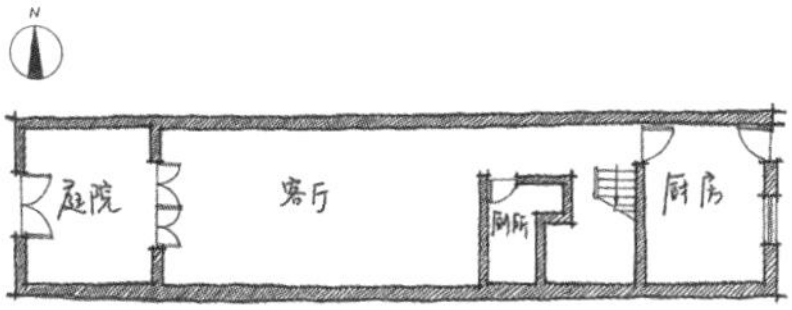

源茂里一层平面示意图
何鑫翔 绘

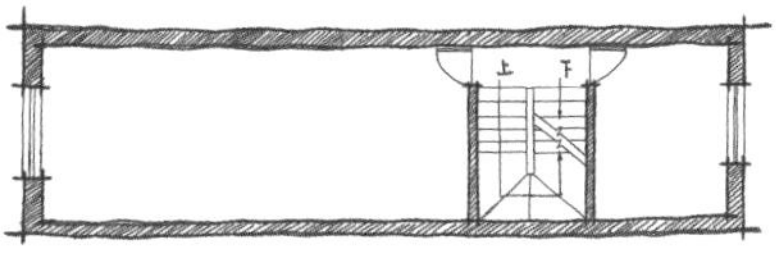

源茂里二层平面示意图
何鑫翔 绘

82 浙江地方银行旧址

建筑名称：浙江地方银行旧址

建筑地点：浙江省杭州市上城区中山中路 149 号

建成年代：始建于 20 世纪 20 年代

保护等级：杭州市第三批（2000）文物保护单位

建筑规模：约 2400 平方米

丁金铭 摄

建筑名称：浙江地方银行旧址（本书编号：82）
建筑地点：浙江省杭州市上城区中山中路 149 号
建成年代：始建于 20 世纪 20 年代
保护等级：杭州市第三批（2000）文物保护单位
建筑规模：约 2400 平方米

浙江地方银行旧址属于杭州市市级文物保护单位"中山中路近代建筑群"，是杭州民国时期金融业的重要见证，具有较高的历史价值。

浙江地方银行的历史最远可追溯到南宋时期，当时这里属于忠王府（南宋第六位皇帝度宗赵禥被册立为太子之前，曾被封为忠王，其为皇子时的府邸称为"忠王府"）范围，其中部分区域被改造成了平准行用库（储备各地金银，用作纸钞发行的保证金，并通过金银和纸钞的互兑来调整货币结构，确保纸钞信用的机构），在功能上显现了后世银行的影子。明初时平准行用库被废弃，旧址改建成为抚院和书院，1730 年又被改为公馆，以专供宣讲圣谕的钦使自京来杭办差时驻用。① 清同治年间，随着浙江战后海塘工程维修任务的加重，这里成为塘工局用以专门应对。1912 年中华民国成立后，浙江军政府将"浙江银行"（前身为浙江官银号）改组为"中华民国浙江银行"，并将行址设在塘工局旧址。1915 年，"中华民国浙江银行"更名为"浙江地方实业银行"，于 1923 年拆分为浙江实业银行和浙江地方银行，其中浙江地方银行在 1927 年进行改造。1937 年日军进攻杭州之前，浙江地方银行总行随省政府机关等省级部门一起迁至丽水，并于 1945 年抗战结束后迁回杭州，改名为"浙江省银行"。

浙江地方银行具有独特的中西合璧艺术风格，由三部分组成：主楼、主楼西侧的三合院、三合院北侧的副楼。主楼和副楼与街角围合形成广场，并与三合院的北厢房连接。主楼坐南朝北，平面呈"L"形，凹面向外。主入口朝向惠民路，并用突出的门廊和圆弧形地面铺砖加以强调。门廊高两层，立有两根精细的科林斯柱。主楼朝向广场一侧的立面采用西洋古典分段法，以爱奥尼巨型壁柱、矩形钢窗和绛红色毛面砖为构图元素，以水平檐部统一整个立面。室内马赛克、石膏天花和玻璃、天棚、钢筋混凝土、人字屋架等新材料、新结构的运用，体现了近代银行建筑追求富丽堂皇的装饰特征。②

浙江地方银行现为杭州市中医馆国医馆，室内进行了装修和翻新，一层大部分区域为宣传展览空间，开放给游客进行中医知识的普及。

参观指南

营业时间内向游客开放。
地铁 1 号线至 [定安路] 站或公交 8/195/84 路至 [惠民路] 站。

---

① 杭州市住房保障和房产管理局：《90 年前的杭州——民国〈杭州市街及西湖附近图初读〉》，浙江古籍出版社，2020，第 103 页 .

② 中山中路建筑群 - 云端档案，http://www.singdo.org/wenbao/luelan_disp.php?luelan_id=165.

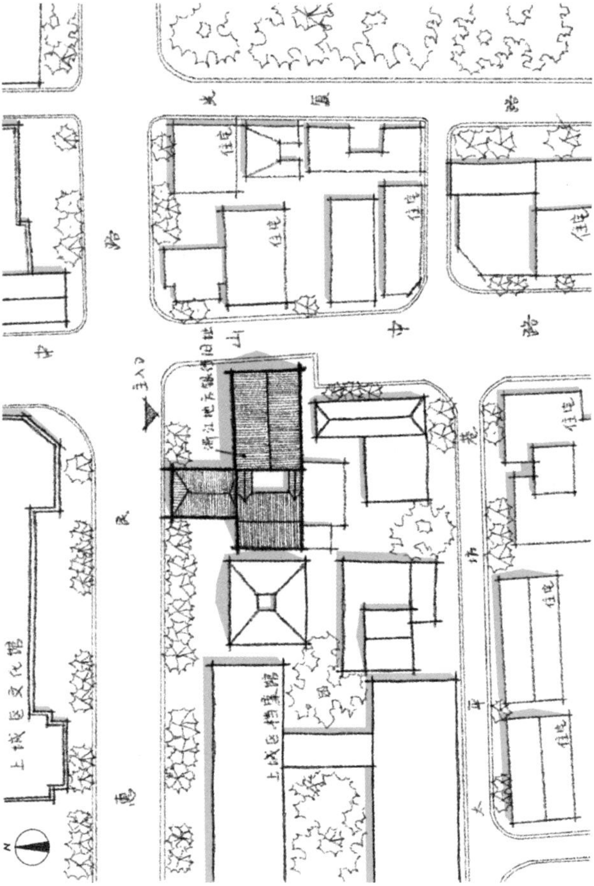

浙江地方银行旧址总平面示意图

何鑫翔 绘

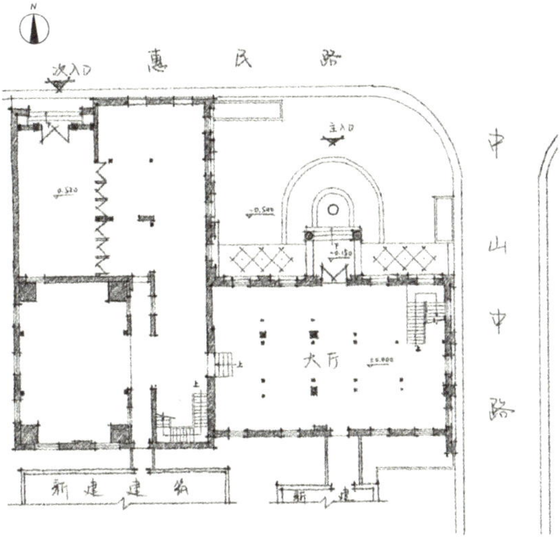

浙江地方银行旧址一层平面示意图

何鑫翔 绘

浙江地方银行旧址外观实景照片

丁金铭 摄

本条线路的出发点为太平天国听王府旧址，一路向南，主要覆盖小营巷和五柳巷历史街区，展示杭州的传统民居和市井生活。线路总长 1.9 千米，预计步行时间 25 分钟，沿线的建筑有：

全国重点文物保护单位
National key protection units

省级文物保护单位
Provincial key protection units

市县级文物保护单位
Municipal key protection units

建筑考察路线
Building Inspection Route

83 湖州会馆
Huzhou Guild Hall
杭州市上城区马市街社区酱园弄 12 号

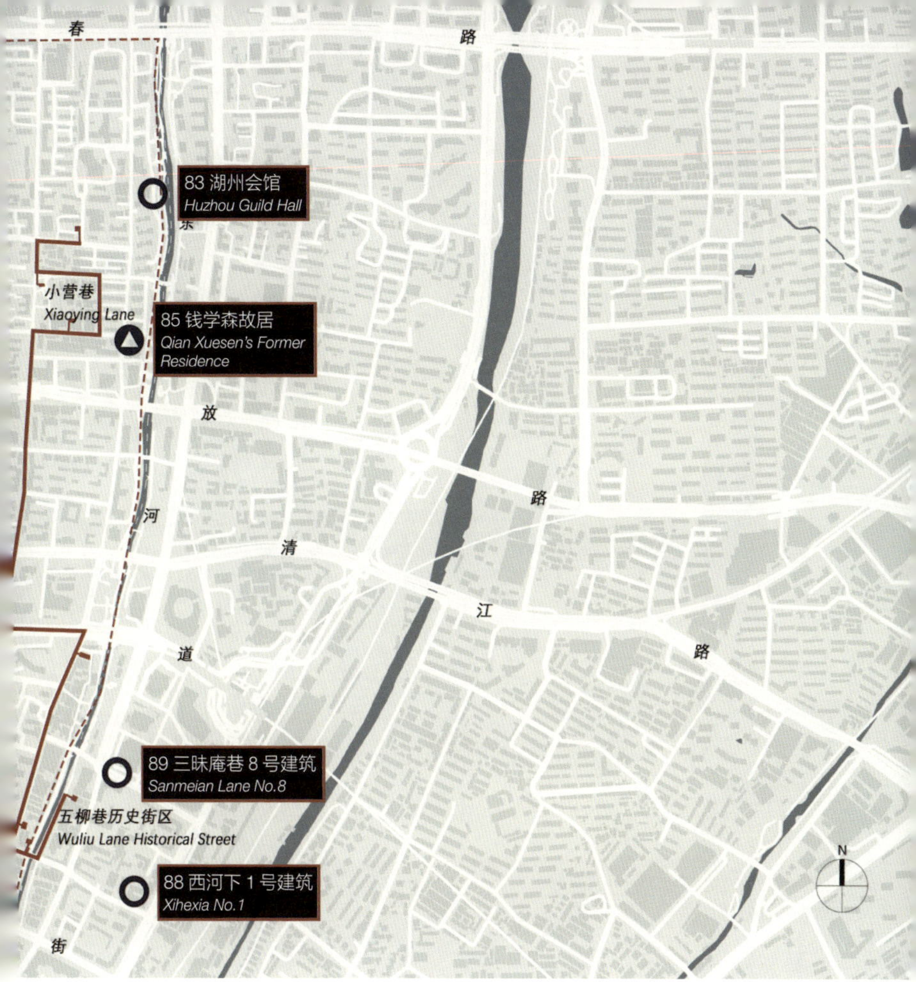

城中参观线路二示意图

84 太平天国听王府
Taiping Heavenly Kingdom Prince Ting's Mansion
浙江省杭州市上城区小营巷 61 号

85 钱学森故居
Qian Xuesen's Former Residence
浙江省杭州市上城区方谷园 2–3 号

86 四维里
Siwei Lane
浙江省杭州市上城区西湖大道城头巷交界东南角

87 浙江矿业公司旧址
Former site of Zhejiang Mining Company
浙江省杭州市上城区城头巷 123 号

88 西河下 1 号建筑
Xihexia No.1
浙江省杭州市上城区城头巷与梅花碑交叉路口南侧

89 三昧庵巷 8 号建筑
Sanmeian Lane No.8
浙江省杭州市上城区三昧庵巷 8 号

83 湖州会馆

建筑名称：湖州会馆
建筑地点：浙江省杭州市上城区酱园弄 12 号
建成年代：始建于清末
保护等级：杭州市第二批（1992）文物保护单位
建筑规模：约 410 平方米

许诚 摄

建筑名称: 湖州会馆（本书编号: 83）
建筑地点: 浙江省杭州市上城区酱园弄 12 号
建成年代: 始建于清末
保护等级: 杭州市第二批（1992）文物保护单位
建筑规模: 约 410 平方米

湖州会馆建于晚清，是清末至民国期间在杭湖州同乡聚会活动的场所，属于该时期典型的中式传统宅院风格，现存主楼和花园。院门朝东，主楼坐北朝南，为二层三开间砖木结构建筑，各室间由廊沿贯通，单步梁架，硬山顶，造型简朴，其上挂落（挂落: 中国传统建筑中额枋下的构件，常用镂空木格或雕花板做成，用作装饰同时划分室内空间）、栏杆等构件具有中西结合的装饰风格。主楼房前为花园，内起假山，树木葱茏，青石板苔痕斑驳。

该建筑原是晚清富绅顾鸾之的家庵——竺修庵，从晚清文人丁立诚为其所写的《续东河新棹歌》做的注释“竺修庵，顾氏家庵也，在阿弥陀佛弄，今改湖州旅学”中可见一斑。[①]后被湖州商人购得，稍作改建后成为湖州会馆。据民国房产档案记载，会馆土地面积一亩四分二厘六毫（约 951 平方米），有“楼房（二层）六间，平房十五间”。[②]

湖州会馆还是“木瓜之役”斗争的历史性纪念建筑。鲁迅于 1909–1910 年在浙江省立两级师范学堂任教期间，曾参加反对以封建道学家夏振武为代表的旧文化、旧礼教的“木瓜之役”，与同在学堂任教的许寿裳等 25 位教师罢课离校暂居于此馆。[③]

由 1907 年 1 月 4 日的《申报》上刊登的新闻可知，会馆最初是由旅杭湖州籍人士成立的同乡会组织“湖州旅杭商学公会”的办事机构。进入民国后，湖州旅杭商学公会因不利同乡会发展而式微。后旅沪湖州籍人士在上海成立“湖属同乡唯一集团”湖社，并于 1937 年 6 月在杭州设立地方事务所，地点仍定在原先的湖州会馆。[④]然而 1937 年末杭州沦陷，旅杭湖州籍人士避难星散，湖州会馆人去楼空。抗日战争胜利后，湖州商人返杭谋划成立新的同乡会，于 1947 年成立“湖属六县旅杭同乡会”，选举国民党大佬陈果夫、陈立夫的父亲陈勤士为理事长。1949 年杭州解放，湖州会馆一度由当地救济会接管。据 20 世纪 50 年代的房产档案记载，当时共有房间 21 间，使用者是“成德小学及七户居民”，湖州会馆只为该小学分部的办学点，后成德小学更名为马市街小学，湖州会馆作为其教员宿舍继续使用。1985 年，《风景名胜》杂志编辑部迁入湖州会馆办公，直至 1998 年。2000 年至今，南宋钱币博物馆因拆迁而暂搬至此过渡。

参观指南

现为南宋钱币博物馆，建筑室外和室内一楼可供参观，二楼暂不开放。

地铁 5 号线至［万安桥］站或公交 49/96/115/283 路至［浙医二院］站。

① 丘良任等:《中华竹枝词全编 · 浙江卷》，北京出版社，2007.
② 杭州市住房保障和房产管理局:《90 年前的杭州——民国〈杭州市街及西湖附近图初读〉》，浙江古籍出版社，2020，第 26 页.
③ 杭州市文保中心微信公众号——“名城杭州”.
④ 同②，第 28 页.

南宋钱币博物馆外墙现状
实景照片
许诚 摄

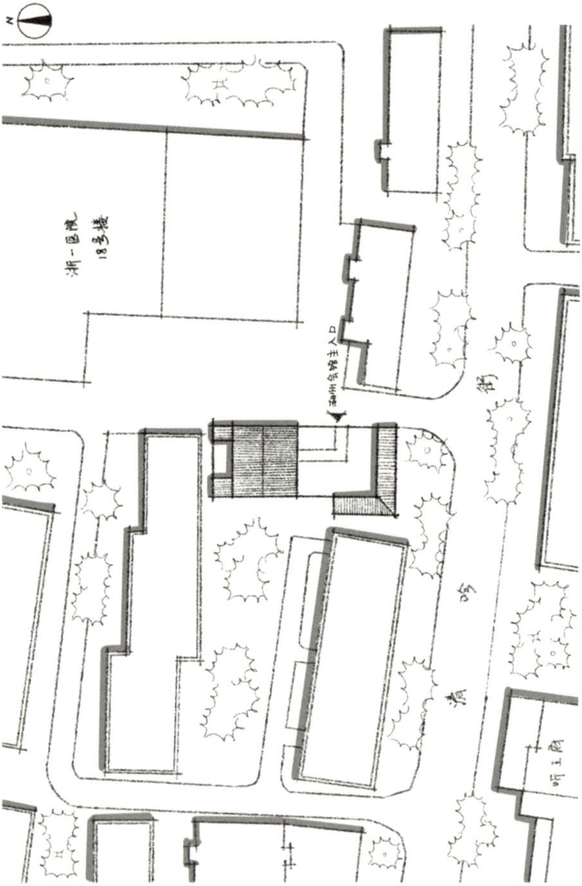

湖州会馆总平面示意图
许诚 绘

84 太平天国听王府

建筑名称：太平天国听王府

建筑地点：浙江省杭州市上城区小营巷61号

建成年代：始建于清道光年间

保护等级：杭州市第三批（2000）文物保护单位

建筑规模：2300平方米

程羽然 摄

建筑名称: 太平天国听王府（本书编号: 84）
建筑地点: 浙江省杭州市上城区小营巷 61 号
建成年代: 始建于清道光年间
保护等级: 杭州市第三批（2000）文物保护单位
建筑规模: 2300 平方米

太平天国听王府是典型的江南三进合院式木结构建筑，坐北朝南，现只留有当年中轴线上的建筑和东侧的花厅，整体呈“L”形平面布局。中轴线上建筑均高二层，从南至北分别为: 门厅（前厅）、百桌厅（中厅）、楼厅（后厅），门厅西侧设竹园、东侧为花厅。[①] 如今，听王府的梁柱、斗栱、窗楹、门格中仍留有当年精雕细凿的雕花构件，无不追忆着昔日的富丽堂皇，而屋顶的瓦片、二层的木栏杆等都是后续修缮添加的。

听王府有过多位主人。第一位主人是清道光年间的杭州乡绅顾鸾之。当时小营巷这里有一处“篁庵”，相传庵内遍植竹子，修拔挺立，所以雅好林泉的顾鸾之一见就爱上了，遂筑屋于小营巷篁庵之右，叠石疏池，栽花植树。[②]

听王陈炳文是第二位主人。据《杭州与西湖史话》记录，清咸丰十一年（1861），太平军二次攻陷杭州后，镇守杭州的太平军主将听王陈炳文在此设指挥部，将其改建为听王府。陈炳文对篁庵大兴土木，拆砖墙、筑外垣，使本就宽敞的宅院更显大气；又垒土作台，设置高座，起造龙亭。听王府内部究竟有些什么已失考，但曾国藩亲历听王府之境后，叹其“轩敞宏深”而感到“极为惬意”[③]，足以说明当年听王府的规模和奢华。太平天国时期听王府规模很大，除小营巷外还延伸至皮市巷，后来被分割成了小营巷 61 号和马市街 92 号两个门牌号。[④] 听王府只存在了三年。1864 年，左宗棠卷土重来，对杭州形成围城之势，陈炳文见大势已去，撤往德清，不久向清军投降。后听王府被毁，仅留小营巷部分院落。

民国时期，听王府的主人是裁缝出身的诸暨籍富商齐克明（齐克明: 民国时期诸暨人，裁缝）。解放后，原先占地 4 亩（约 2666 平方米）多的建筑群被分割成居民住宅。20 世纪 90 年代，中厅曾一度被改建成“陈娟英第二敬老院”。2019 年，上城区政府启动中共杭州小组纪念馆迁址提升工作，并选址在听王府旧址。次年，中共杭州小组纪念馆新馆开馆。

听王府是杭州现存唯一能见证太平天国运动的建筑[⑤]，具有重要的历史价值。

参观指南

现为中共杭州小组纪念馆。建筑室外和室内一楼可供参观，二楼暂不开放。周二至周六开放。

地铁 5 号线至 [万安桥] 站或公交 49/96/115/283 路至 [浙医二院] 站或 30/62/525 路至 [浙医二院 · 马市街] 站。

---

① 读城杭州微信公众号——“藏于深巷的百年‘王府’，迎来新生”.
② 名城杭州微信公众号——“杭州市中心藏着近 200 岁的听王府，即将焕然新生”.
③ https://www.cdstm.(292)cn/gallery/gktx/202212/t20221229_1075609.html.
④ www.19lou.com/wap/forum-138-thread-87851676427797142-1-1.html.
⑤ https://baijiahao.baidu.com/s?id=1623497703431585433&wfr=spider&for=pc.

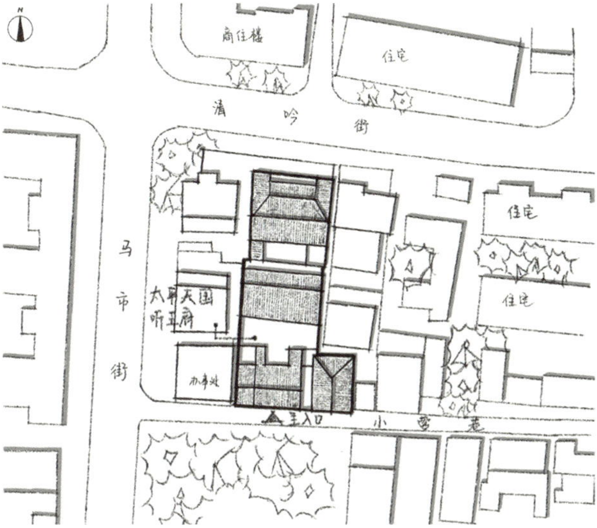

太平天国听王府总平面示意图
程羽然　绘

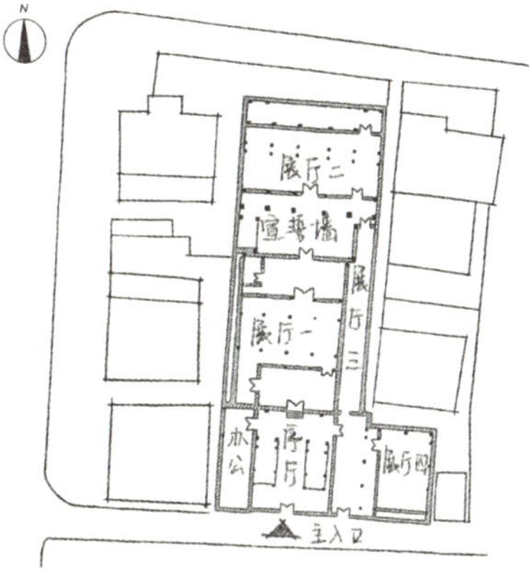

太平天国听王府一层平面示意图
程羽然　绘

中共杭州小组纪念馆入口外观实景照片
程羽然　摄

85 钱学森故居

建筑名称：钱学森故居

建筑地点：浙江省杭州市上城区方谷园 2–3 号

建成年代：始建于清末

保护等级：浙江省第七批（2017）文物保护单位

建筑规模：866.7 平方米

程羽然 摄

建筑名称：钱学森故居（本书编号：85）
建筑地点：浙江省杭州市上城区方谷园 2–3 号
建成年代：始建于清末
保护等级：浙江省第七批（2017）文物保护单位
建筑规模：866.7 平方米

钱学森故居位于小营巷，南至方谷园 2 号，北至小营公园 3 号，是杭州保存较完整的大型传统院落式民居。此地原为方谷园，为明代河南布政使应朝玉的宅邸后花园。相传他欲以之与《世说新语》中富商石崇的名园“金谷园”相媲美，故称“方谷园”。民国初年，该建筑为杭州富商章家所有，并作为章家小姐章兰娟的嫁妆而归于钱学森之父钱均夫。[①] 钱学森在这里度过了幼年时光。

建筑为砖木混合结构，坐北朝南，合院式布局，共三进，各进之间有天井，天井两侧均设厢房。全院以石库门作主入口，前有天井小院，中有过道厅堂，后有花园曲径，共有楼房、厢房、平房等十余间，保存尚好。院落东侧设有备弄（备弄：古代大户人家建筑中的一种特殊通道，起到联系和分割不同功能区域的作用，通常位于大宅的侧边，狭窄且没有窗户）和披屋（披屋：正屋旁依墙所搭的小屋），辟门依次连通门厅、正厅及后花园。一进门厅为二层三开间楼房，明间面阔 3.95 米、次间面阔 3.7 米，进深 11 米，一层为敞厅，当厅堂用。二进正厅为二层三开间楼房，明间面阔 4 米，次间面阔 3.7 米。门厅、正厅之间以厢房连接，厢房二层与门厅、正厅的二层连通，形成“走马楼”（走马楼：四周都有走廊可通行的楼屋）式的回廊格局；二层原是以卧室、书房为主的生活空间。三进为四开间平房，其后为花园，内有古井一口，上覆圆形青石井圈。[②]

解放前，钱学森曾提出将老宅无偿捐献给国民政府时期的杭州市政府，但当时的市政府未采纳该提议，故房屋所有人一直是钱学森先生，房屋由当时市房管局代管。解放后，老宅陆续搬进了 35 户人家。20 世纪 60 年代，现杭州市政府拟将方谷园 2 号加以修整保护，钱学森不忍加重家乡政府的经济负担而谢绝了好意。2007 年 4 月，上城区政府启动钱学森故居修缮保护工程，将西南面的方谷园 3 号并入故居范围内。2008 年，市园文局和上城区政府对故居进行了全面修缮保护，故居的后花园、古井等旧迹按原有格局进行了恢复，老宅重新焕发出江南书香门第的面貌。2011 年，政府再次组织修缮，并于同年 12 月正式对外开放。2021 年，恰逢钱学森诞辰 110 周年，钱学森故居重新对外开放。2022 年，钱学森故居入选中国科协联合教育部、科技部等 7 部委共同发布的首批“科学家精神教育基地”名单。[③]

参观指南

建筑室外和室内一楼可供参观，二楼暂不开放。周二至周六开放。

地铁 5 号线至［万安桥］站或公交 49/96/115/283 路至［浙医二院］站或公交 30/62/525 路至［浙医二院 · 马市街］站。

---

① 仲向平：《杭州老房子》，中国美术学院出版社，2003，第 393-394 页 .
② 杭州市文保中心微信公众号——“名城杭州，杭州名人旧居 | 钱学森旧居”.
③ https://www.cdstm.cn/gallery/gktx/202212/t20221229_1075609.html.

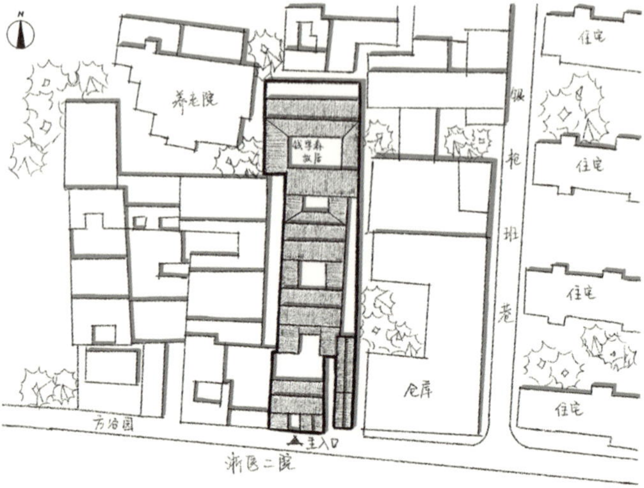

钱学森故居总平面示意图
程羽然　绘

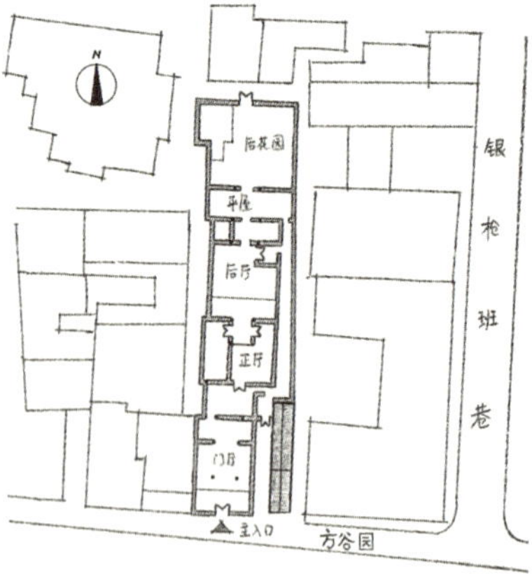

钱学森故居一层平面示意图
程羽然　绘

钱学森故居后门外观实景照片
程羽然　摄

说明：该图为 2007 年将方谷园 3 号并入故居范围之后的一层平面图，故西南面多出一进院落，现将方谷园 3 号作为入口，方谷园 2 号作为出口。

86 四维里

建筑名称：四维里
建筑地点：浙江省杭州市上城区西湖大道城头巷交界东南角
建成年代：20 世纪 30 年代
保护等级：杭州市第三批（2007）历史建筑
建筑规模：约 1990 平方米

许诚 摄

建筑名称：四维里（本书编号：86）
建筑地点：浙江省杭州市上城区西湖大道城头巷交界东南角
建成年代：20 世纪 30 年代
保护等级：杭州市第三批（2007）历史建筑
建筑规模：约 1990 平方米

杭州五柳巷历史地段（五柳巷位于杭州市上城区，南起斗富三桥，北至道院巷。南宋时在此建五柳园，故得名）的四维里建筑群为民国时期典型的里弄建筑代表（具体来说为石库门里弄，总体布局参照了西方联排住宅模式），吸引了不少游客慕名前来参观。四维里建筑群原是民国税务征管局的办公场所，西式门楼，两层院落。新中国成立后，四维里的办公楼被一间间隔开，每户都是楼上楼下自成一体，独门院落，住的都是高级知识分子。①

四维里建筑群位于西湖大道与城头巷以东夹角形成的矩形基地中，南北向排布，南侧是每户的小庭院。四维里建筑群内部有两条弄堂、三排房屋；弄内的每幢建筑均为二层，坡屋顶，无地下室，砖木结构，楼上楼下自成一体、独门独院的独栋住宅，独栋建筑之间均以过街楼相连。尽管岁月洗礼之下，四维里已经较为破旧，且后续补加的空调室外机及商业招牌、电线等随意设置，影响四维里建筑的外立面景观，但人们仍能从一些细部节点捕捉到四维里建筑设计的考究。例如，四维里建筑的窗户就有三层，一层百叶窗，一层纱窗，中间是用进口花旗松制作的主窗，有的还装有花式铁栅栏，可谓十分考究。建筑的双坡屋面上有联排老虎窗，内、外山墙上也有花纹装饰。建筑朝南一面全是木制结构，而朝北一面则为砖石结构，设置后门。

四维里建筑群空间层次丰富，从城市街道经过总弄与支弄，再穿过石库门与天井后才到达内部房间，经历了公共—半公共—半私密—私密的多级空间层级，行进之中是一种富有节奏的空间体验。四维里建筑群用西式联排建筑结合中国传统院落，可谓结合中西，这种空间组织方式，对外相对封闭，对内则较为开放且便于交流，产生了强烈的围合感、地域感、认同感和安全感，使得整个弄堂形成了一个完整社区，给予人们良好的归属感。

与原建筑相比，现状中，建筑沿街面（即贴近城头巷与西湖大道的一侧）大多用于商业，而石库门内的建筑仍用作住宅。

参观指南

现为住宅与底层商业的结合，沿街面可供参观。

地铁 1 号线 /5 号线至 [城站] 站或公交 K155/66/151/290/108/3 路至 [市三医院北] 站。

---

①《五柳巷历史地段》，政协杭州市上城区委员会网站：https://zx.hzsczx.gov.cn/art/2008/12/22/art_1229738572_1111.html.

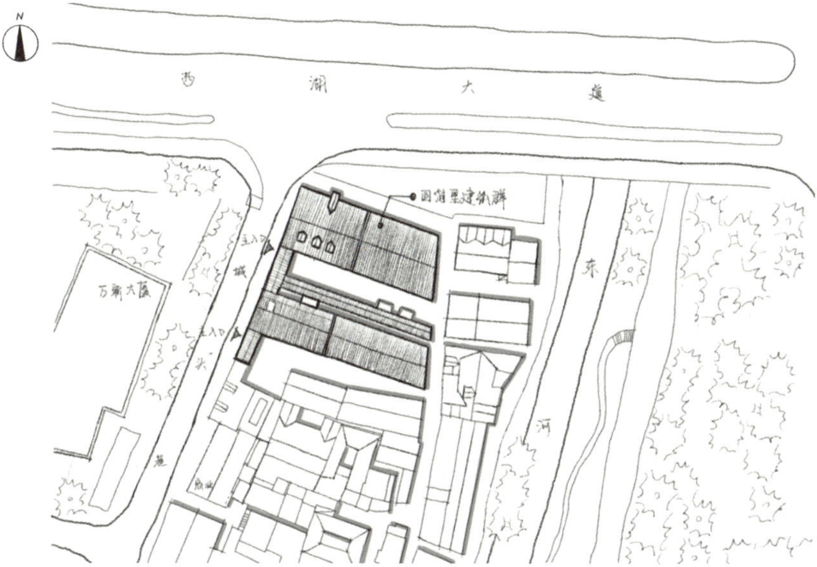

四维里总平面示意图

许诚 绘

四维里实景照片

许诚 摄

87 浙江矿业公司旧址

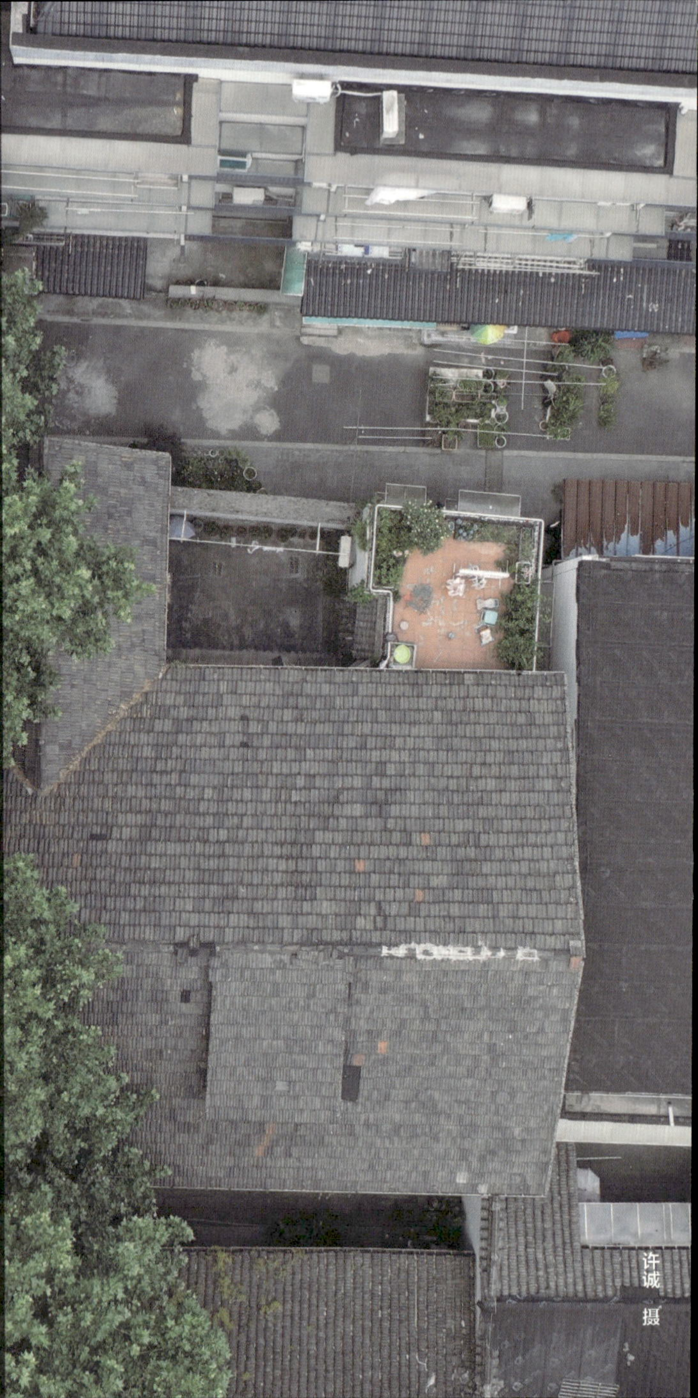

许诚 摄

建筑名称：浙江矿业公司旧址
建筑地点：浙江省杭州市上城区城头巷 123 号
建成年代：20 世纪 50 年代
保护等级：杭州市第六批（2019）历史建筑
建筑规模：约 320 平方米

建筑名称：浙江矿业公司旧址（本书编号：87）
建筑地点：浙江省杭州市上城区城头巷 123 号
建成年代：20 世纪 50 年代
保护等级：杭州市第六批（2019）历史建筑
建筑规模：约 320 平方米

浙江矿业公司旧址，位于杭州市城头巷 123 号上城区五柳巷历史文化街区内，建于民国时期，为砖木结构、院落式的传统民居建筑。[①]。原为代管产（代管产：指产权尚未确认或产权人下落不明又未委托，经法院审定后由政府房地产管理机关代为管理的房产），20 世纪 50 年代浙江矿业公司因扩建需要而征用此房。

建筑群位于城头巷与梅花碑以东夹角形成的矩形基地中，西侧为建筑入口。主体建筑呈“L”形布局，有内院。外围墙有墙界石（标志地界的石碑），上面写着“京兆墙界”四个字。主入口为石库门大门，门楣上刻有五角星标（代表着建国初期的印记）。五角星标志下原有“浙江矿业公司”字样，经修缮后覆盖。主体建筑共两层，一楼入口处有檐廊，二楼则为出挑阳台，有木质栏杆和木质挂落，屋顶为悬山顶，上有老虎窗。[②]

浙江矿业公司旧址在细节上体现出杭州传统建筑的某些特征，即简化的石库门、高围墙、硬山顶等。传统杭州民居的院落式庭院常采用高围墙来进行内外空间隔离，在浙江矿业公司旧址中也是如此。围墙隔绝了住宅外部空间对内部空间的影响，还有遮阳效果。[③]

浙江矿业公司旧址的屋顶形式为硬山顶（两山屋面不悬出于山墙或山面梁架之外的做法）。从环境角度考量，由于江南地区气候潮湿，采用砖砌山墙可以较为简便地满足防水需求。从政治方面考量，硬山顶建筑等级较低，现存的杭式传统民居的原主人多为富商，这类人虽有钱，但政治地位较低，所以在居住场所的建造上仍要谨遵法制。

现状建筑相较于原有建筑，在平面上并未做过多修改，但为了满足居住需求，居民在建筑主立面上搭建了晾衣杆、空调等，对建筑风貌有一定影响。建筑贴近城头巷一侧的立面经过粉刷修整呈现粉白色，其余墙面因年代久远发黄。

参观指南

现为民用居住住宅，建筑外围可参观，内部不可进。

地铁 5 号线 /7 号线至 [江城路] 站或公交 325/151/8251/K155/92/30/62 路至 [城站火车站南公交] 站。

---

① 杭州网，https://z.hangzhou.com.cn/2020/rwwhql/content/content_7756075.htm.

② 杭州网，https://z.hangzhou.com.cn/2020/rwwhql/content/content_7756075.htm.

③ 吴琪，俞志英：《民居语言在建筑空间中的表达——杭州建筑的传统回归》，《城市建筑》2016 年第 9 期：217 页 .

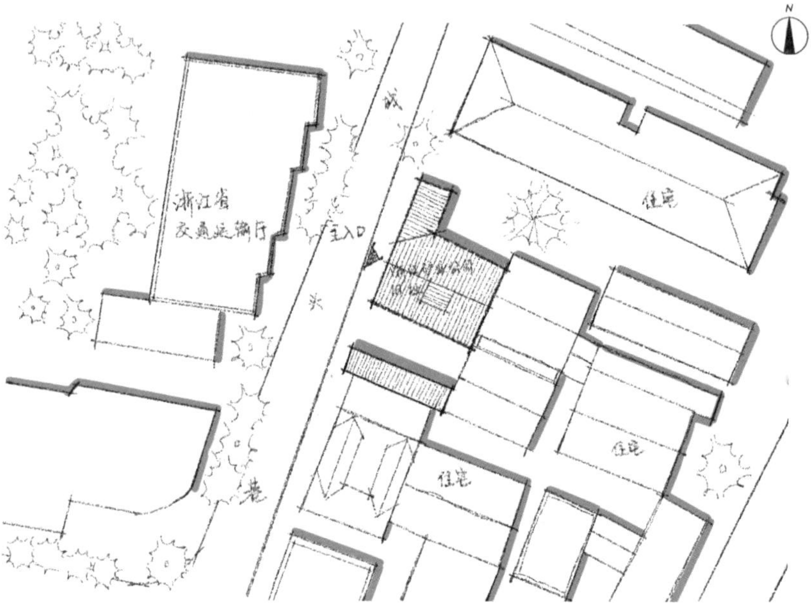

浙江矿业公司旧址总平面示意图
许诚　绘

浙江矿业公司旧址实景照片
何鑫翔　摄

88 西河下 1 号建筑

建筑名称：西河下 1 号建筑
建筑地点：浙江省杭州市上城区城头巷与梅花碑交叉路口南侧
建成年代：20 世纪初
保护等级：杭州市第二批（2005）历史建筑
建筑规模：约 600 平方米

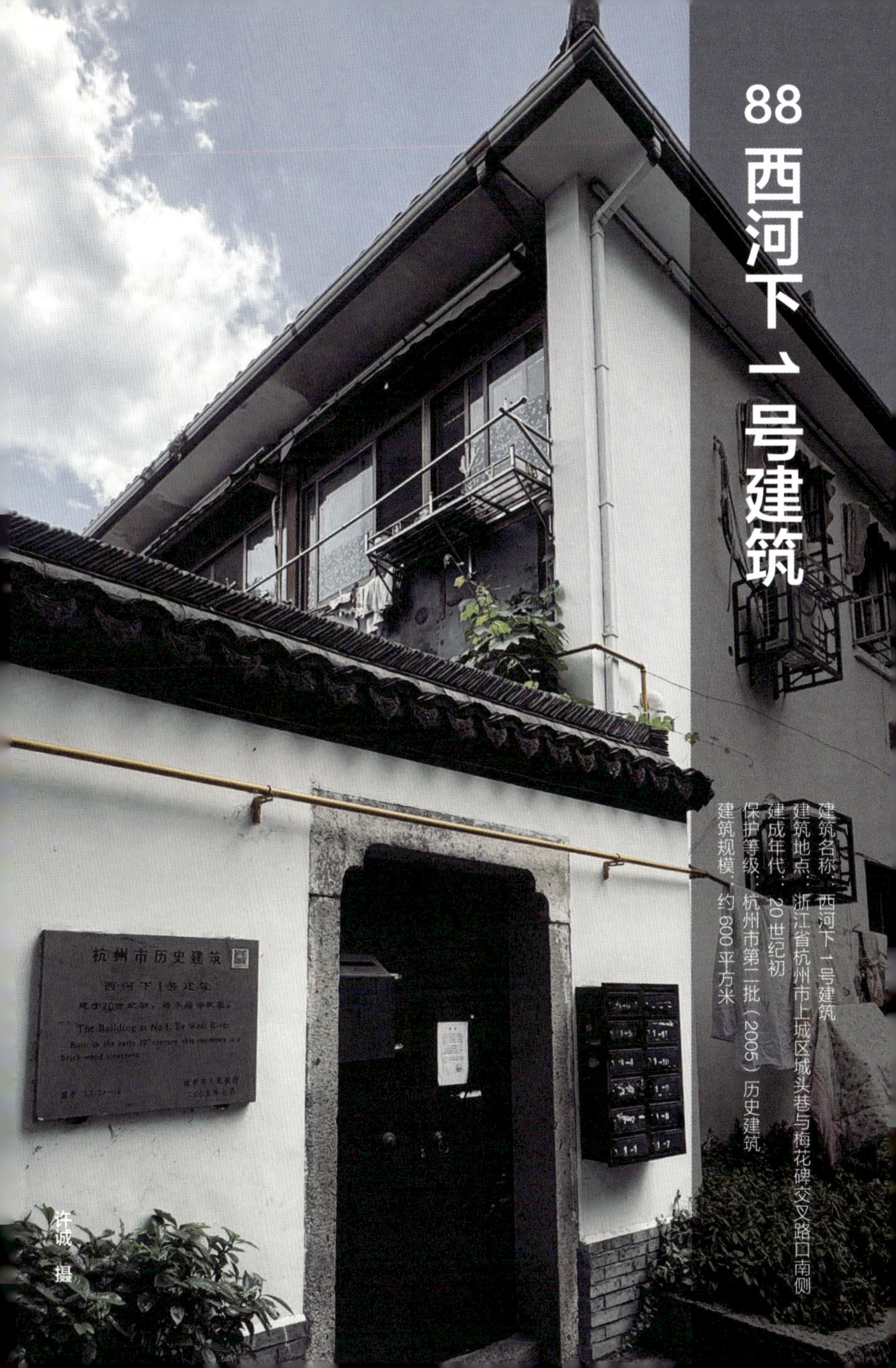

许诚 摄

建筑名称：西河下 1 号建筑（本书编号：88）
建筑地点：浙江省杭州市上城区城头巷与梅花碑交叉路口南侧
建成年代：20 世纪初
保护等级：杭州市第二批（2005）历史建筑
建筑规模：约 600 平方米

著名建筑学家梁思成先生认为，“中国建筑是一种土生土长的构筑系统，它在中国文明萌生时期即已出现，其后不断得到发展。它的特征性形式是立在砖石基座上的木骨架即木框架，上面有带挑檐的坡屋顶”。[①] 从这段话可以看出，砖、石、木料是中国建筑的主要材料，坡屋顶是主要形式。西河下 1 号建筑就是一个很好的范例。作为民国时期居住建筑的代表作品，它原是一户盐商的私宅[②]，主体结构为木结构，使用红砖墙划分内部空间，并在坡屋顶上结合老虎窗（开在屋顶上的天窗）增加采光与通风。

西河下 1 号建筑作为传统民居代表，如一幅古朴的画卷，将人带回过去在弄堂里穿梭的场景。建筑位于城头巷与斗富二桥交叉口以北较长方形的基地中，坐北朝南，两层三开间。

远观西河下 1 号建筑，最引人注目的当属白墙黑瓦，以及青石板铺成的地面与台阶。“粉墙黛瓦”是形容东河边民居色彩的基本颜色，究其原因，可从文化与实用性两方面来阐述：从文化角度来看，儒家思想强调“礼和仁”，强调尊卑，建筑色彩不可越级，平民只能使用比较简单的颜色；从实用性角度来看，杭州地处江南梅雨地区，气候潮湿，石灰是简单易得的防潮材料，故最后呈现出“粉墙”的效果；而“黛瓦”主要是由于传统民居以青灰色的小青瓦和青砖为主要屋面材料，小青瓦廉价易得，同时还有防水防寒的效果。[③]

与原建筑相比，现状建筑平面为了容纳更多住户，进行了较多更改。根据现住户阐述，西河下 1 号建筑原有的花园在功能变迁过程中荡然无存。同时，建筑外立面砖墙裸露，内部结构破损也比较严重。

参观指南

现为民用居住住宅，不对外开放。建筑外围可供参观。

地铁 5 号线 /7 号线至 [江城路] 站或公交 325/151/8251/K155/92/30/62 路至 [城站火车站南公交] 站。

---

① 陈思函：《一个建筑师的大拙之美——读〈大拙至美：梁思成最美的文字建筑〉》，《中华建设》2017 年第 6 期：166-167.

② 文史资料. 政协杭州市上城区委员会官网，https://zx.hzsczx.gov.cn/art/2008/12/22/art_1229738572_1112.html.

③ 吴琪，俞志英：《民居语言在建筑空间中的表达——杭州建筑的传统回归》，《城市建筑》2016 年第 9 期：217.

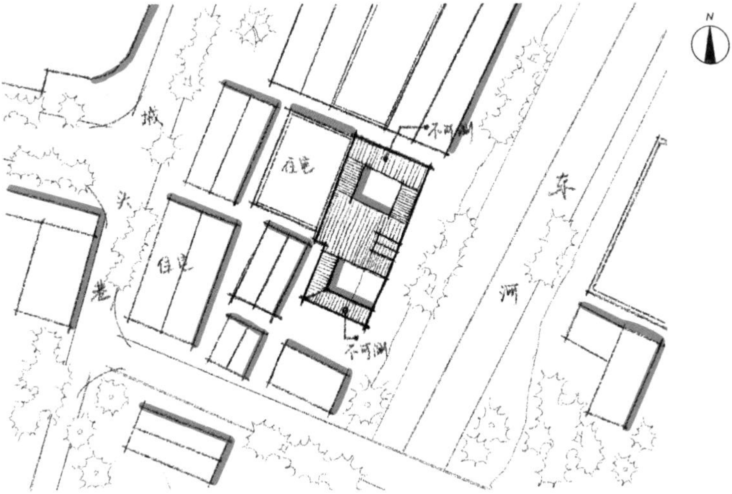

西河下 1 号建筑总平面示意图

许诚 绘

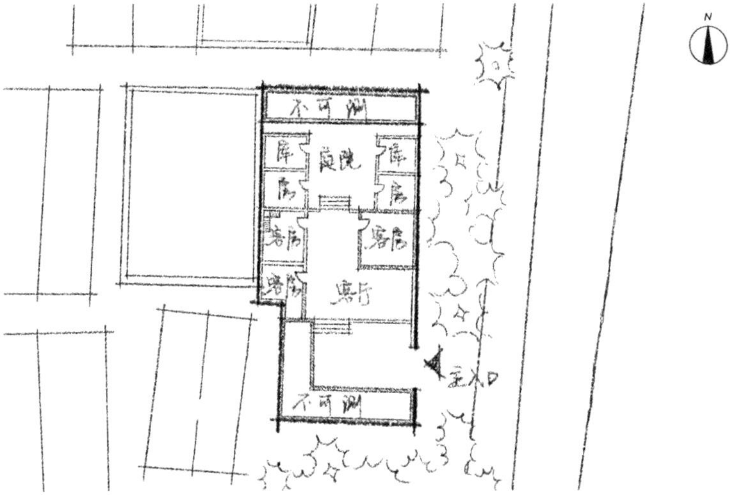

西河下 1 号建筑平面示意图

许诚 绘

89 三昧庵巷 8 号建筑

建筑名称：三昧庵巷 8 号建筑
建筑地点：浙江省杭州市上城区三昧庵巷 8 号
建成年代：20 世纪 20 年代
保护等级：杭州市第四批（2008）历史建筑
建筑规模：约 300 平方米

许诚 摄

建筑名称: 三昧庵巷 8 号建筑（本书编号: 89）
建筑地点: 浙江省杭州市上城区三昧庵巷 8 号
建成年代: 20 世纪 20 年代
保护等级: 杭州市第四批（2008）历史建筑
建筑规模: 约 300 平方米

三昧庵巷 8 号建筑为一处两层砖木结构的传统院落式民居建筑，保护类型为二级历史建筑（二级历史建筑: 具特别价值，需有选择性地予以保存的建筑物）。其建于 20 世纪 20 年代，由二层主楼和辅房组成，小青瓦屋面，硬山顶，四周以围墙为界。其主楼北面为天井，两侧带厢房，平面呈“凹”字形，辅房平面大致呈“L”形，南侧与北侧各带天井。该建筑原有平面格局保存基本完整。①

建筑位于三昧庵巷靠近东河处长方形基地中，坐北朝南。实地可见，三昧庵巷内的民居多采用三合院建筑布局。查阅资料可知，三昧庵巷 8 号建筑主楼北面为天井，南北两侧各设一老虎窗。入口为石库门，青石门框上保留有完好的石雕，进内有天井，天井至主楼设有四级青石台阶。二层为木楼板地面。建筑二层南、北立面均设有木质竹节形栏杆，前檐柱上设挂落，立面采用传统落地门扇，细部线脚雕饰较精致。外墙由青砖砌成，黄泥灰抹面，大白浆粉刷，内墙则采用板条抹灰墙，做工精细。②

五柳巷历史街区所留存的民居在建成之初是达官贵人居住之地，时光荏苒，居住人口逐渐增加，在进行改造后（如加入隔墙将大空间分隔成小房间），现存的民居被开辟为自住房、餐厅、旅游商店或旅馆。三昧庵巷 8 号建筑目前作为私人住宅使用，不对外开放。

从建筑外部观察，三昧庵巷 8 号住宅的梁架保存完整，实为清末杭城传统民居的典型实例之一。大门采用石库门的形式，不同于传统江南民居雕梁画栋的多进门，石库门更讲求简约；在构造上也不同传统的以木制门的方式，采用石头做门框，实心厚木做门扇，更加坚固且简约大气。不过现居民在建筑主立面搭建的空调与新修建的入户大门对建筑的风貌有一定影响。

参观指南

现阶段为私人住宅，不对外开放。建筑室外可供参观。

地铁 5 号线 /7 号线至 [江城路] 站或公交 325/151/8251/K155/92/30/62 路至 [城站火车站南公交] 站。

---

① 文史资料 . 政协杭州市上城区委员会官网，https://zx.hzsczx.gov.cn/art/2014/5/26/art_1229738572_1220.html.

② 文史资料 . 政协杭州市上城区委员会官网，https://zx.hzsczx.gov.cn/art/2014/5/26/art_1229738572_1220.html.

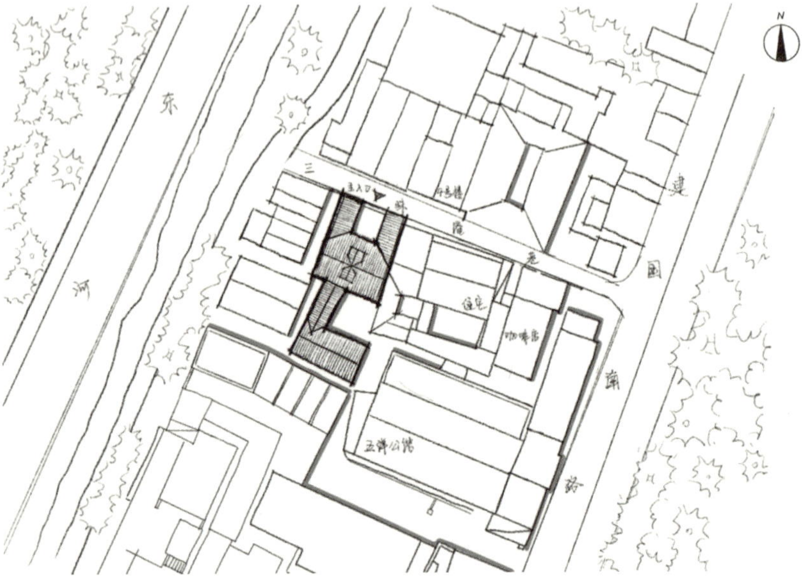

三昧庵巷 8 号建筑总平面示意图

许诚 绘

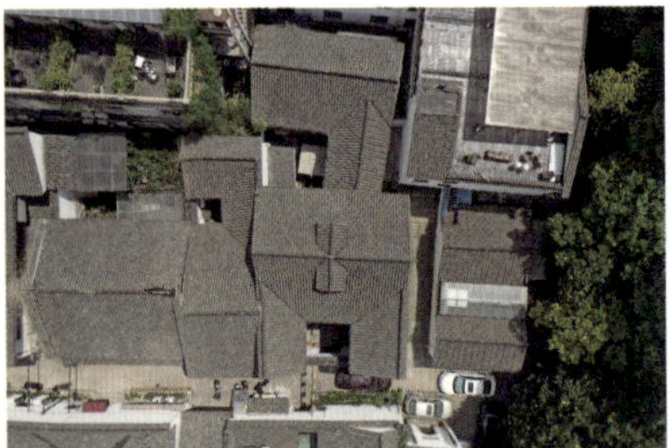

三昧庵巷 8 号建筑实景照片

何鑫翔 摄

后 记

《逛杭州 赏近代建筑》书稿初稿于2024年夏天完工，正式出版是在2025年。浙江工业大学2020级的丁金铭、何鑫翔、程羽然、许诚、吴嘉乐、朱宇杰、冯晨凯、吴李炀、顾昕熠、吴家瑞、章涵、徐贤得（2018级）、陈苏娜、俞雯洁、徐俊扬、严舒文、赵佳晨、陈欣然、盛敏、蔡星移、汪之璇、项心怡、王纯等同学在本书的撰写过程中起到了重要作用。从2024年4月开始，同学们在教师的指导下，正式开始了文献查阅、现场调研和撰写工作。浙江工业大学建筑系2017级赖星妤同学（毕业后保送至浙江大学攻读硕士研究生，现已完成学业）因本科阶段的课题延续，深度参与到了本书的写作过程中。

这本书的写作酝酿已久。浙江建设文化品牌，需要众多研究成果支撑。身处杭州的浙江工业大学设计与建筑学院建筑系师生一直扎根浙江大地，细细耕耘，为浙江的城乡建设贡献了力量，积累了成果。书中部分建筑示意图绘制就参看了本系暑期测绘及《近现代建筑史》课程作业内容。时间和人力的积累，为本书成型奠定了基础。

写作过程中，隐藏在城市空间角角落落的历史建筑仿佛一颗颗细小的贝壳，在时间的河流中闪现，而我们的工作，就是通过设置漫步路线把这些细小贝壳串联起来，让它们在城市空间中闪光。当人们沿着路线在城市中徜徉时，能够享受到城市生活带来的愉悦，这也是不少国内外知名城市的做法——通过提供多元主题的旅行路线，方便旅行者或本地居民选择。

写作过程中，可以明晰的观点是:（1）这些近代重要史迹及代表性建筑，要从城市空间整体氛围来欣赏它们——它们依附于城市空间，同时也是城市空间中的一员——这完全不同于照片或模型中的存在，即强调建筑欣赏的现场感和空间完整性;（2）对于建筑而言，其中承载的历史信息要尽量多角度去挖掘去研究去展现，建立建筑与文化的关联，而不仅是观赏建筑外在，那些看不见的历史信息正是城市文化的时间密码，是宝贵的城市财富;（3）要尽量增加依据研究成果而建立起的人们与建筑的互动性，建立起鲜活的历史场景，完成当代与历史、纪念性与日常、人们与建筑之间的关联，让游览真正成为城市更新建设的促进力量。

限于水平及时间，本书难免疏漏，敬请读者予以批评指正。

王昕　刘灵芝　赖星妤　于杭州

2024年夏

致 谢

感谢浙江工业大学设计与建筑学院建筑系师生的工作积累，尤其感谢以下同学（排名不分先后）:

黄莉瑶、项语霄、姚成淼、汪浩洋、胡佳祺、梁金怡、潘碧莹、俞采菊、高璐、周郅、屠芳奇、许聪翀、汪旭东、袁真、王振宇、胡希越、顾七虹、王绍森、陈可杰、贾贝尔、高良杰、李可威、平俊杰、刘亲贤、金成、庞馨怡、邬凯佳妮、赵佳红、董滢、林一婧、朱雅婷、张倩瑛、谷沐野、褚少楠、朱筱雨、段沐辰、顾奕超、方青剑、邵明伟、洪卓薇、叶炫伽、方青剑、麻国超、何晓东、黄柯杰、陶江杰、徐预立、赵奇跃、沈旭东、许百涌、王立斌、宿也、陈东、赵川石、周海涛、孙汇、史汉珂、施露、姜陈辉、黎健波、金加阳、刘志丹、杨敏、陈瑶、饶伟刚、庄家瑶、张珂、杨金杰、张毅津、黄凯杰、鲍鹿鸣、潘翔、陈一骅、王仁杰、余群涛、贾建君、赵辉、韩海洋、刘志涛、沈剑钢、陆栋栋、裘梦颖、宓楷彭、陆键全、胡婧卉、项路遥、谭雪菲、徐程阳、潘赛钧、楼志坚、彭文杰、刘伟、季群珊、李欣映、方苏婷、茅帅、夏炎、张上上、项英英、徐晶、叶俊、吕剑虹、张晶晶、颜博、姚沁彤、杨帆、韩嘉胤、付雨晖、唐闯洲、阮成、黄佳怡、沈逸哲、周恬、倪子璇、张云斌、金子颖、黄思怡、傅楠、陈文敏、缪晨江、罗佳丽、刘妙琦、丁健、陈炳浩、陈启航、傅嘉言、皇涛、黄其尤、李啸峰、卢骁、孙姣姣、童则宁、张智远、周燕伟、朱皆杰、龚悦、金盈盈、何蕖、林超众、王蓓、陈超丰、石磊、金静、王登超、徐科、殷琰、瞿箴、张驰、王奔、叶柳君妮、徐炤圆、符传民、姜伊晗、张艳颖、胡志丰、方旭枫、何广竣、傅瑜婷、胡志丰、娄义夫、陈晓娇、代圣轩、乐剑峰、陈楚娇、沈秋秋、楼丽娜、张佳美、叶丹英、赵琴萍、陈文敏、魏超、茅肖兰、蒋琪瀚、张亮、叶倩倩、张海龙、吕凯程、夏哲聃、杨宗蕾、盛逸超、潘赛钧、楼志坚、彭文杰、刘伟、汤泽炜、陈智力、刘家祥、冯嘉诚、齐偲、沈奕璇、谢泽圆、雷雨舟、樊梦真、黄晓玲、王君婉、沈铷桑、王妙丹、戴申培、余心恬、范晓璐、陈丽帆、孙逸骞、瞿叶南、符璐璐、竺霖、钟镇阳、叶思宏、栾清扬、徐贤得、李开伟、吴昊、陈佳鑫、王海霖、徐弈辰、张禹辰、葛张帆、余佳莉、郑佳慧、陈靓、陈嘉洛、董文菁、张婧怡、汪敏、林梦茜、高志怡、陈烨、胡方泽、陈宣好、董殿昊、王云海、金伟国、楼铭露 等。

感谢范久江建筑师。

感谢清华大学出版社刘一琳编辑及出版社工作团队专业、耐心、细致的工作。